Motor Fan illustrated **Transmission Revolution**

CONTENTS

취재협력: 아이신 AI㈜/ 아이신 AW㈜/ JATCO㈜/ GKN드라이브라인토크테크놀로지㈜/ ㈜혼다기술연구소/ ZF재팬㈜
Special Thanks to : 구보 나나미/ 소카 고헤이

트랜스미션

[파워트레인 기술의 현재와 미래]

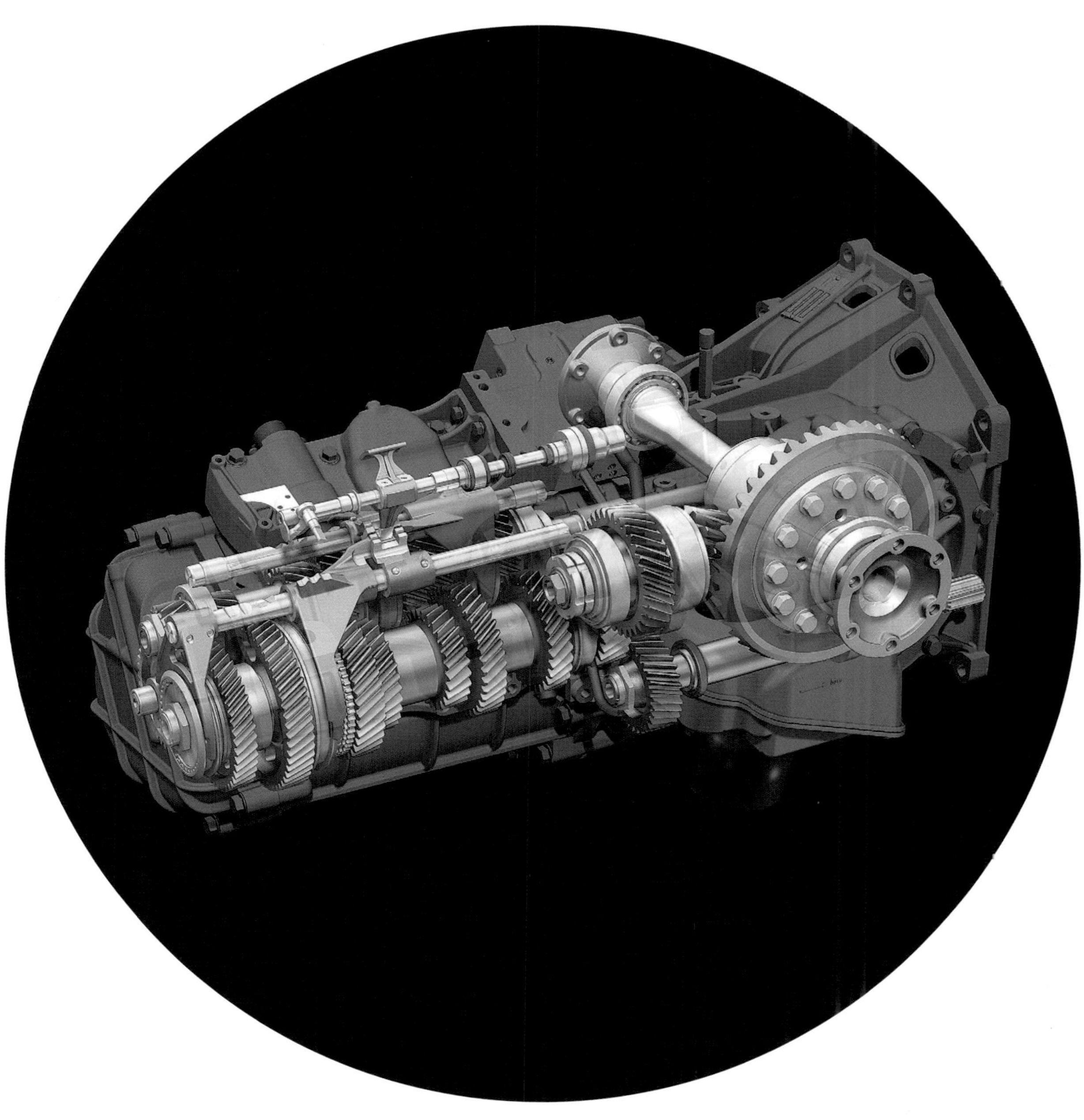

운전자가 가속 페달을 밟음으로서 엔진으로부터 생성된 토크를 구동력으로 변환하여 타이어에 전달한다.
이것이 변속기 즉, 트랜스미션의 첫번째 역할이다.
이때 동력전달장치로서의 최적 제어와 높은 동력전달 효율이 현대의 트랜스미션에 요구된다.
이전부터 지금까지 사용하고 있는 수동변속기, 그리고 토크 컨버터를 사용한 AT나 CVT와 같은 자동변속기,
DSG 같은 트윈 클러치식 변속기 등도 등장하고 있다.
세련도를 높여가는 트랜스미션 기술이지만 여전히 과제도 남아 있다.
본 특집에서는 트랜스미션~파워트레인 기술의 현재와 미래에 대하여 알아보기로 한다.

사진: AUDI

Introduction

[자동차용 변속기의 정석]을 타파해야 할 때

그림: 쿠마가이 토시나오 · 사진: BMW · 글: 모로즈미 타케히코

◉ [변속]은 가능한 한 [하지 않는] 것이 좋다.

고전적인 「동력 성능」론, 즉 엔진의 출력을 차량의 바퀴에 전달하여 주행하기 위해서는 무엇을 어떻게 하면 좋은 것인지, 그리고 「변속기」는 어떤 속도 상태로 작동해야 하는 것인가에 대하여 우선 간단하게 살펴 보자. 가솔린을 연소시키는 오토–사이클, 또는 경유를 연소시키는 디젤 사이클, 이러한 연소 압력에 의해 피스톤의 왕복운동을 크랭크축의 회전운동으로 바꾸어 출력시키는 엔진으로 자동차를 주행시킨다.

여기서 우선, 정지하고 있는 차체를 움직이기 시작하는 순간에는 큰 구동력이 필요하다. 하지만 엔진은 회전 속도 제로, 즉 왕복~회전운동을 하고 있지 않는 상태에서는 회전력(토크)이 출력되지 않는다. 따라서 연소~왕복운동~회전을 유지한 상태의 엔진과 그대로 정지하고 있는 차량의 바퀴 사이에 "미끄럼"을 발생시키는 힘을 전달, 차량의 바퀴가 회전하기 시작하여 구동력을 전달함으로써 차량이 발진하는 과정에 연결된다. 즉 「발진 기구」가 필요한데, 미끄럼 클러치, 토크 컨버터 등이 이 역할을 수행한다.

주행하기 시작하면서부터는 우선 차량이 그 속도를 유지하는데 소비하는 에너지가 어느 정도인가부터 시작한다. 타이어의 구름 저항, 공기에 의한 항력(이른바 공기저항 = 속도의 제곱에 비례한다), 주행 기구 각부의 마찰 저항 등의 합계인 「주행 저항」에 알맞는 구동력을 발생시킴으로써 자동차는 일정속도를 유지하며 주행한다. 물론 언덕길에서는 보다 많은, 내리막 길에서는 차체 질량에 작용하는 중력 성분만큼 작은 구동력으로 일정속도를 유지할 수 있지만… 이 정속 유지를 위해서 필요한 구동력을 뛰어 넘는 힘, 즉 「여유 구동력」이 클수록 강력한 가속이 가능하다.

또는 급격한 경사의 등판, 적재량(질량)을 증가시켜도 가속이 가능해야하지만, 이것은 적재 능력, 최대 하중 대비, 엔진 출력이 작은 상용차에서는 중요하지만 승용차에서는 노면의 상태에 따른 만큼이면 된다.

여유 구동력 측면에서 보면, 저속 시에는 강한 가속이 요구되는 경우가 종종 있지만, 고속이 될수록 속도의 변화가 느려도 좋다. 최후에 주행저항과 엔진의 최고출력이 교차하는 지점이 최고속도가 된다.

이러한 [발진~최대가속~최고속도]의 과정을 연결하면 속도=바퀴회전속도가 높아질수록 가속에 필요한 구동력(구동바퀴에 걸리는 토크)이 감소하고 가속에 소비되는 일의 양이 일정하게 되는 「등출력곡선」이 그려진다.

즉, 이것이 최대 구동력 곡선으로서 엔진의 토크 특성과 차량에 요구되는 최대 가속 능력, 그리고 최고속도까지의 사이를 어떤 방법으로 연결시킬 것인가가 변속비의 설정, 즉 각 단의 변속비에 최종 감속비를 곱한 총 감속비의 설정에 의해서 정해진다. 이것이 고전적인 변속비의 설정이다.

게다가 연비를 생각하면 정속주행 시는 주행저항보다 큰 구동력을 발휘할 수 있는 범위에서 가능한 한 엔진 회전속도를 낮추는 편이 좋고, 가속 등으로 상용하는 구동력 범위 내에서는 엔진의 연비율(출력 시간당 연료소비량)이 제일 좋아지는 영역에서 운전하여 가능한 한 토크와 회전속도를 높이지 않도록 하여야 한다. 이것이 다단화나 무단계 연속 변속이 좋다고 하는 이유이다.

하지만 여기까지는 어디까지나 탁상론이며 실제 도로에서 사람이 자동차를 운전하는 상황에서는 이것이 [최선]이라고는 단정할 수 없다. 특히 여유 구동력이 큰 승용차의 파워 패키지에 요구되는 특성을 발휘하는 기계와 같은 제어논리에 있어서는 더욱 그렇다.

우선 이 제어계의 「핵」인 사람이 가속 페달을 밟고/멈추고/되돌리는 과정의 근육 움직임에 따라, 엔진의

소리와 리듬이 차속의 변화와 일정한 관계를 유지하며 변화하고 그 중에 구동력의 변화와 안정이 지연됨이 없이 나타나면 정확하게 최적의 제어가 이루어진다. 결국 어느 과도적인 가감속 중에는 엔진에서 부터 구동바퀴까지의 「변속비」는 「변화되지 않는다」

즉 변속 고정인 것이 바람직하다. 또한 자동 변속 의 경우 가능한 한 높은 변속비(감속비를 작게)로 엔진 회전속도를 낮추어 주행하는 설정에서는, 가속 페달을 밟았을 때에 구동력을 강하게 할 수 있도록 시프트 다운된다. 이 때, 처음에 일어나는 것은 [엔진을 가속한다]는 것. 가속 페달을 밟음과 동시에 분사된 연료는 우선 엔진 내부에서 왕복하고 회전하는 많은 부품을 [가속]시키는 데 소비된다.

그 사이에 운전자의 느낌에는 [힘]의 실감이 나지 않는다. 그래서 한층 더 가속 페달을 밟아보는 반응이 자연스럽게 일어난다. 여기에서 다음에 나타나는 구동력의 증가를 예측하여 오른발을 멈추고 기다린다는 최적의 제어가 가능한 운전자는 극히 드물다. 여기에서도 구동 바퀴는 엔진과 직결인 상태에서 엔진이 자연스럽게 힘(토크)의 증가를 만들어 내서 운전자가 자연스럽게 느끼는 구동력의 변화가 일어나는 것이 바람직하다. 변속기가 엔진의 과도한 특성을 보충하는 것은 아니다.

여기에서 한가지 더 분명한 것은 자동변속에 있어서, 가속 페달을 밟아 가속으로 들어가면서부터 시프트 다운되고 엔진을 가속시키면 연료 소비가 많고 더구나 구동능력이 떨어진다고 하는 것이다. 변속 중이라면 엔진은 연료를 차단한 상태로 구동바퀴로부터의 역 토크로 회전속도를 높일 수 있다. 거기에서 가속 페달을 밟았을 때에 요구되는 구동력을 낼 수 있

는 속도비로 떨어뜨려 [대기한다]. 유럽의 AT에는 이러한 운전자가 보는 관점에서 변속 패턴을 갖는 예가 적지 않다.

그래서 문제가 되는 것은 엔진 브레이크의 강도가 변화하는(변속 때마다 강해진다)것이지만 현재로선 그것도 엔진과의 협조제어로 해소될 수 있다.

주행이라고 하는 관점에서는 1단, 2단의 낮은 기어로 엔진을 높은 회전속도까지 올리면 엔진 내부를 가속시키기 위하여 실로 많은 연료를 소비하고, 유효한 속도로 유지하지 못한다. 여유 구동력이 있어서 충분한 가속이 가능하다면 빨리 높은 단기어로 변속하는 게 좋다.

이와 같이 자동차의 주행을 지켜보면 지금까지 [정석]이라고 생각되는 방법은 원칙론으로서 성립되지만 고칠 부분이 상당히 많다는 것을 알 수 있을 것이다.

더욱이 현대의 자동차 기술은 철저한 [효율 추구]의 시대에 접어들었다. 즉 어떤 자동차를 가능한 한 적은 연료소비 = CO_2배기량으로 주행하도록 한다. 그것도 실제 생활과 실제의 주행 중에서도. 그 중에서는 변속과 구동을 위한 메커니즘도 엔진이 만들어 낸 힘 또는 일의 양을 구동바퀴로 전달하여 자동차를 움직이면서 가능한 한 손실이 적을 것, 즉 높은 전달효율이 요구된다. 그것도 상용되는 속도나 부하의 영역에서의 효율이야말로 중요하다.

구태의연한 탁상론적인 원칙에서 탈피하여 전개, 전부하가 아닌 과도영역 그것도 상용 영역에서 그리고 무엇보다도 메커니즘으로서의 손실을 최소로 하고 기계 효율을 최고로. 이러한 관점에서 현재 우리들 앞에 있는 [트랜스미션]을 보고, 이해하고, 생각했으면 한다.

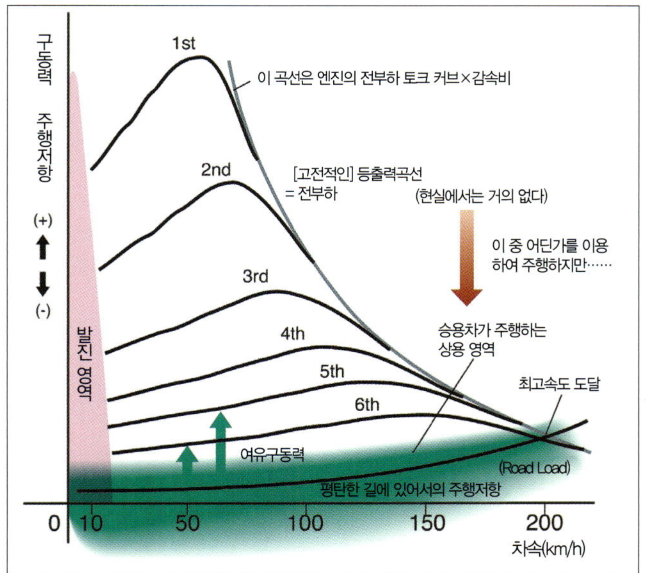

엔진 특성 + 변속의 기본 원칙, 구동력 특성

고정 변속비를 갖는 기어식 변속기의 경우(2~3축 기어세트, 유성기어 세트에 관계없이) 각각의 변속단의 구동력 상한은 엔진의 전부하 토크 특성에 총 감속비를 곱한 곡선이 된다. 즉 각각의 변속단의 (최대)구동력 곡선은 엔진의 전부하 토크 곡선을 옆으로 늘려놓은 형상 그리고 이 구동력 곡선을 회전속도에 따라 오른쪽으로 연장하면 (최대)등출력 곡선이 그려진다. 이것을 어떻게 하느냐가 변속비 설정의 기본임에는 틀림없다. 그러나 실제 주행에서는 엔진 출력 특성이 그러한 것과 같이 이 최대 구동력 곡선의 아래쪽 전체를 사용한다. 특히 평탄한 길을 일정한 속도로 주행할 때의 주행저항(Road Load)에 적절한 힘보다도 조금 크거나, 또는 작은(내리막길이나 가속페달에서 발을 뗐을 때) 영역이 [실용영역]이며, 구동력을 섬세하게 증감시킬 때에 어떻게[힘을 만드냐]와 그리고 거기에서의 에너지 손실을 가능한 한 작게 하는 것이 무엇보다도 중요한 것이다. 이 기본을 무시하고 있는 자동차 기술자, 자동차 기술서가 사실 너무 많다.

자동차용 변속기로서의 "기본형"은 역시 이 형태

Manual Transmission

수동 변속기야말로 앞으로도 계속 자동차용 변속기의 [기본형]으로 존재할 것이다.
[수동변속]이냐 [자동변속]이냐보다 오히려 기구의 단순함, 즉 원리원칙에 따르는 것,
그 결과로서 손실이 가장 적고, 운전자의 제어성이 좋은, 그리고
[엔진으로 구동력을 만들기] 때문에 연료소비가 적은 변속기로서의 뛰어난 특성에 새롭게 주목해야 할 것이다.

글: 모로즈미 타케히코

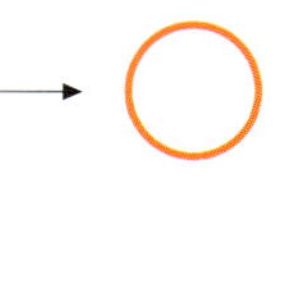

장점
- 구조가 간단하고, 변속비 설정의 자유도가 높다.
- 동력전달효율이 높다.
- 각각의 변속단에서 엔진과 차속의 관계가 항상 일정하다.

단점
- 클러치 조작, 변속 조작에 숙련을 요한다. 토크의 끊김이 발생한다.
- 변속단의 선택을 운전자에게 의존하기 때문에 적절하지 않을 경우가 많다.

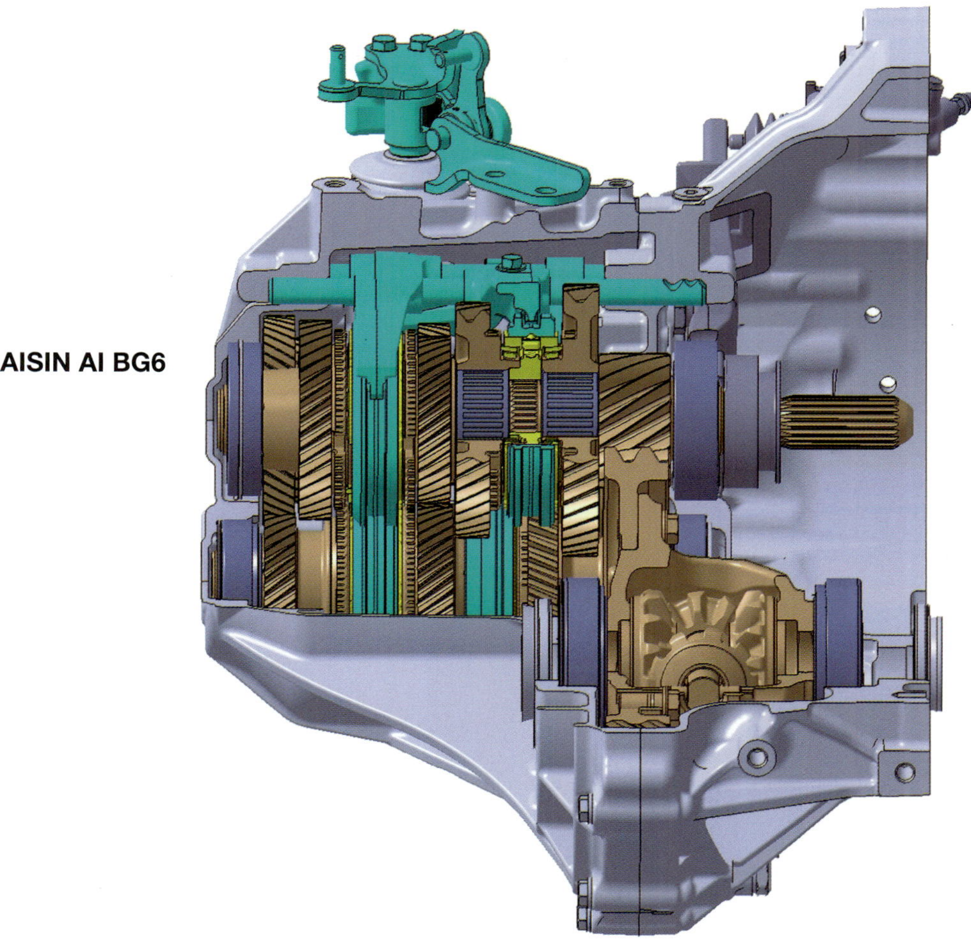

AISIN AI BG6

아이신 AI의 가로배치 FF 6단 수동 변속기. 앞쪽 가로배치의 경우 엔진 룸 양쪽을 가로지르는 충돌 대책용 멤버가 최근에 더욱 보완되는 추세여서 변속기의 단면이 커지기도 하고 트랜스 액슬(트랜스미션+파이널 드라이브)은 폭에 대한 제약이 더 커지고 있다. 이런 상황에서도 다단화 = 기어 세트를 증가시키기 위해 3축 배치를 채택하였다.

[직결감]과 [전달효율], 두 가지 장점의 의미

병렬로 배치되어 있는 축에 두 개의 평기어가 서로 맞물려 회전하면 잇수비 만큼 회전속도는 느려지고(감속), 회전력은 잇수비 만큼 증대되어 전달된다. 이것이 [변속기]의 기본 중의 기본이다. 회전하면서, 힘을 전달할 때 손실이 가장 작은 구조이다.

옛날에는 기어 자체를 움직여서 치합하거나 분리시키는 [선택 치합식]이었으나 지금은 기어끼리는 항상 맞물려 돌아가는 상태로 그 어느 쪽인가와 축을 결합/해방시켜 변속을 하는 [동기 치합식]이며 더욱이 회전속도 차를 같게 하는 싱크로메시 기구를 설치하여 부드럽게 변속이 이루어지도록 하고 있다.

또한 운전자에게는 엔진~구동바퀴가 직결되어 엔진 회전과 차속이 같이 변화하므로 구동감각을 느끼기 쉬워 제어성이 높다.

변속의 원리 측면에서 본다면 기어 치합의 손실은 약 2%라 하며 자동차용 변속기 중에서는 효율이 가장 높다. 더욱이 이 효율이 전달 토크=구동력이 작은 통상적인 영역에서도 거의 변하지 않는다. 이것은 자동차 전체의 효율을 향상시키기 위해 철저하게 노력하는 현시대에 있어 결정적인 장점이다.

그 반면에 클러치의 단속 조작과 조합으로 발진, 정지, 그리고 변속을 사람이 조작하는 과정에는 숙련을 요한다. 이것이 숙달되면 [힘과 속도를 의지대로 제어한다]고 하는 주행의 즐거움으로 직결되지만 자동차를 운전하는 (하지 않으면 안 되는)사람들의 압도적 다수는 발진과 변속 조작, 그리고 적절한(자신이 필요로 하는)변속 단을 알맞은 시점에 선택하기가 어려워 회피할 수 있다면 그게 좋겠다고 생각 한다. 역으로 말하자면 이른바 [수동 변속기]의 약점은 그것뿐이라는 것에 착안한다면 새로운 전개가 보인다는 것이다.

또한 [클러치를 끊어서 변속 조작을 한다]란 우선 맞물려 돌고 있는 기어를 분리, 해방시킴으로써 변속 단을 바꿀 때에 자동차 바퀴쪽과 엔진쪽 회전속도가 서로 다른 것을 같게 하기 위해, 차속에 대하여 엔진 회전속도를 맞추어 변속시점을 선택한다면 클러치를 사용하지 않고 변속하는 것은 동기기구가 있어서 어렵지 않다. 또 발진시의 클러치 조작이 어려운 것은 운전전문학원에서 말하는 [엔진 회전속도를 높여서 반 클러치로 하라고 하는] 잘못된 교수법에 원인이 있는 경우가 많다.

올바른 방법은 [클러치 페달에서 발을 떼고 엔진에 부하가 걸리는 순간이 미트 포인트(반 클러치의 시작점)이다. 거기에서 왼발을 떼고 가속 페달을 밟아 엔진의 회전속도를 천천히 올려 자동차가 움직이기 시작함에 따라 클러치에서 발을 뗀다]이다.

시대의 요구를 만족시키는 6단 기어세트를 조밀하게 직접시킨 FF용 신세대 MT

AISIN AI BG6(6단)

글: 모로즈미 타케히코

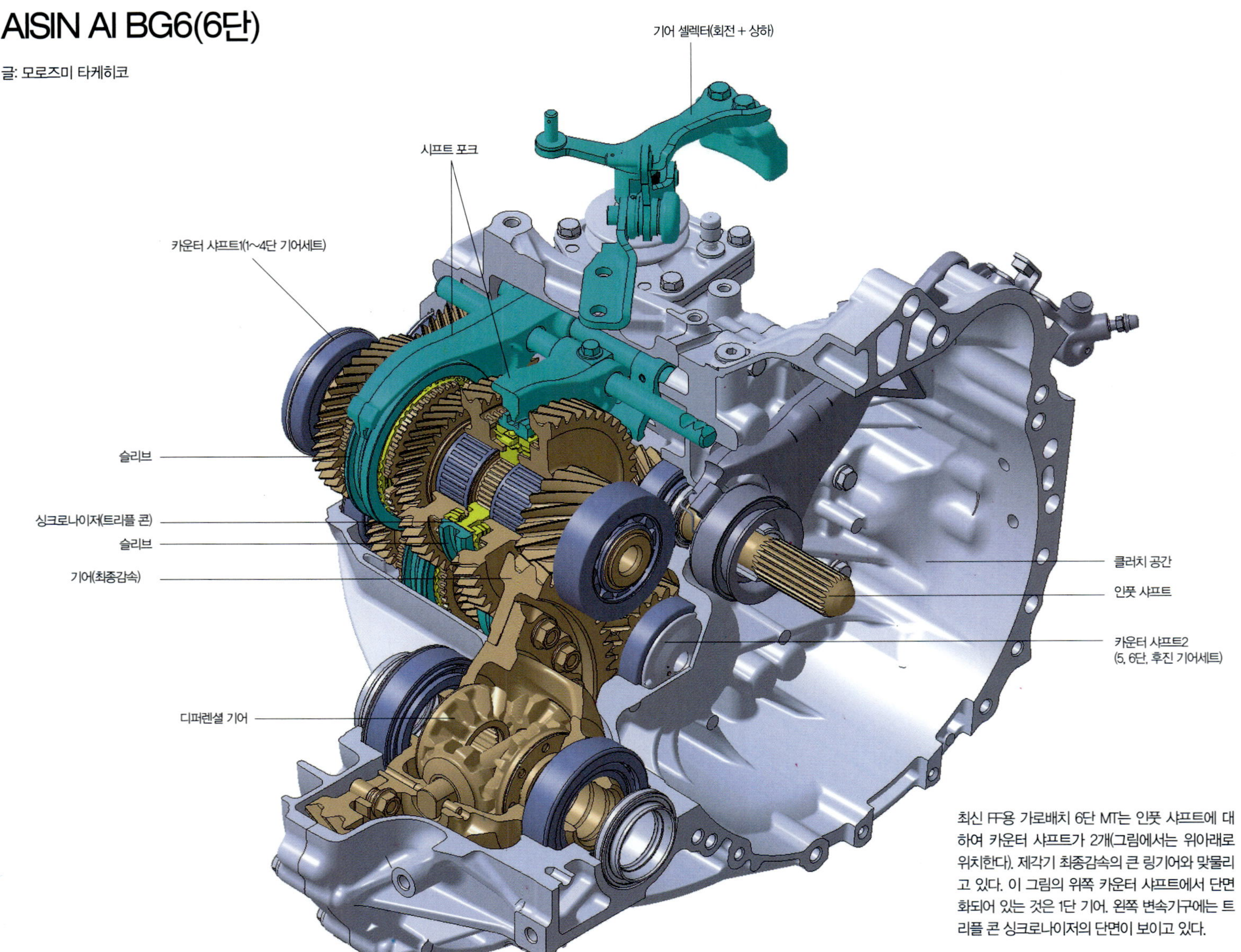

최신 FF용 가로배치 6단 MT는 인풋 샤프트에 대하여 카운터 샤프트가 2개(그림에서는 위아래로 위치한다). 제각기 최종감속의 큰 링기어와 맞물리고 있다. 이 그림의 위쪽 카운터 샤프트에서 단면화되어 있는 것은 1단 기어. 왼쪽 변속기구에는 트리플 콘 싱크로나이저의 단면이 보이고 있다.

가로배치 트랜스액슬의 기본은 3축, 변속 축을 1축 늘린 6단도 등장

매뉴얼 트랜스미션이라기보다는 평기어(스퍼기어)세트로 변속 단을 구성하는 변속기. 나선형 기어(헬리컬 기어)로 하는 경우도 적지 않지만 그 주된 목적은 기어 소음에 대한 대책이다.

변속비가 다른 기어세트를 복수세트로 나열하고 하나의 결합을 변속기구로 분리시켜 다른 변속단의 기어와 축을 결합시키는 것이 변속의 기본 원리이다. 참고로 맞물려 회전하는 2개의 기어 잇수의 비가 변속비, 즉 회전 속도비이다.

변속비가 정수가 아닌 이유는 항상 같은 기어이끼리 접촉되지 않도록 하기 위해 기어 잇수를 홀수로 하기 때문이다. 이의 크기와 형상이 같은 기어짝을 같은 축상에 나열할 경우 각 기어 세트(변속단)마다 잇수의 합은 일정하게 된다.

오늘날의 중소형 승용차의 파워 패키지는 엔진과 트랜스액슬을 일직선상에 배치하여 가로로 배치하는 구조가 정석이다. 이 경우 엔진에서 클러치와 동일축선상에 기어박스의 인풋 샤프트를 배치하고, 나란히 배치된 카운터 샤프트와의 사이에서 변속이 이뤄지며, 또한 나란히 배치된 제3의 축으로 최종감속+디퍼렌셜을 조합하는 평행 3축 구조가 기본이다. 엔진의 회전방향과 탑재방향에 따라서는 역회전을 위해 또 하나의 축을 필요로 하는 경우도 있다.

여기에서 5단에서 6단으로 [다단화]가 진행되고 있다. 한편 차량의 폭은 한정적이기 때문에 트랜스미션의 [길이]를 줄이고 기어세트를 늘리기 위해 카운터 샤프트를 2개 설치하여 인풋 샤프트에서 양쪽으로 변속단을 나눠, 2축 모두 최종감속의 큰 링 기어에 맞물리게 하는 배치구조가 고안되었다.

큰 링 기어와 맞물리는 지점이 2군데가 되어 축의 지지점도 많아 기계손실도 늘어나므로 이를 억제하기 위하여 윤활이나 베어링 등 세부적으로 많은 아이디어가 숨겨져 있다.

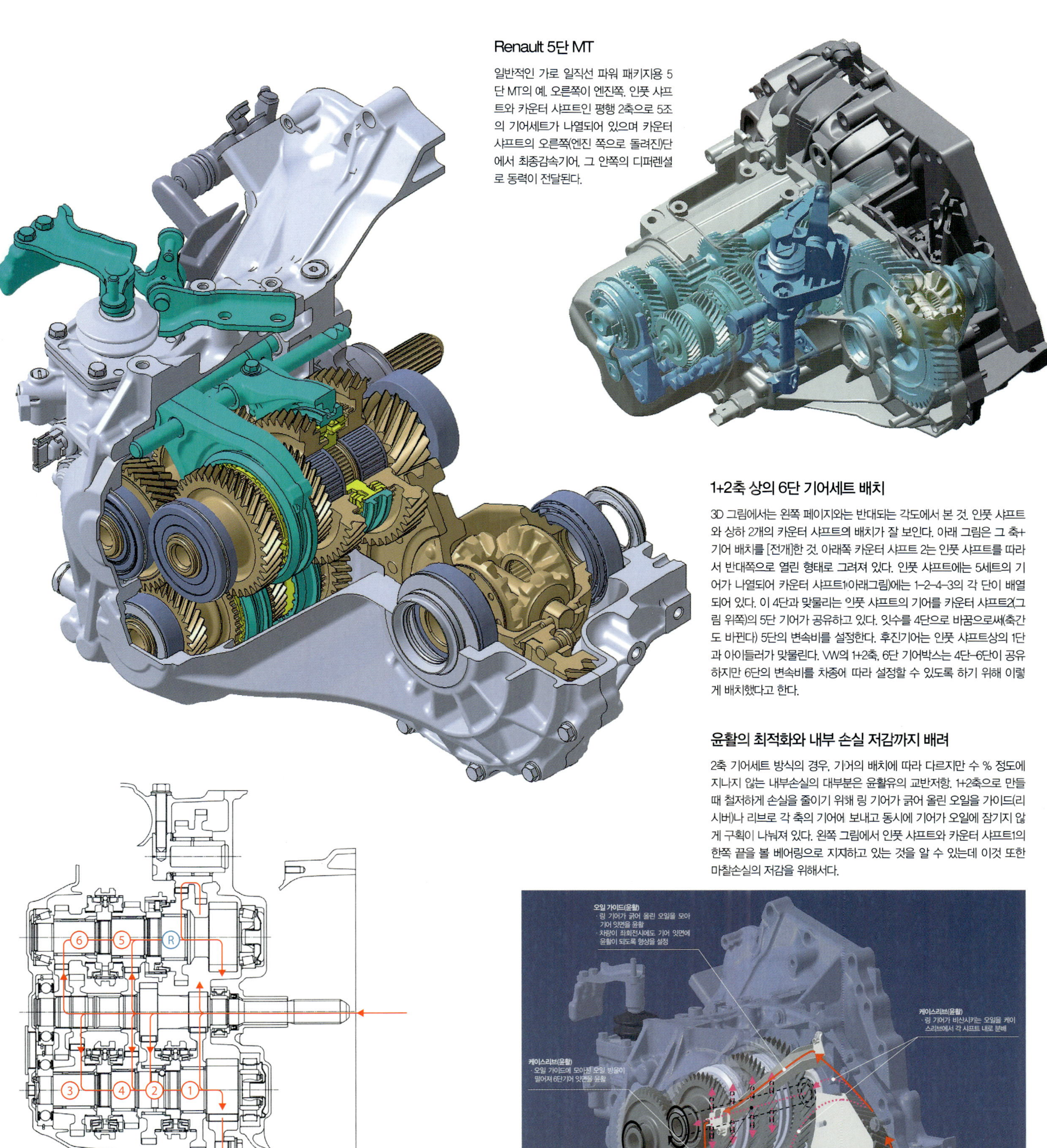

Renault 5단 MT

일반적인 가로 일직선 파워 패키지용 5
단 MT의 예. 오른쪽이 엔진쪽. 인풋 샤프
트와 카운터 샤프트인 평행 2축으로 5조
의 기어세트가 나열되어 있으며 카운터
샤프트의 오른쪽(엔진 쪽으로 돌려진)단
에서 최종감속기어, 그 안쪽의 디퍼렌셜
로 동력이 전달된다.

1+2축 상의 6단 기어세트 배치

3D 그림에서는 왼쪽 페이지와는 반대되는 각도에서 본 것. 인풋 샤프트
와 상하 2개의 카운터 샤프트의 배치가 잘 보인다. 아래 그림은 그 축+
기어 배치를 [전개]한 것. 아래쪽 카운터 샤프트 2는 인풋 샤프트를 따라
서 반대쪽으로 열린 형태로 그려져 있다. 인풋 샤프트에는 5세트의 기
어가 나열되어 카운터 샤프트1(아래그림)에는 1–2–4–3의 각 단이 배열
되어 있다. 이 4단과 맞물리는 인풋 샤프트의 기어를 카운터 샤프트2(그
림 위쪽)의 5단 기어가 공유하고 있다. 잇수를 4단으로 바꿈으로써(축간
도 바뀐다) 5단의 변속비를 설정한다. 후진기어는 인풋 샤프트상의 1단
과 아이들러가 맞물린다. VW의 1+2축, 6단 기어박스는 4단–6단이 공유
하지만 6단의 변속비를 차종에 따라 설정할 수 있도록 하기 위해 이렇
게 배치했다고 한다.

윤활의 최적화와 내부 손실 저감까지 배려

2축 기어세트 방식의 경우, 기거의 배치에 따라 다르지만 수 % 정도에
지나지 않는 내부손실의 대부분은 윤활유의 교반저항. 1+2축으로 만들
때 철저하게 손실을 줄이기 위해 링 기어가 긁어 올린 오일을 가이드(리
시버)나 리브로 각 축의 기어로 보내고 동시에 기어가 오일에 잠기지 않
게 구획이 나눠져 있다. 왼쪽 그림에서 인풋 샤프트와 카운터 샤프트의
한쪽 끝을 볼 베어링으로 지지하고 있는 것을 알 수 있는데 이것 또한
마찰손실의 저감을 위해서다.

기어세트의 선택 – 치합 – 해제를 순차적으로 절환하여 작동시킨다.

AISIN AI BG6

TEXT : 모로즈미 타케히코 · 그림 협력: 아이신 AI

변속 레버가 "H패턴"을 그릴 때 기어박스의 안에서 일어나는 현상

[동기치합식]에서는 항상 맞물린 상태인 2개 1조의 기어 어느 쪽인가를 축과 결합하여 그 기어세트에 회전과 힘을 전달한다. 이 기어 = 축간의 결합을 풀면 그 기어세트는 [자유롭게] 되고 다른 세트를 결합하여 기어단을 바꿀 수 있게 된다.

이 기어와 축의 결합, 분리를 통제하는 메커니즘의 기본은, 축과 일체로 회전하도록 설치된 슬리브가 축 위에서 움직여 기어에 접근, 기어 측의 [이]와 서로 맞물리는 상태를 만드는 것이다. 기어 잇수가 적고 또 싱크로메시 등을 설치하지 않고 직접 맞물리는 도그 클러치 방식이 가장 단순한 변속기구로 모터 사이클, 경기전용차량의 변속기에 사용되고 있다. 하지만 엔진과 구동바퀴 사이에 설치된 기어세트가 결합된 상태에서 변속비가 다른 기어세트로 변환하려면 구동바퀴 쪽(트랜스미션에 있어서는 출력축)의 회전은 급하게 변화하지 않으므로 변속비가 바뀌는 만큼을 엔진 쪽의 회전속도를 낮춰(상향변속)/ 올려(하향변속) 입/출력축 간의 회전속도차이를 [동기]시킬 필요가 있다. 동기에 실패한 경우 엔진쪽 회전속도가 높으면 증속측, 반대라면 감속측 충격이 발생하고 그 이전에 기어와 슬리브 사이에 속도차이가 있다면 서로의 기어이의 위치(위상)를 맞춰 맞물리게 하는 과정이 잘 안 된다. 그렇기 때문에 미끄럼 마찰을 이용하여 서로의 회전속도를 동기시키는 싱크로메시 기구를 설치하는 것이다. 슬리브의 바깥쪽에는 시프트 포크가 설치되는 홈이 있으며, 내면에는 작은 기어이가 기어측 이와 맞물린다.

운전자가 변속 레버를 작동시키면, 기어박스 내의 셀렉트 메커니즘이 2가지 동작을 조합하여 기어세트를 해제, 선택, 결합시킨다. 그 하나는 시프트 포크와 접촉을 유지하면서 회전하고 있는 슬리브가 축에서 미끄러지면서 기어와 결합, 해제되는 동작. 다른 하나는 어느 슬리브를 움직이도록 할까 선택하는 동작. 실제로 어떻게 하여 그 동작이 진행하는지 아이신 AI, BG6의 4단에서 5단으로의 상향변속을 예로서 셀렉터+시프트 포크+슬리브를 순서에 따라 그림으로 나타냈으니 참고하기 바란다.

변속기 측면을 세로로 통과하는 축을 갖는 셀렉터는 우선 회전에 의해서 슬리브를 움직여서 2조의 기어세트 중 하나를 선택한다. 이것이 시프트 게이트(H패턴)의 전후방향의 움직임이다. 뉴트럴 게이트(H의 가로 봉)를 옆으로 움직였을 때 셀렉터는 상하로 움직여서 다른 슬리브를 선택한다. 가로배치 FWD용 6단 MT로서 카운터 샤프트를 2개로

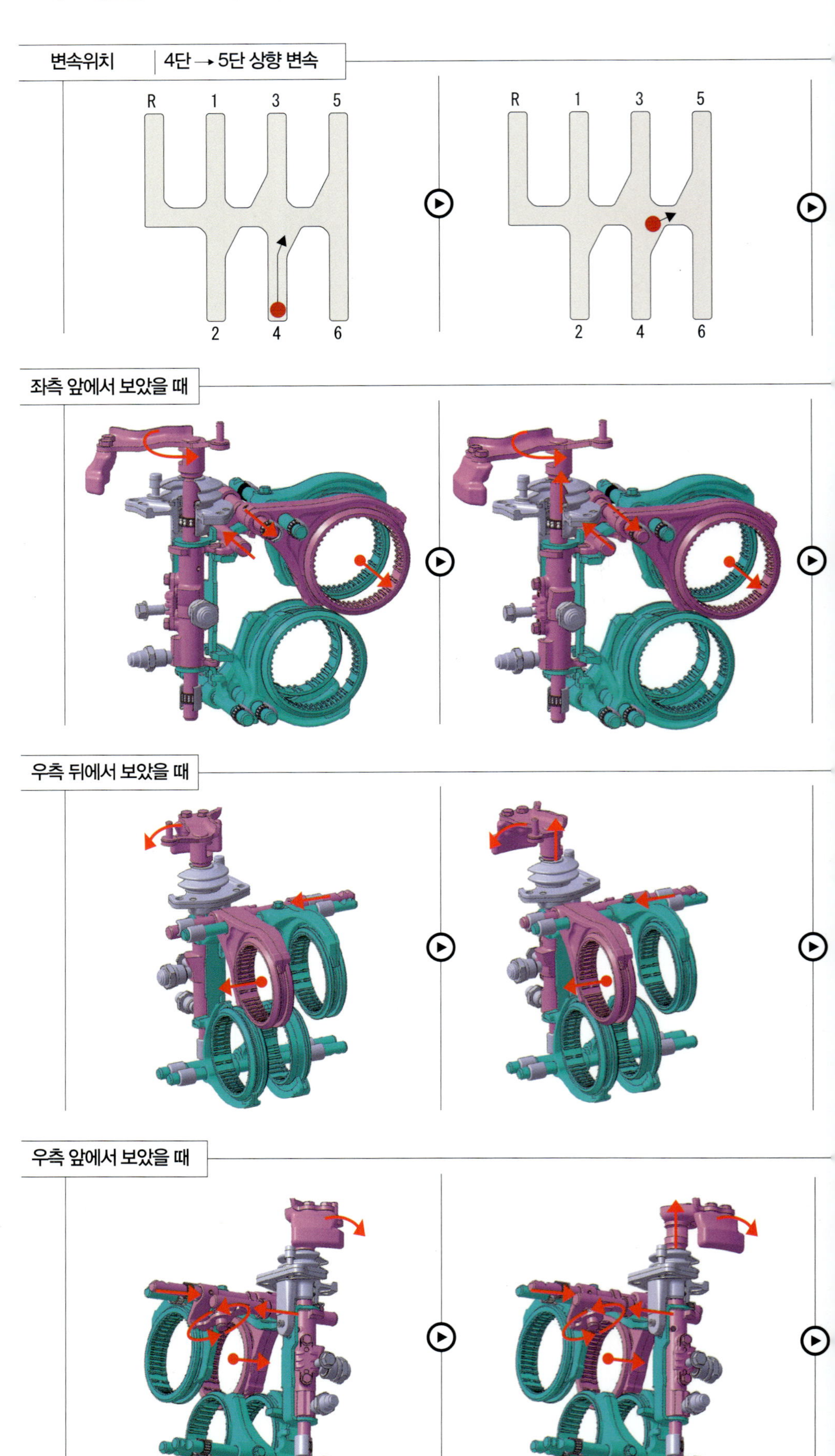

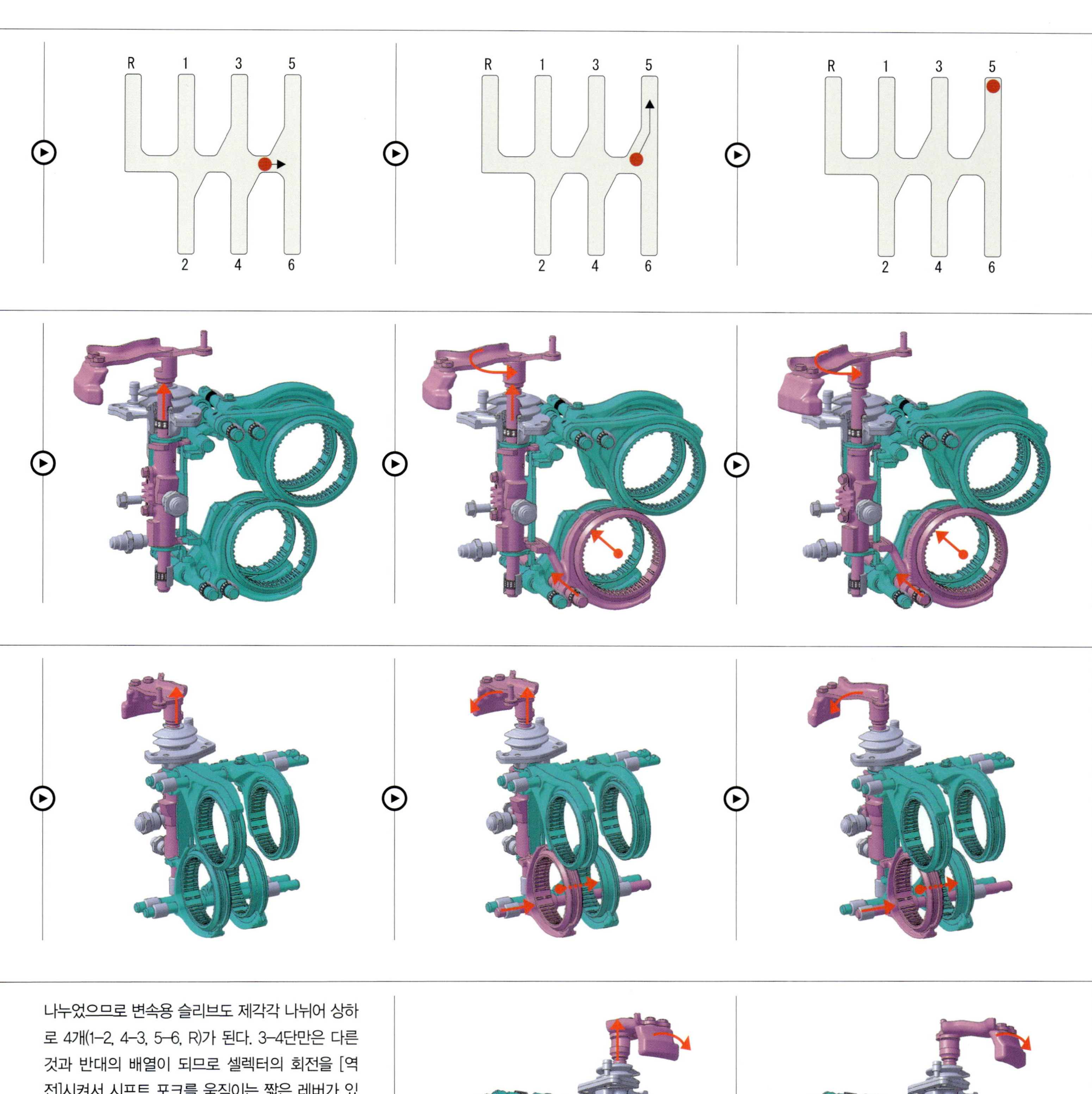

나누었으므로 변속용 슬리브도 제각각 나뉘어 상하로 4개(1–2, 4–3, 5–6, R)가 된다. 3–4단만은 다른 것과 반대의 배열이 되므로 셀렉터의 회전을 [역전]시켜서 시프트 포크를 움직이는 짧은 레버가 있다.(그림 하단, 우측 앞에서 보았을 때를 보면 알 수 있다). 이러한 움직임을 가볍고 매끄럽게 하기 위해 셀렉터나 포크 시프트의 섭동부에는 리니어 볼 베어링을 많이 사용한다.

자동차용 변속기의 [기본형]

글: 모로즈미 타케히코

Mecedes-Benz 6단

아무리 고급 승용차라도 수동변속기를 장착한 자동차가 시장의 절반 이상을 점유하고 있는 유럽에서는 자동차 메이커, 변속기 제작회사가 변속기의 개량을 계속하고 있다. 이 메르세데스 벤츠의 C, E클래스에 장착된 6단 모델은 상당히 조밀하다. 시프트 레버의 작동을 받는 시프트 로드를 1개로 하여 기어박스 상부를 관통시켜 그 회전+전후 움직임을 셀렉터 포크로 전하는 기구를 채택. 시프트 레버 지지점이나 전달계통(푸시-풀 와이어가 아닌 로드)등도 변속 감각에 큰 영향을 미친다.

SUBARU Impreza 6단

엔진을 앞 차축보다 전방에 두고 후방에 변속기를 배치하는 형식의
MT는 엔진~클러치로부터의 입력은 우선 인풋 샤프트에 전달되고,
인풋 샤프트와 나란히 설치된 카운터 샤프트와의 사이에서 변속하
며, 그 앞쪽 끝에 베벨기어를 일체화시켜 종감속기어+디퍼렌셜을
회전시키는 구조로 되어 있다. 나아가 카운터 샤프트 뒤끝에서 후
륜 쪽으로 동력을 분기하면, 4WD가 될 수 있다.

MAZDA Roadster 6단(M15M-D)

스포츠 드라이빙을 위한 자동차는 역시 변속단과 구동력의
세기를 운전자 자신이 선택해야 즐거움이 배가되며 오른발에
구동력이 "직결"되고 있다는 감각은 빼놓을 수 없는 요소이
다. 다단화도 구동력의 폭을 세밀하게 선택할 수 있는 방향으
로 이용된다. 이 변속기의 경우 기어세트 위에 전진 3세트, 후
진 1세트의 시프트 포크를 유도하는 로드가 평행으로 배치되
고 뒤로부터 시프트 레버의 작동을 전달하는 로드가 들어온
다. 기어 세트의 제일 앞에 카운터 샤프트를 우선 감속시켜 회
전하는 기어세트가 있음에 주의하자. 이 형태를 [인풋 리덕션
(입력감속)]이라 한다.

고전적인 엔지니어링이라 생각되지만 계속 진화한다.

엔진을 세로로 배치하고 그 바로 뒤에 클러치 그리
고 기어박스, 기어박스로부터 구동축을 길게 연장하고,
베벨기어를 이용하여 최종감속을 함과 동시에 회전방
향을 90도 바꾸어 구동륜에 동력을 전달한다.

이 형태가 자동차의 구동계통 배치구조의 원점이다.
엔진+변속기 세로배치~후륜구동이란 형태는 1891년
에 프랑스의 파나르 르바소란 회사의 자동차가 처음이
다. 이는 베벨기어로 축의 방향을 바꿨던 것을 체인으
로 후륜을 구동하는 구조로. 베벨기어에 의한 최종감
속과 디퍼렌셜기어를 뒤축에 설치한 구성은 [호치키스
드라이브]라고도 불리고 있었다.

이 형태의 경우 변속기는 단순히 기어세트를 배열한
2축 배치구조가 좋으며, 더욱이 변속단 중의 하나는 기
어세트에 의한 감속을 하지 않고 변속기의 인풋~아웃
풋 샤프트를 직결하여 전달하는 전달효율이 가장 좋은
형태를 취할 수 있다.

이 직결단이 [변속비 1.00]이 되는 것이다. 나아가
기어 잇수를 입력측보다 출력측을 적게 하여 증속하
는 기어비를 [오버 드라이브]라 한다. 이전에는 주 변
속기에 대하여 증속하는 부변속기를 이렇게 부른 적
도 있다.

긴 세월에 거친 기술적 계승 속에서 4단, 또는 5단

을 직결 단으로 하고 그 위에 증속단을 설치하여 주행
용으로 사용하는 설계가 정석이 되었다. 그러나 [그 자
동차가 주행 중에 가장 긴 시간 동안 사용하는 변속단]
즉 변속비가 가장 작은 주행용 기어 위치야말로 전달
효율이 최고로 좋아지는(손실 최소) 직결단으로 해야
한다는 생각을 유럽의 기술자들에게서 듣고서 [과연]
이라고 수긍한 것은 0 미 20년 전의 이야기이다. 그러
나 정석에 구애되지 않는다면 효율을 철저하게 추구하
는 현 시대의 사고법이 정론이지 않을까. 변속기의 고
전이라 하지만 진화의 여지는 아직도 다양하게 존재하
기 때문이다.

다양화하는 자동차들을 [다단화]하기 위한 신세대 MT

AISIN AI AY6(6단)

글: 모로즈미 타케히코

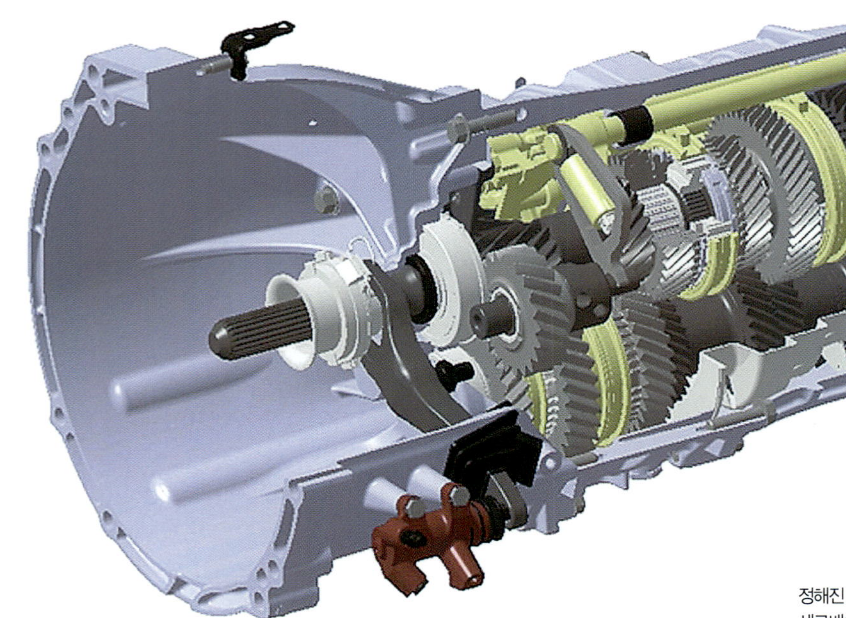

다양한 차종의 [다단화]요구에 부응하는 세로배치 MT의 최신판

바야흐로 수동 변속기의 다단화, 특히 6단화는 스포츠와 스포티한 모델 만의 요구가 아니다(다만 [세계시장에서] 자동변속기으로만 쏠리고 있는 일본과 한국은 특이한 시장이라 할 수 있다). 이른바 SUV도 일반 자가용으로서의 즐거움이 요구되고 그러한 요소를 포함한 서로 다른 종류의 상품에 스포티한 자질을 가미한 "크로스 오버"상품도 증가하는 중이다.

물론 도로상태의 좋고 나쁨을 떠나 오른발로부터 구동바퀴까지의 [힘의 직결감]은 토크 증감의 예민한 부분을 포함하여 보다 강하게 요구되고 있다. 크기와 중량이 커진 차량에 있어서 실용연비를 조금이라도 좋게 하고 주행시의 엔진 회전을 적게 하기 위해 변속비를 고속 기어쪽으로 전개되도록 요구하고 있다.(동시에 시프트 다운의 필요성이 줄어드는 토크의 과도 특성도 중요하다)

이러한 요구에 대응할 수 있도록 개발된 차세대 세로배치 6단 MT가 이 AY6계 아웃풋 리덕션(output reduction)으로 윤활유 교반 손실의 저감과 변속 기구의 가동 정밀도 향상 등 MT의 최신기술이 담겨 있다.

정해진 방식으로서 인풋 리덕션을 답습해온 FR용 세로배치 2축 변속기에서 우선 각 변속단의 기어 세트로 인풋 샤프트―카운터 샤프트로의 변속을 행하며, 카운터 샤프트 뒤쪽 끝의 상시 치합 감속 기어에서 다시 감속시키고 출력 측으로 되돌리는 [아웃풋 리덕션]을 채택하고 있다.

각 변속단의 기어가 받는 토크가 작아지므로 5세트의 기어가 얇고 마지막의 감속 기어는 두꺼워지지만 전체의 길이를 단축시킬 수 있다. 가로배치 FWD용 MT의 구성과 같은 방식이다. 한 개의 시프트 로드를 길게 하여 셀렉트 메커니즘을 집약한 것은 벤츠의 6단 MT와 같다. 볼 베어링이 축을 지지하는 방식과 윤활유 교반 손실의 저감법 등도 도입되고 있다.

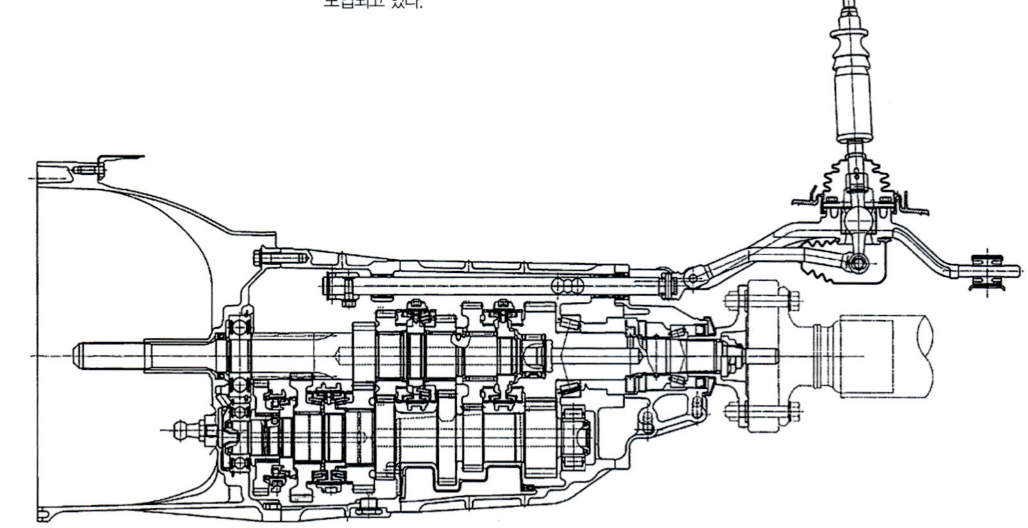

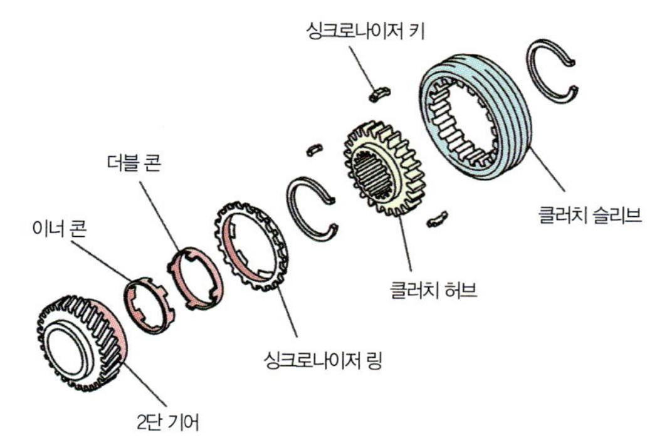

멀티 콘 싱크로나이저 | MAZDA M15M-D

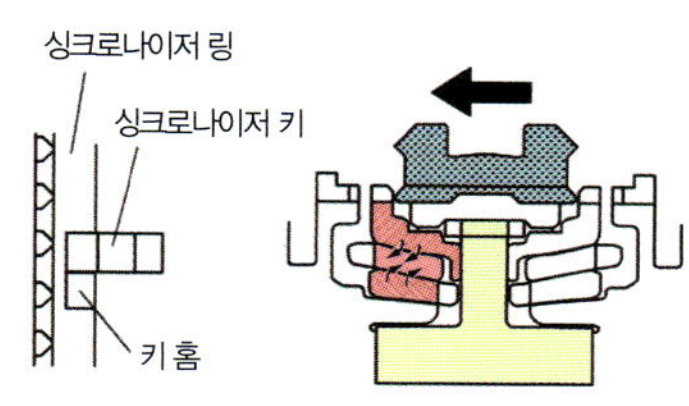

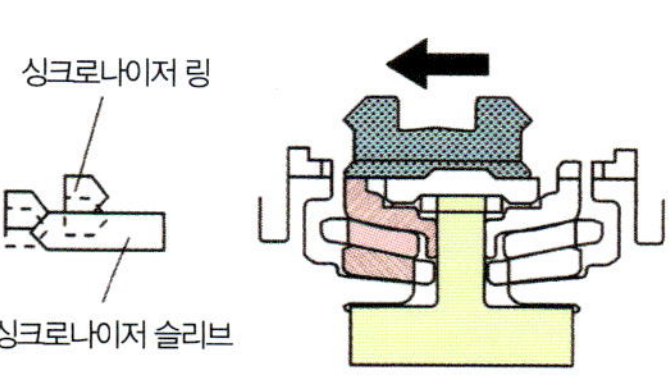

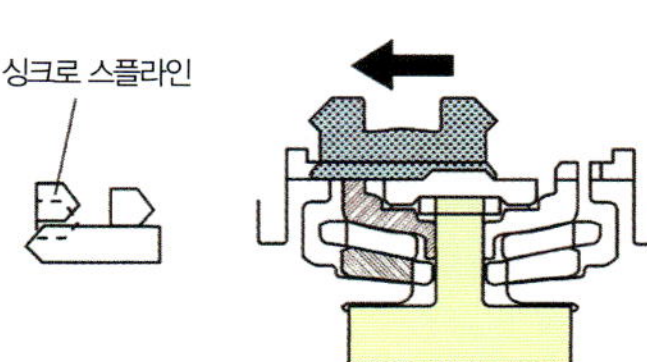

변속을 위해 슬리브를 움직이면 싱크로나이저 링의 안쪽 원추면과 기어 측면에 튀어나온 원추면이 접촉하여 밀어내면서 마찰력을 발생시켜 양쪽의 회전속도차이를 줄인다. 축과 일체인 클러치 허브 바깥쪽의 기어이와 단기어 측면의 이가 서로 맞으면 바깥쪽부터 슬리브 안쪽면의 기어이와 홈이 미끄러지면서 축–클러치 허브–슬리브 기어를 결합한다. 단시간에 변속을 완료하기 위해서 동기가 빠르다. 따라서 마찰면을 넓게 하는 게 이상적이다. 그런 이유로 싱크로 나이저 링을 배열하여 마찰 면을 겹치게 한 멀티 콘 싱크로를 특히 낮은 단기어에 두고 있는 MT가 증가하고 있다. 이 그림에서는 트리플 콘. 그러나 거칠고 강제적인 변속을 하지 않는다면 필요 없다. 변속 감각이 좋아지는 면도 있다.

변속행정 단축 | AISIN AI AY6

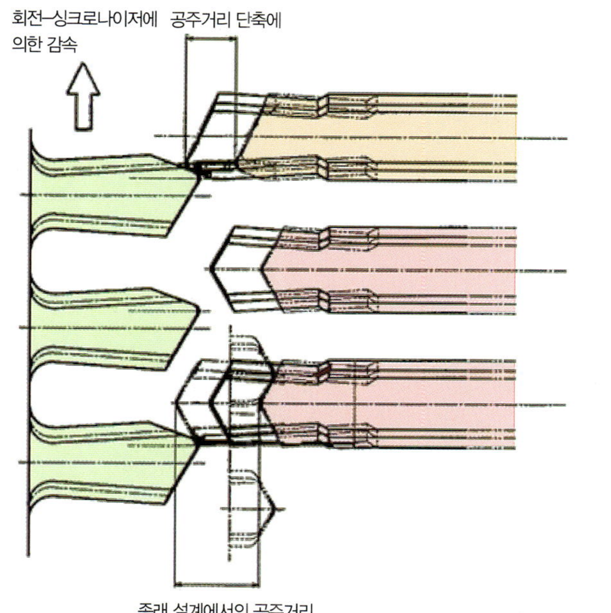

AY6계의 싱크로 메시 기구의 확대도. 오른쪽의 슬리브 내부의 기어이 중 윗단에 있는 비대칭형인 [기어이]가 AY6에서 채택한 새 형상. 싱크로나이저 링을 [기어이]끝의 경사면으로 밀며 동기된 지점에서 왼쪽의 기어 쪽으로 미끄러진다. 그 이동량을 줄여 변속기구의 행정을 단축시킨 디자인.

6단 기어세트(5단은 직결단이므로 기어세트는 5단분)의 뒷부분 투시도. 지금까지의 변속기라면 카운터 샤프트 쪽의 기어 하부는 윤활유에 [젖어] 있었지만 그 교반 저항을 저감시키기 위해 배열된 기어에 근접하여 뒤덮는 [오일 세퍼레이터]를 채택하고 있다.

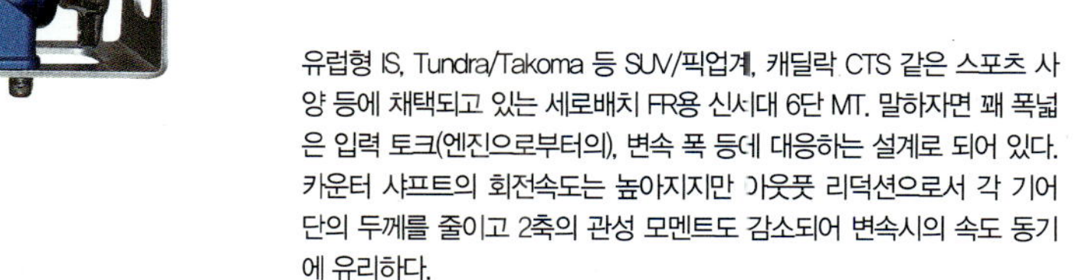

유럽형 IS, Tundra/Takoma 등 SUV/픽업계, 캐딜락 CTS 같은 스포츠 사양 등에 채택되고 있는 세로배치 FR용 신세대 6단 MT. 말하자면 꽤 폭넓은 입력 토크(엔진으로부터의), 변속 폭 등에 대응하는 설계로 되어 있다. 카운터 샤프트의 회전속도는 높아지지만 가웃풋 리덕션으로서 각 기어단의 두께를 줄이고 2축의 관성 모멘트도 감소되어 변속시의 속도 동기에 유리하다.

포르쉐 특유의 기계적인 개발은 수치만이 아닌 감성평가에 주안점을 둔 것

글: 마키노 시게오

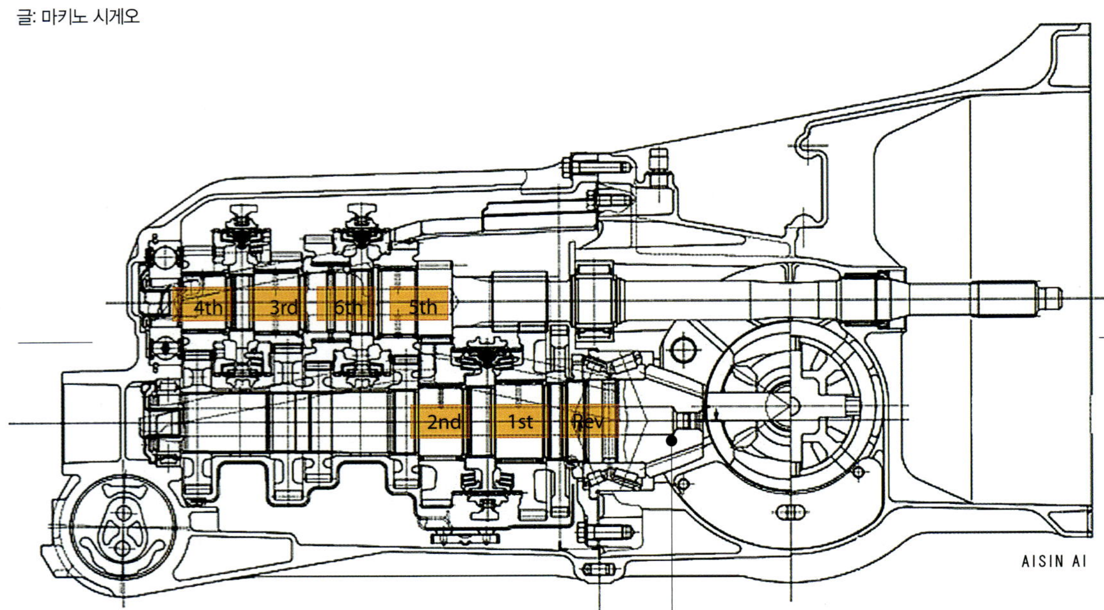

PORSCHE 911(997) Carrera 2

중심거리는 996까지 만든 Getrag제보다 2mm 짧은 85mm 이고 토크 용량은 400Nm. 크기와 중량이 증가되지 않도록 기어 배열을 변경하고 하이포이드 기어에 가까운 쪽부터 1 단, 2단… 순서대로 배치한 것이 최대의 차이점. 왼쪽 끝의 원형부분이 변속기 마운트로 여기가 차량 앞쪽. 1단 기어의 바로 위가 뒷좌석이다.

PORSCHE 911(997) Carrera 4

카레라 4용에서는 앞바퀴에 출력축(왼쪽 끝)이 추가 된다. 케이스 측면에 있는 2개의 암이 변속 아우터 레 버로 양끝에 있는 매스 댐퍼의 무게를 포함한 실주 행 테스트로 승차감을 향상시켰다. 2개의 시프트 포 크 간격은 좁게 하여 전체적으로 조밀한 설계. 케이 스 전체의 보강에 리브의 배치에도 주목했으면 한다.

PORSCHE 911(997) Carrera S

포르쉐 911의 패키지는 조밀하며 무거운 것은 리어 오버항 에 집중시켰다. 돌출물이 있으면 뒷자리를 만들 수 없으므 로 변속기는 좌우 뒷좌석의 사이에 배치하였다. 아이신 AI도 처음에는 셀렉트 샤프트를 세로 위치에 배치하려 했으나 공 간적인 제약 때문에 단념하였다.

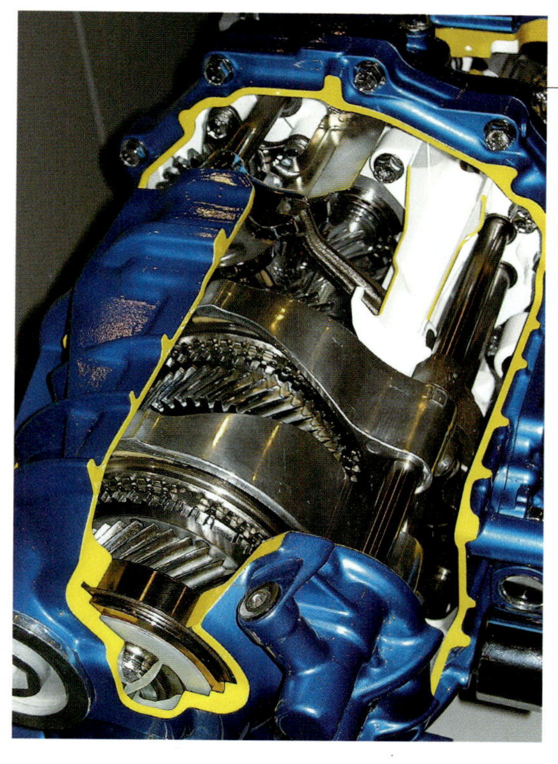

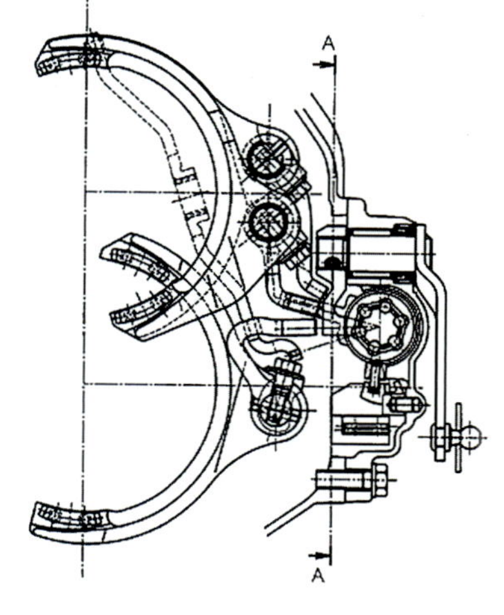

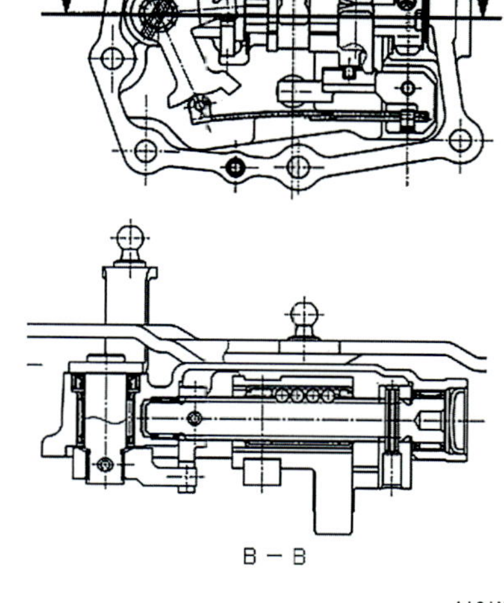

빠른 변속과 변속 감각을 위해 2개의 시프트 샤프트를 미끄러지게 하는 이너 레버는 안쪽에 6개의 홈을 파서 슬라이드 볼 베어링으로 매끄럽도록 하였다. 변속 조작의 마지막 단계에서 [빨려 들어가는]듯한 감을 내기 위해 슬리브 스프링의 반발력이나 매스 댐퍼의 무게를 실주행을 통해 결정하였다. 포르쉐에는 [변속감각]을 전문적으로 감성평가하는 담당자가 있어 이것을 엄격하게 체크하고 있다.

AISIN AI

◉ 윤활/교반 손실의 저감

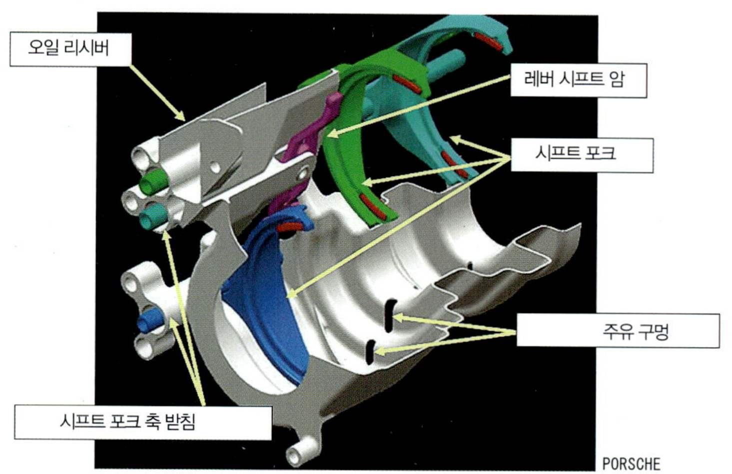

일체형으로 만들어진 주조 오일 세퍼레이터. 시프트 포크를 내장하고 더욱이 지름이 다른 기어 열에 오일이 튀지 않도록 복잡한 형상으로 되어 있다. 또한 3개의 시프트 포크 서포터가 겹쳐 있고 슬라이드 볼 베어링이 조합되어 있다. 이 세퍼레이터에 의해 전달효율은 2~3% 향상되었다.

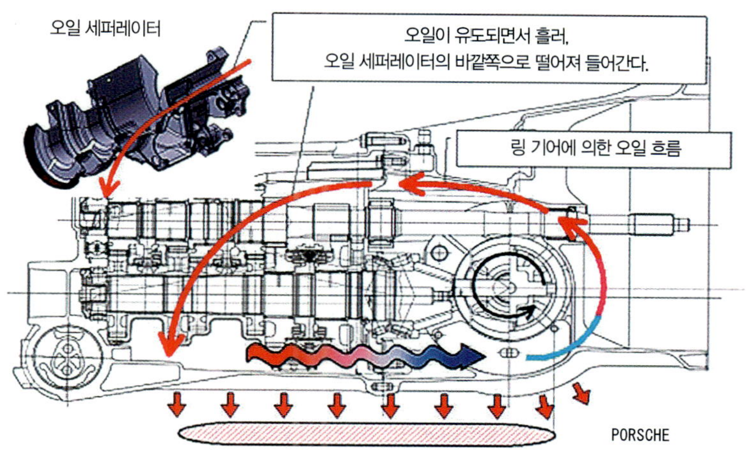

윤활유의 흐름. 링기어가 긁어올린 미량의 오일은 트랜스미션 상부의 오일 가이드(물받이 같은 것)를 거쳐 각 기어에 공급된다. 또 미량이 디퍼렌셜 케이스 측면으로부터 디퍼렌셜 내부로 공급된다. 트랜스미션 케이스의 바닥에는 공랭식 냉각핀이 있어 오일을 냉각시킨다.

튀지 않는 이론적인 설계와 높은 가공 정밀도

「아이신 AI」 제 SP6의 특징은 첫째로 기어 배열이 이전의 게트락(Getrag)제와는 다르다. 하이포이드 기어에 가깝고 트랜스미션 케이스의 강성이 강한 쪽부터 후진/1단/2단……과 같은 배치이다. 이때까지의 996용에 비해 「토크 용량 20% 증가」란 요구를 만족시키기 위한 배치이다.

둘째는 부품의 치수를 줄인 것. 각 변속 기어의 폭을 최대한 줄여 기계에 무리를 주는 요소를 철저하게 배제하였다. 싱크로나이저는 1/2단이 트리플 콘, 3단은 더블 콘이며 여기까지가 카본 싱크로나이저로서 4/5/6단은 소결 합금제이다. 카본을 채택한 이유는 포르쉐 지정 트랜스미션 오일이 유황계 첨가제를 많이 함유하고 있기 때문에 소재의 열화를 방지하기 위한 결과이다. 디퍼렌셜의 플레이트에도 카본이 붙어 있다.

셋째는 소재. 게트락제와 같이 크롬, 몰리브덴 등을 첨가한 특별한 소재를 혼합하여 사용하고 있다. 경도를 높이기 위함이다. 그리고 넷째는 윤활계. 뒤에 설명하듯이 기어가 오일에 흠뻑 젖지 않게 오일 세퍼레이터를 내장하였다.

세부적으로 관찰하면 게트락제는 테이퍼 롤러 베어링을 채택하고 있던 하이포이드 기어에 아이신 AI는 롤러 베어링을 채택하였다. 기어 지름을 줄이기 위해 소음에 있어서 오히려 불리한 롤러 베어링을 사용하였으나 제조부문의 노력으로 문제가 발생되지는 않았다.

변속 기구의 슬리브는 케이스에 맞닿아 멈추게 하는 형식이 아닌 기어로 멈추게 하는 방식으로 하였으나 이것은 슬리브와 시프트 포크의 홈 사이에서 발생하는 기계손실을 감소시키기 위함이다. 기어 진동이 시프트 레버 진동이 되지 않도록 변속 계통을 부동(floating)시켜 해결하고 있다.

전체적으로는 튀지 않는 견실한 설계이다. 아무리 포르쉐라 하지만 연비를 위한 경량 소형화, 정숙화, 저비용화라고 하는 시대의 요구를 무시할 수는 없다. 새 시대의 요구를 받아들여 일본기업에 변속기를 발주한 것이다.

그리고 이 포르쉐의 요구에 부응하기 위해 설계만이 아닌 생산 기술부문과 관련 공급회사가 적절한 합작을 하였다.

「로봇 변속」은 사람보다 정교하다
문제는 「구동력의 차단」

글: 모로즈미 타케히코

ALFA ROMEO Selespeed(156 5단)

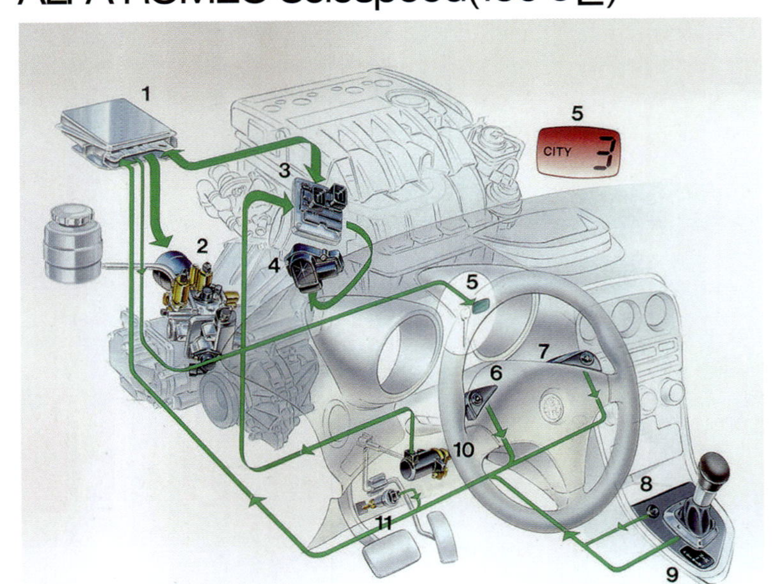

수동변속기의 "자동화"에 성공하여 최초로 만든 변속기. 직렬4기통 2ℓ 가솔린 엔진과의 조합으로 자동변속이 되는 "CITY"모드의 변속과정은 필요한 구동력을 고속 기어에서 생성하는 운전자의 정교한 기술의 재현이다. 건식 단판 클러치의 행정 자동조절장치 등도 포함되어 있지만 변형은 없다. 매뉴얼 모드에서는 스티어링 휠의 패들스위치를 작동시켜 순식간에 변속하며, 특히 다운 시프트는 회전 동기제어도 같이 한다. 배기량이 10% 증가한 159(6단화/힐 홀드 기능 추가)에서는 구동력의 차단도 확실하게 느낄 수 있다.

1. 컨트롤 모듈
2. 시프트 액추에이터/ 유압 시스템
3. 스로틀 제어 유닛
4. 전동 스로틀
5. 디스플레이
6. 다운 시프트 버튼
7. 업 시프트 버튼
8. "CITY"모드 버튼
9. 셀렉터 레버
10. 가속페달 센서
11. 킥다운 스위치

유럽 소형차 + 소 배기량 엔진에서는 앞으로도 더 많이 보급될 전망

수동변속기는 변속 그 자체와 발진에 손발을 복잡하게 움직이고 감각을 동기시켜줘야 할 필요가 있다. 숙련되면 무의식적으로 작동할 수 있게 되어 「조정하는 느낌」으로 이어지지만 최근에는 많은 사람들에게 있어 운전을 「어렵다」고 생각하게 하는 최대 요인이 되었다.

그러나 오늘날의 전자제어+기계시스템, 즉 메카트로닉스를 이용한다면 이 일련의 조작을 자동화하는 것이 가능하다. 셀렉트 메커니즘과 클러치 릴리스에 액추에이터를 조합하여 이들을 전자제어함으로써 수동변속기를 「자동화」하는 것이다.

이 기구를 일반적인 시판 모델에 최초로 도입한 예로서 이스즈의 NAVI-5를 들 수 있지만 80년대 초의 전자기계 계통에서는 동작이 너무 거칠고 특히 이 방식에 있어서의 최대 약점인 상향변속할 때의 토크 차단이 두드러지게 나타났으며 또 변속 동작이 전반적으로 유연하지 못하여 보급되지 않았다. 하지만 이는 승용차에 해당되는 것으로 중대형 상용차에는 이 방식과 진화된 스타일로 꽤 보급되어 왔다. 승용차에 관해서는 알파로메오의 SELESPEED를 비롯하여 유럽 메이커에 의한 본격적인 도입이 진행되고 있다.

이 「토크 차단」이란 상향변속하는 순간, 우선 기어를 빼기 위해서 엔진 토크를 낮추려고 스로틀(전동화)을 닫고 클러치를 차단하여 변속하는 일련의 동작 과정에서 구동력이 차단되는 현상을 말한다. 일반적으로 MT를 변속할 때에도 일어나며 장시간 운전시에는 변속단에 관계없이 계속 발생되지만 운전자가 무의식적으로 행하기 때문에 느끼지 못할 뿐이다. 그러나 자동화된 (또는 로봇화된) MT의 경우, 시스템에 이 모든 것을 맡길 뿐더러 가속 페달을 밟은 상태에서 변속이 되는 경우도 종종 있어 급하게 토크가 감소되기 때문에 속도가 순간적으로 떨어지는 느낌을 강하게 받는다. 익숙해지면 상향변속하고 싶은 순간에 살짝 가속 페달을 놓으면 변속이 의도하는 대로 알맞게 되고(이것은 일반적으로 AT에서도 같다), 또한 순간적인 속도 저하도 거의 없어지지만 변속의 자동화라고 하는 의미에서는 문제의 해결이 되지 않는다.

다만 이 현상이 크게 의식되는 것은 낮은 변속단에서 그것도 강하게 가속시킬 때가 대부분이며 또한 자동차가 경량으로 엔진의 배기량이 적고 내부의 회전관성이 작은 경우에는 매칭이 되기 쉽고 가속 중에 1단에서 2단으로 변속만이 신경쓰이는 정도이다. 변속기로서 단순하고 경량이며 전달효율이 높은 점 등, 모든 이점을 생각한다면 콤팩트 카(특히 유럽)는 앞으로 주류가 될 가능성이 높다. 적어도 변속과 발진을 자동화 할 수 있고 운전과 숙련에 의한 실용연비의 들쑥날쑥한 점이 줄어든다는 점은 의미가 크다고 하겠다.

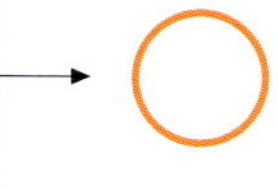

장점
- 기본은 MT와 같다. 전달효율이 높고 엔진의 회전속도와 차속의 관계가 일정.
- 숙련도나 판단에 의한 변속단의 선택 불균형이 적다.

단점
- 변속시의 토크 차단이 크다. 특히 저속 변속단의 상향 변속할 때.
- 정교한 발진~정지의 반복이 힘들다.

FERRARI 360 Modena

페라리는 스포츠카로서도 특수한 존재이며 수동 변속기의 변속 자동화도 취급이 쉬운 면이 많다. 하나는 'F1 매칭'을 일컫듯 F1과 직결된 엔지니어링 이미지이다. 또 변속 충격이 있을 정도로 달려도 변속을 빨리 할 수 있어 토크 차단이 줄어들 수 있다. F355부터 도입된 기종 수동변속기의 변속 자동화는 이 방향으로 정착. F355에서 디퍼렌셜의 앞에 가로로 배치된 기어박스는 F360에서는 차량 패키지의 개조에 맞춰서 뒤쪽 세로배치로 되었다. 더욱이 배기량이 큰 V12 탑재모델에도 설치되어 변속도 한층 빨라졌다. 기본적인 시스템은 SELESPEED와 같으며 이탈리아의 부품업체인 Magneti Marelli가 공급한다.

SMART four Two

스마트는 스타일을 고려한 한편 콤팩트하고 고효율을 꾀한 기획으로 AMT를 장착하고 있다.
그것도 전용 설계인 콤팩트한 기어박스로 변속을 빠르게 해야만 하는 양산 자동차로서는 드물게 드럼 셀렉터를 채택. 그것도 이 드럼의 회전과 클러치의 연결에는 유압이 아닌 전동 모터를 사용한다. 아래 2장의 사진(서로 다른 각도에서 찍은)에서 기어 세트의 구성, 시프트 포크를 움직이는 홈이 있는 셀렉터 드럼, 모터, 액추에이터 등을 확인할 수 있다. 가솔린 + 터보과급엔진에서는 저속 변속단 상향변속할 때의 토크 차단이 강하게 나타나지만 디젤 터보는 원래 상시용 토크가 크기 때문에 변속에 대한 불만은 어느 정도 해소된다.

수동 변속기의 자동화는 「부품의 적절한 위치에 배치」

글: 모로즈미 타케히코

BMW SMG(Sequential Manual Gearbox)

SMG II

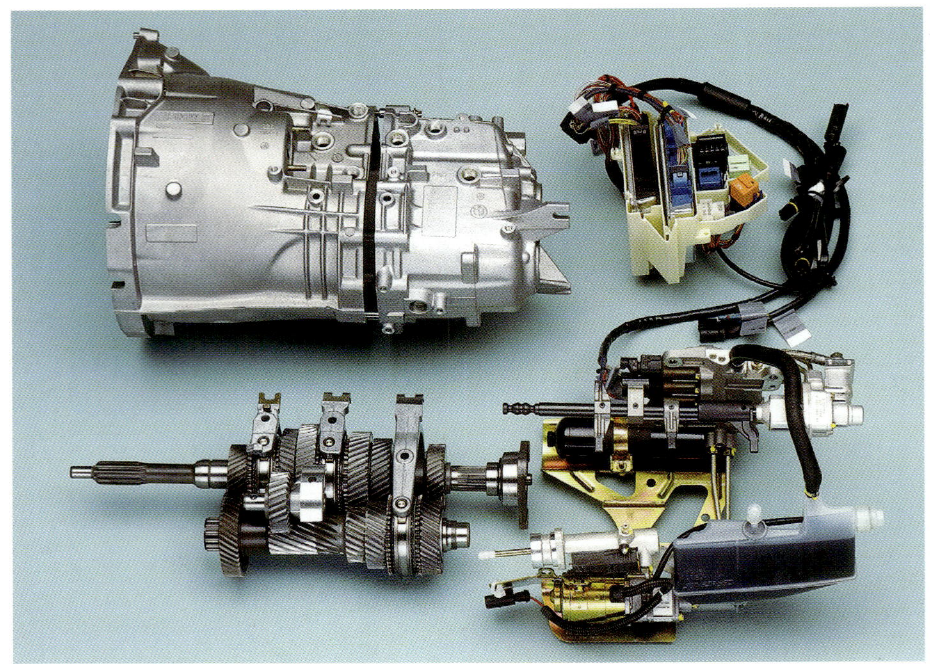

BMW도 수동변속기의 변속 자동화를 도입, SMG라 명명하여 출시하고 있다. 처음에는 AT를 조합하기 힘들었던 M3(E46계)에 그리고 작동계통을 간단하게 개량한 버전을 3시리즈의 6기통 모델에도 적용하려 하였으나(왼쪽 사진) 이러한 일반적인 차종에서는 역시 MT나 AT로 수요가 둘로 나뉘어 적용하지는 않았다. AT가 5단, 6단 등 다단화하는 것도 AMT의 존재가치를 희박하게 할 뿐이었다. 따라서 현재로서는 다시 MT를 표준으로 하는 M계 스포츠 모델로 자동변속을 원하는 소비자만을 위한 것으로 한정하고 있다. 변속 빠르기를 조정하는 스위치 등도 설치되어 있으나 엔진 그 자체의 회전관성이나 토크도 크기 때문에(기어박스도 그에 대응하여 대용량, 관성 모멘트도 커진다) 변속 토크의 차단은 상당히 크게 나타난다.

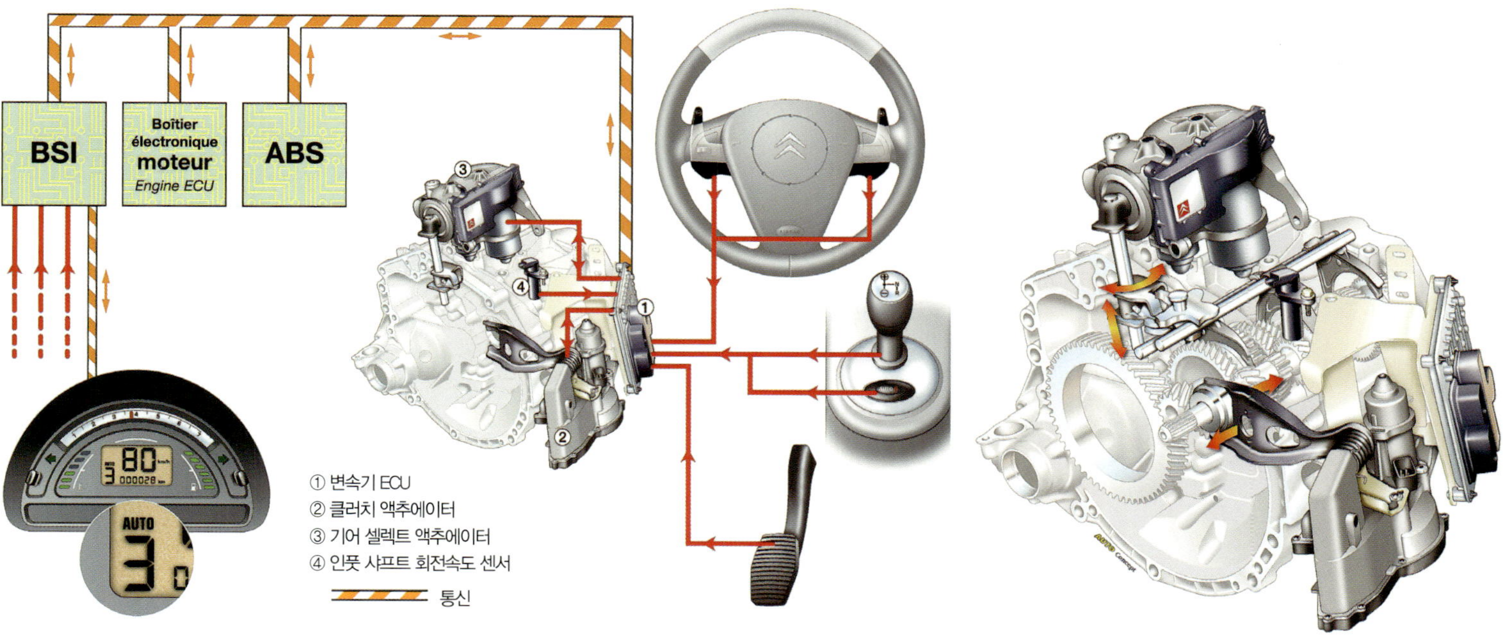

CITROEN Senso Drive C3(5단)

① 변속기 ECU
② 클러치 액추에이터
③ 기어 셀렉트 액추에이터
④ 인풋 샤프트 회전속도 센서

▨ 통신

CITROEN C4 HDi(6단)

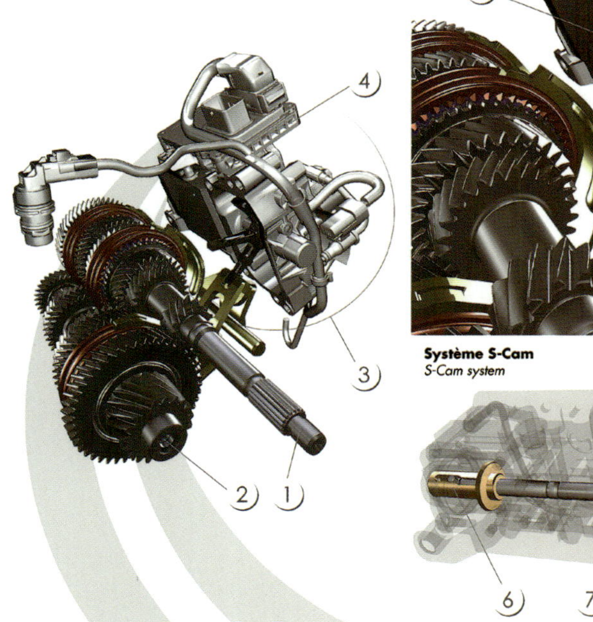

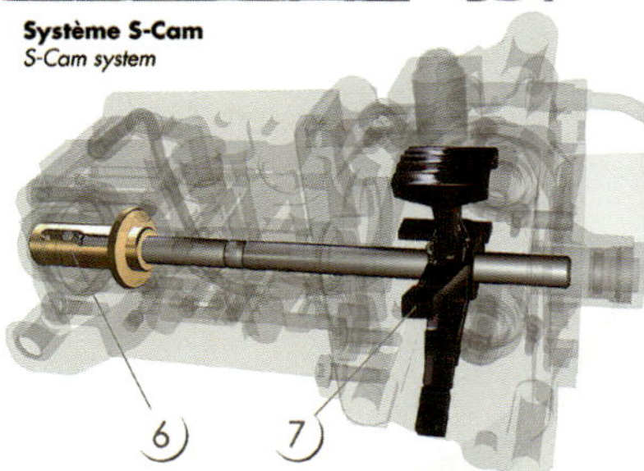

Système S-Cam
S-Cam system

시트로엥은 AMT 채택을 중형인 C4, 그것도 최신 디젤 터보로 확대 하였다. 디젤 최대의 장점인 실용연비를 손상시키지 않고 변속 자동화을 하기에는 수동 변속기를 기본으로 하는 것이 당연하다는 발상이다. C3와 같이 시프트 패들도 있어 운전자가 적극적으로 기어를 선택하여 주행상황에 대응하거나 MT이상의 스포티한 주행도 가능하게 하고 있다.

① 인풋 샤프트
② 아웃풋 샤프트
③ 전자 유압계통의 액추에이터 모듈
④ 전자제어 유닛
⑤ 액추에이터
⑥ S-캠(변속 동작전달)
⑦ 시프트 포크

Renault Quick shift(5단)

이것은 르노가 기초적이고 콤팩트한 클래스의 제품과 조합하여 시장도입을 진행시키고 있는 "퀵 시프트"이다. 일반적인 5단 MT에 전동 펌프가 생성하는 유압에 의한 작동+제어계통을 모듈화하여 제작하였다. 기어 셀렉터 액추에이터는 회전과 상하의 2조, 반대쪽에 클러치의 액추에이터를 둔다. 기존 유닛과의 조합을 정교하게 개량한 설계이다.

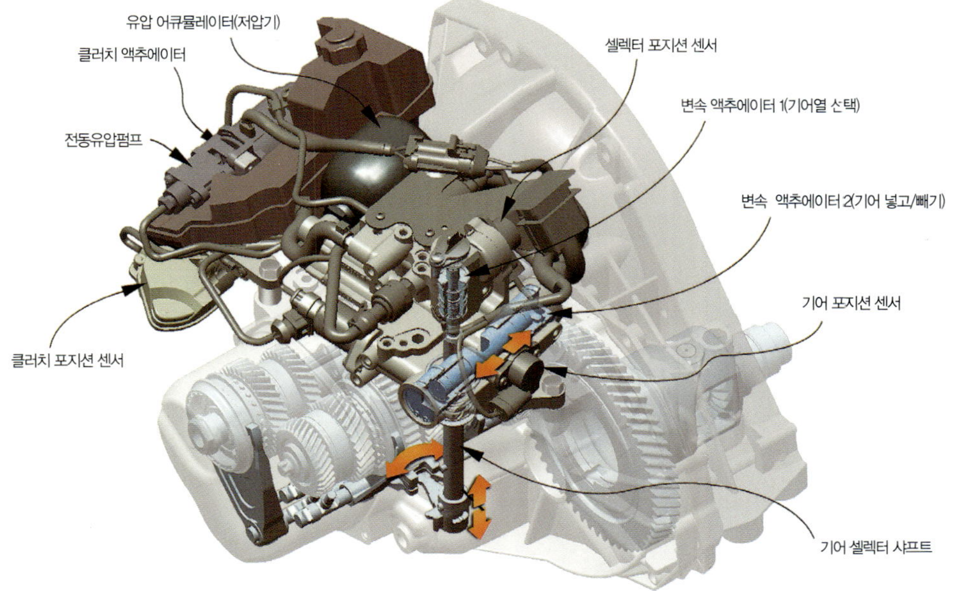

유성기어 세트+ 토크 컨버터

부드러운 주행이 가능한 「자동변속기」로서 개량을 거쳐 오늘에 이르렀다

글: 모로즈미 타케히코

상용 과도영역에서의 전달효율 개선이 급선무

이른바 오토매틱 트랜스미션 「AT」는 유성기어에 의한 변속기구와 발진 장치(및 토크 증폭장치~그 필요성과 필연성에 대해서는 지금도 논의의 여지가 많다)로서 토크 컨버터를 사용하는 형태가 「표준」으로 되어 있다. 원래 미국에서 발달한 형태로 몇십 년 전부터 전 세계에 확산되어 「부드러운 발진」 「변속의 자동화」를 전자제어가 발달하기 전에 이미 알고 있던 기술인 유압+기계의 조합만으로 실현할 수 있는 시스템으로서 개량해 온 것이지만 거기에서 벗어나 비약적으로 발전

하기란 여간 어려운 것이 아니었다.

그러나 대중적인 포드 T형 자동차는 기어 선택의 어려움(당시의 주류는 기어 그 자체를 선택하여 섭동시키는 기구)을 해소하기 위해 변속기에 유성기어를 사용하여 발로 밟는 페달로 변속시키고 복잡한 조작을 없앴다(분류로서는 매뉴얼=수동이지만). 균일하며, 대량생산이 가져온 가격 저감뿐만 아니라 실용성에 대한 고려가 T형 자동차의 보급에 공헌하였다고는 하나 그 뒤에 이 변속기는 간단하게 도태되어 버렸다.

유성기어 세트+토크 컨버터 방식은 틀림없이 오늘날의 「자동변속기」에서는 압도적 다수파이며 앞으로도 특히 큰 토크로 부드러운 주행을 요하는 차종에서는 계속 사용될 것이다. 그러나 기구 그 자체의 개량, 특히 상용 과도 영역에 있어서 전달효율의 대폭 개선은 초미의 관심일 것이다.

또한 AT는 특히 변속 충격과 진동을 해결하는 일에 주력하여 왔으며, 엔진의 실용 토크가 작은 점과 응답 성능의 부족함을 보완하기 위해 가속 페달을 밟은 후

Automatic Transmission

○ 장점
- 유성기어열의 요소를 바꾸는 것만으로 변속가능.
- 토크 컨버터는 발진 장치로서 우수하다.
- 사실상 표준으로서의 실적과 가격

× 단점
- 마찰재, 유압 펌프 등의 내부손실이 많다.
- 토크 컨버터를 사용하면 실제 구동감각이 희박하고 효율이 저하.
- 변속논리가 기존의 정석에 구애되는 경향.

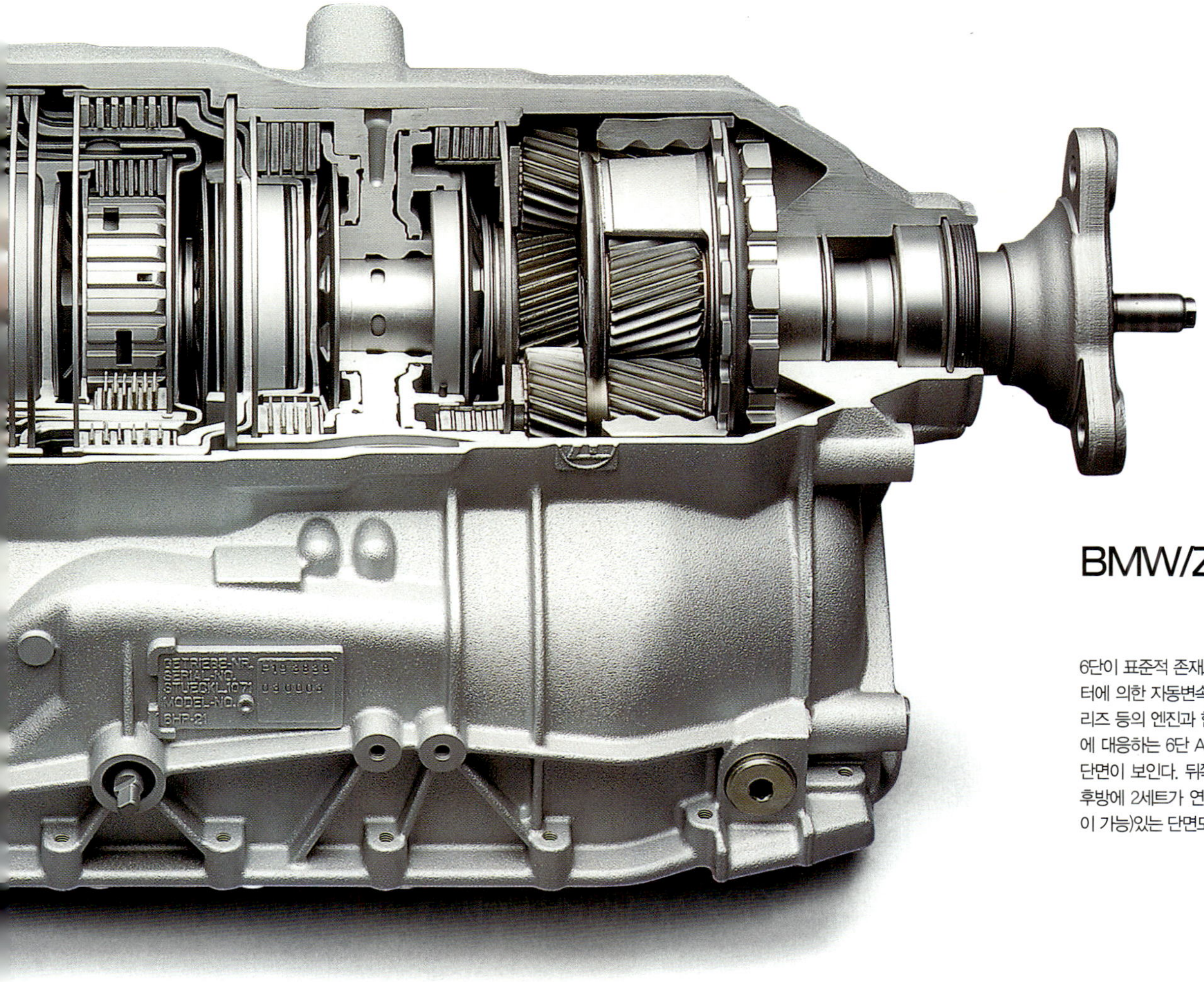

BMW/ZF 6HP21(6단)

6단이 표준적 존재로 되는 경향이 있는 최신의 유성기어 열+토크 컨버터에 의한 자동변속기의 전형이라고도 말할 수 있는 유닛. BMW가 3시리즈 등의 엔진과 함께 앞쪽에 세로배치, 후륜을 구동하는 파워 패키지에 대응하는 6단 AT이다. 사진 왼쪽이 엔진쪽으로 둥근 토크 컨버터의 단면이 보인다. 뒤쪽에 1열 유성기 어, 그 사이에 클러치 등을 배치하고 후방에 2세트가 연결된 유성기어열이 조합되어(이 조합으로 6단+후진이 가능)있는 단면도 보인다.

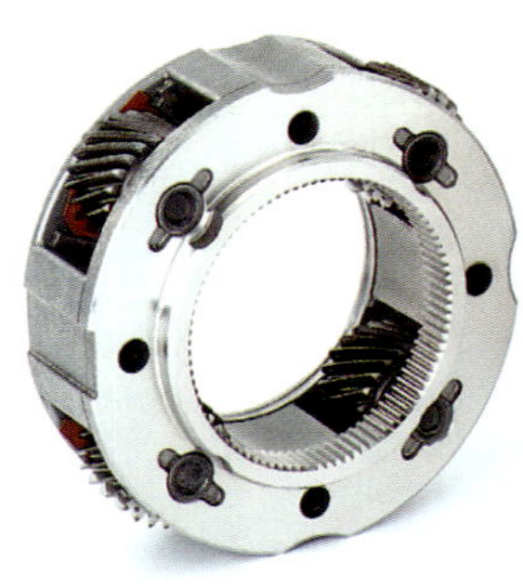

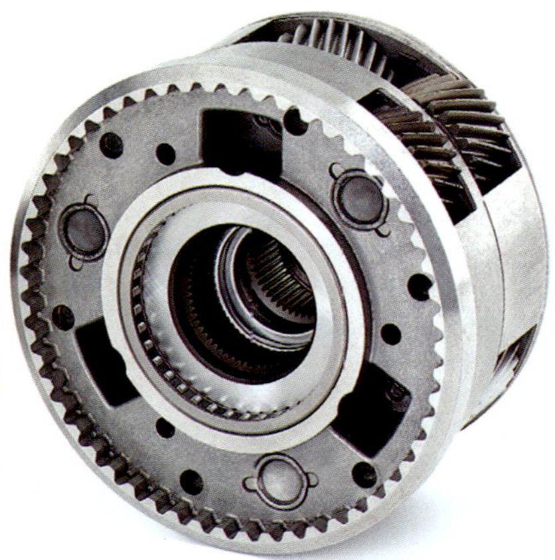

GM Hydramatic 6L80

유성기어세트를 개별적으로 본다면 이러한 형태와 구성이다. 왼쪽의 작은 것은 유성기어가 4개인 유성기어 캐리어. 오른쪽은 앞 3개, 뒤에 3X2의 트윈 피니언 유성기어를 조합하여 그것을 하나의 캐리어에 내장시킨 기어열이다.

에 나타나는 구동력을 크게 만들면 좋다고 여겨져 왔다. 운전자에게는 매우 불안한 구동력과 속도의 제어성이 된다. 변속의 패턴도 「무조건 고속기어=엔진 회전속도를 낮게」「가속 페달을 밟자마자 하향변속」이 정석이지만 엔진을 가속시킴으로써 연료를 낭비하고 구동력의 변동도 나중에 크게 나타난다. 이러한 특성에 친숙한 운전자는 운전이 조잡해지고 가속 페달의 온/오프 조작에 의한 속도관리가 잘 안 되어 실용연비가 나빠지는 경향이 생긴다. 이러한 「정석」은 근본에서부터 철저한 수정을 요한다.

고전적 존재로 보이는 FR용 AT이지만
내부 구조, 제어 모두 개량이 진행 중

글: 모로즈미 타케히코

BMW / ZF 6HP21(6단)

세로배치 후륜구동용 AT는 중대형 자동차용으로 수요도 확실하며, ZF도 일찍부터 5단, 나아가 6단으로 발전시켰다. 위는 22~23페이지에서도 소개한 현재 사용하는 6HP계(3시리즈)를 다른 각도로부터 본 것. 아래는 2002년에 대용량 6단 AT를 도입한 시점의 컷 모델. 앞쪽에 단열 유성기어, 그 뒤로 클러치 블록, 그리고 후방에 2열 더블 피니언 유성기어 세트의 기본적인 구성은 6HP시리즈의 공통점이다.

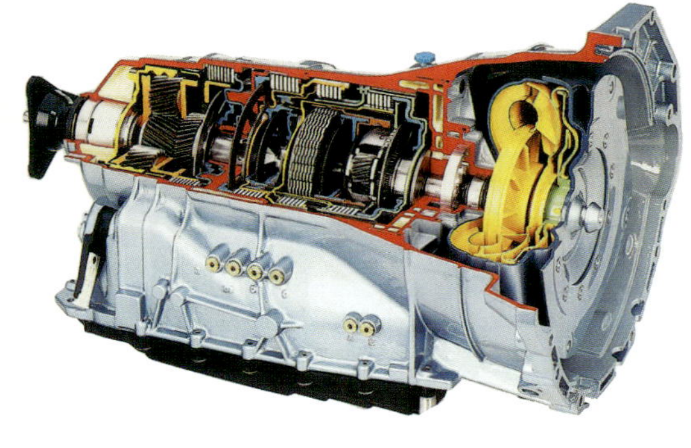

유성기어 세트의 구성을 정리하면서 다단화도 진행

본래는 토크 컨버터+유성기어에 의한 2~3단으로 시작하여 보급된 FR차용 AT. 우선 4단을 지향하던 때에는 3단의 기어 세트에 증속(오버 드라이브)용 유성기어를 추가하는 형태로 시작하여 그 흐름 안에서 5단까지 진화해 왔다. 그러나 5단에서 6단 또는 그 이상의 다단화를 진행하면서, 유성기어 세트를 다시 구성하고 보다 간단하고 짧게 응축시킨 설계로 단번에 진행하고 있다. 기본적으로 유성기어를 2열 조합시키면 직결 단을 포함하여 4단의 변속단을 만들 수 있다.

이것에 다른 1세트의 유성기어를 추가시키고 그것을 직결이나 감속으로 하여 동력을 전달한다. 즉 부 변속기적인 사용 형식을 취하면 2~3단의 변속단을 더 추가할 수 있다. 이러한 배열의 5~6단 AT가 지금 주류를 이루고 있다.

유럽에서의 트랜스미션은 전문 메이커의 전통이 깊으며, AT는 특히 ZF(지금은 기업 매수 통합으로 종합 부품 메이커로 성장했다)가 강하고, 메르세데스 벤츠는 이전부터 자작 제품. 소형차용은 개발과 설비투자를 분산할 수 있도록 공동개발하여 일본도 포함된 외부조달이 많았다. 앞으로는 AMT나 트윈 클러치 TM으로 움직일 것 같지만 미국에서는 원래 자동차 메이커가 자체적으로 AT의 개발과 실용화를 진행시켜온 경위도 있어 GM, 포드 각각 자사 설계의 AT를 갖는 형태가 계속되고 있다.

Automatic Transmission

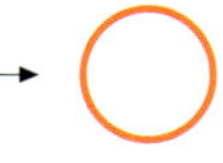

장점

- 유성기어열의 요소를 바꾸는 것만으로 변속가능.
- 토크 컨버터는 발진 장치로서 우수하다.
- 사실상 표준으로서의 실적과 가격

단점

- 마찰재, 유압 펌프 등의 내부손실이 많다.
- 토크 컨버터를 사용하면 실제 구동감각이 희박하고 효율이 저하.
- 변속논리가 기존의 정석에 구애되는 경향.

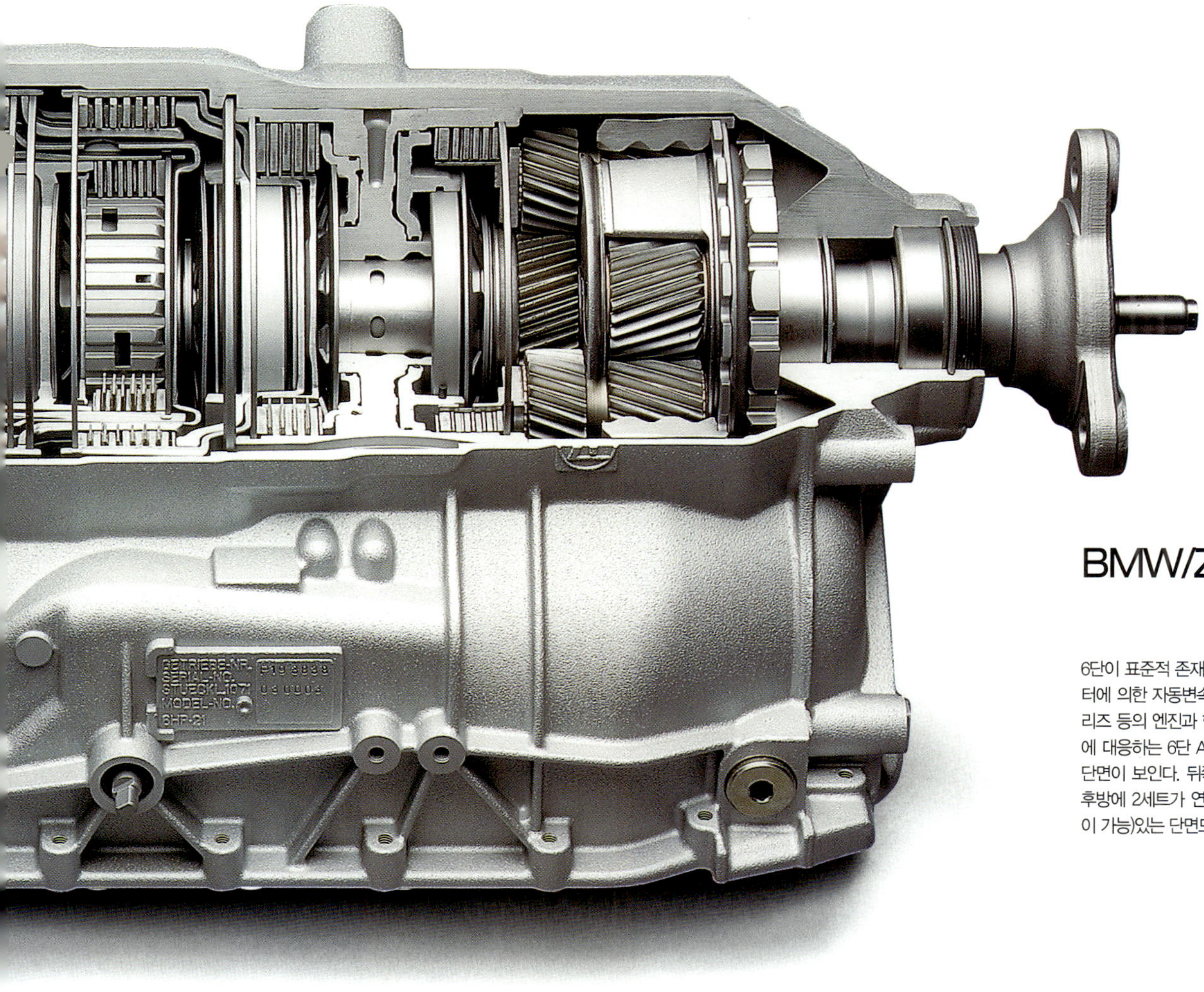

BMW/ZF 6HP21(6단)

6단이 표준적 존재로 되는 경향이 있는 최신의 유성기어 열+토크 컨버터에 의한 자동변속기의 전형이라고도 말할 수 있는 유닛. BMW가 3시리즈 등의 엔진과 함께 앞쪽에 세로배치, 후륜을 구동하는 파워 패키지에 대응하는 6단 AT이다. 사진 왼쪽이 엔진쪽으로 둥근 토크 컨버터의 단면이 보인다. 뒤쪽에 1열 유성기어, 그 사이에 클러치 등을 배치하고 후방에 2세트가 연결된 유성기어열이 조합되어(이 조합으로 6단+후진이 가능)있는 단면도 보인다.

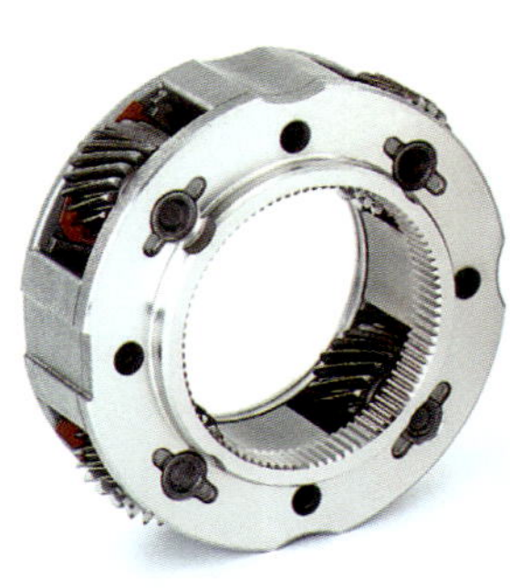

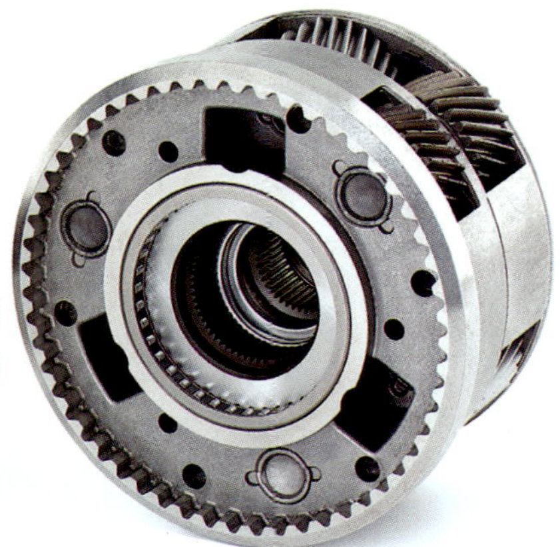

에 나타나는 구동력을 크게 만들면 좋다고 여겨져 왔다. 운전자에게는 매우 불안한 구동력과 속도의 제어성이 된다. 변속의 패턴도 「무조건 고속기어=엔진 회전속도를 낮게」 「가속 페달을 밟자마자 하향변속」이 정석이지만 엔진을 가속시킴으로써 연료를 낭비하고 구동력의 변동도 나중에 크게 나타난다. 이러한 특성에 친숙한 운전자는 운전이 조잡해지고 가속 페달의 온/오프 조작에 의한 속도관리가 잘 안 되어 실용연비가 나빠지는 경향이 생긴다. 이러한 「정석」은 근본에서부터 철저한 수정을 요한다.

GM Hydramatic 6L80

유성기어세트를 개별적으로 본다면 이러한 형태와 구성이다. 왼쪽의 작은 것은 유성기어가 4개인 유성기어 캐리어. 오른쪽은 앞 3개, 뒤에 3X2의 트윈 피니언 유성기어를 조합하여 그것을 하나의 캐리어에 내장시킨 기어열이다.

유성기어의 배열을 정리하여 다단화 진행 중 마찰 체결 요소는 증가

글: 모로즈미 타케히코

AUDI AL420-6A(6단)

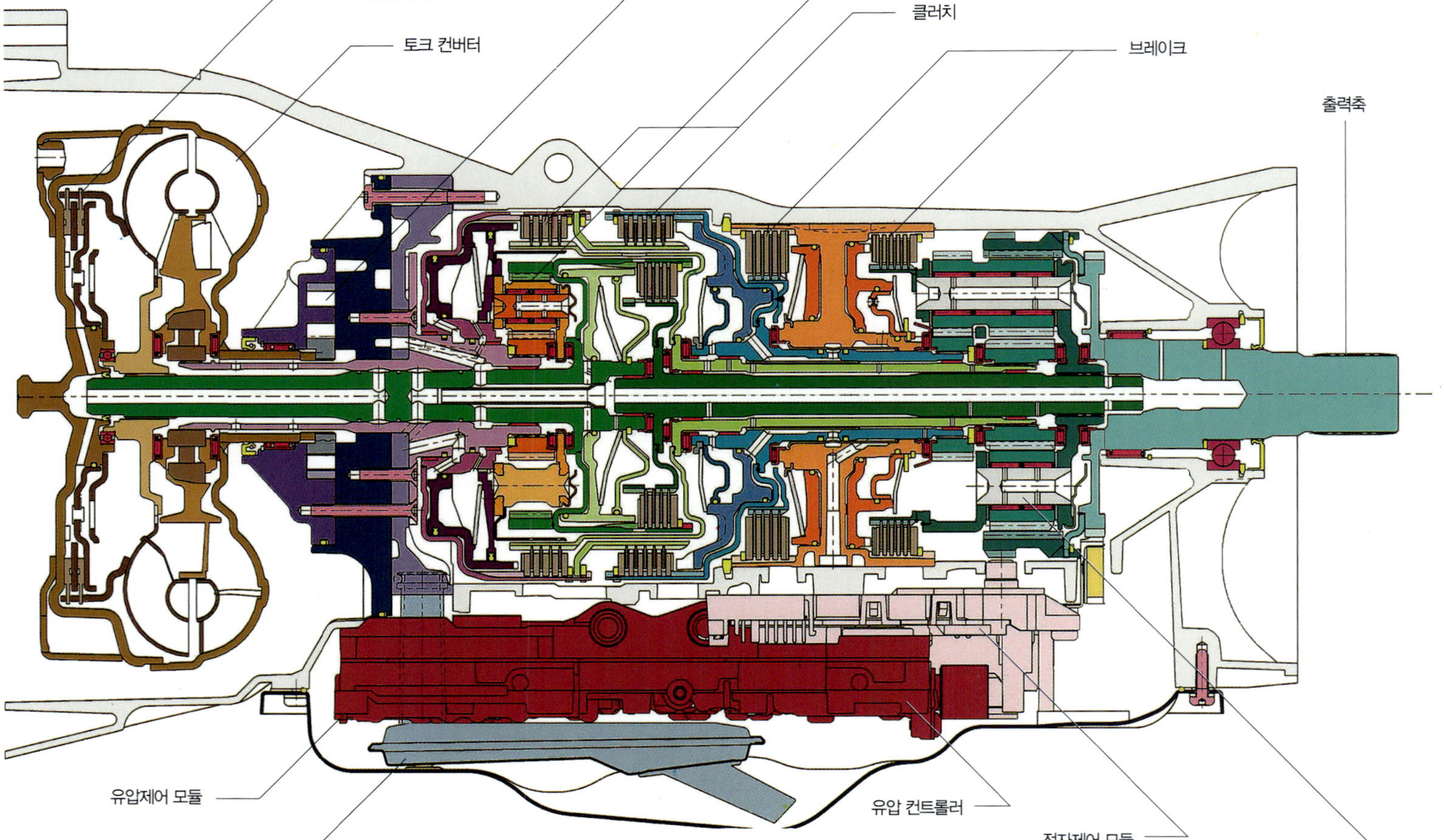

AISIN AW TB(6단)

1+2 조의 유성기어 세트로 6단을 「만든다」

이것은 아이신 AW의 6단 AT 중에서 일본 자동차에 많이 채택되고 있는 유닛. 유럽 메이커는 토크 전달 용량의 여유와 속도 범위를 최대값이 되도록 변속비 설정을 요구하는데 비해 일본에서는 5–6단을 가능한 한 고속 기어(오버 드라이브 쪽)로 하여 주행시의 엔진의 회전속도를 낮추며, 또한 기존 차량의 플로어 터널 내에 설치할 수 있도록 「날씬하게」하는 것이 요구되는 경향이 뚜렷하다. 오른쪽 그림은 6단+후진의 변속단을 구성하는 2조의 유성기어 열의 모형도. 앞쪽이 더블 피니언 유성기어 단열, 뒤쪽은 2열의 유성기어가 하나의 선기어 축상에 설치된 구성. 이 2열 선기어 축 공유를 「심프슨식」이라 한다. 각각의 기어 요소에 브레이크나 클러치가 연결되어 가는 구성도 오른쪽 페이지의 단면도와 대조하면 점차 보일 것이다.

LEXUS GS

TOYOTA

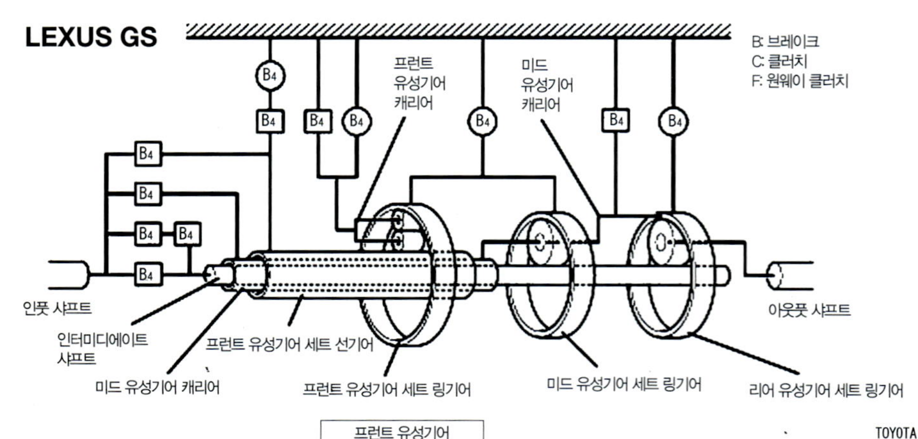

AUDI Q7

마찰 요소를 절환하여 유성기어 열을 「변속」한다.

여기에서 현대적 AT의 내부 구조를 보면 엔진과 직결되는(회전방향의 가요성 댐퍼는 들어가 있다.) 부분에 토크 컨버터가 있어, 회전이 원형고리의 후면 쪽으로 들어가 내부오일을 순환시키면서 앞면에 전달된다. 또한 토크 컨버터에는 엔진으로부터 전달되는 동력을 AT의 입력축에 직접 전달하는 로크 업 클러치가 조합되어 있다. 토크 컨버터 후방에는 작동 유압을 만드는 오일펌프(내접기어 방식 · 상시 구동), 그리고 유성기어 세트, 축이나 기어 요소를 결합하는 클러치, 기어 요소를 케이스에 고정하는 브레이크와 원판의 다판 마찰 · 체결 요소가 많이 설치되어 있다. 그리고 하부에는 개미의 집과 같은 미로 형태의 유압 회로와 밸브가 조합된 유압 제어 모듈, 엔진의 컴퓨터와 제휴하여 유압 제어 모듈을 제어하는 전자제어 모듈로 구성되어 있다.

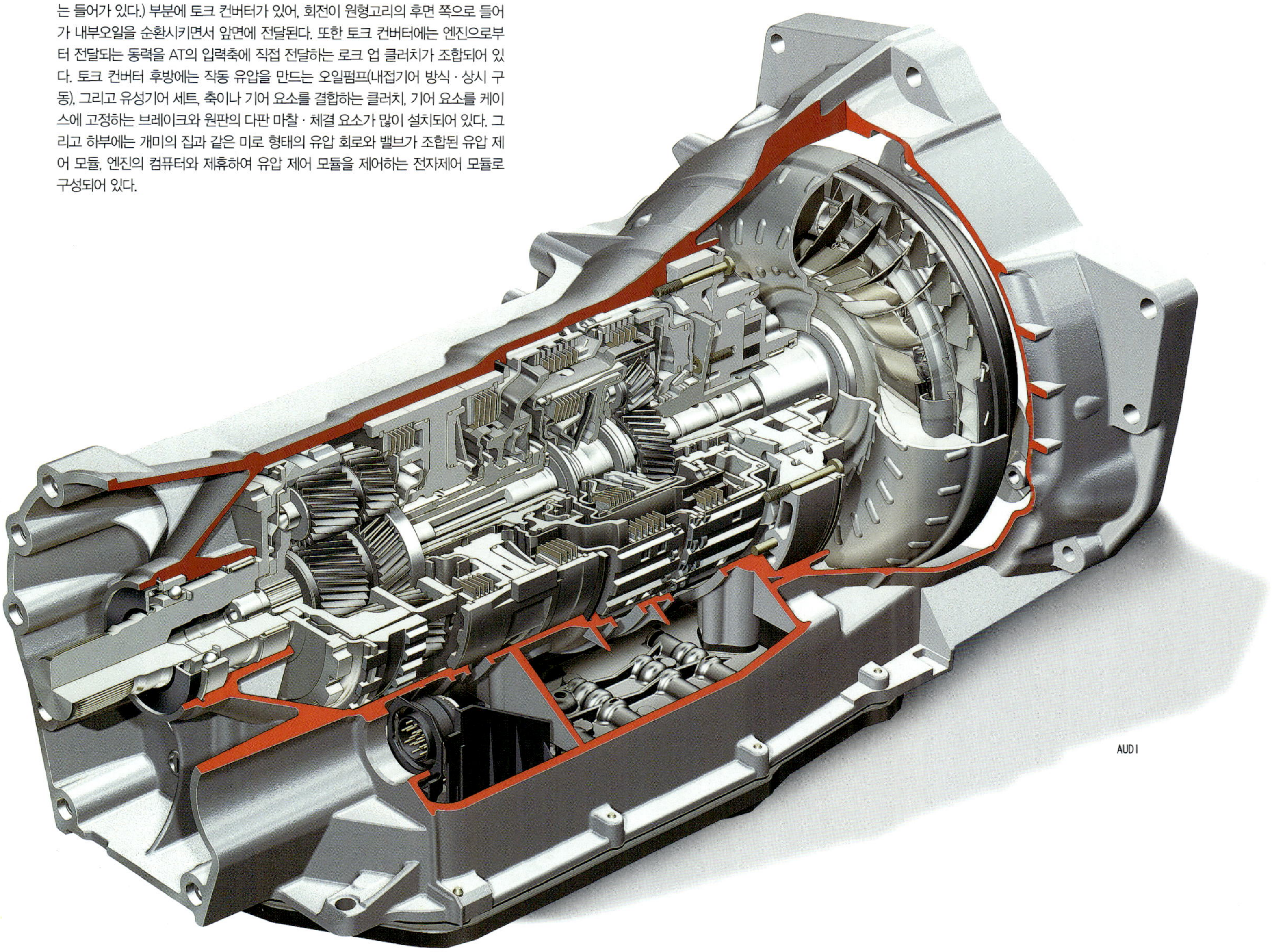

AUDI

MAZDA Roadster

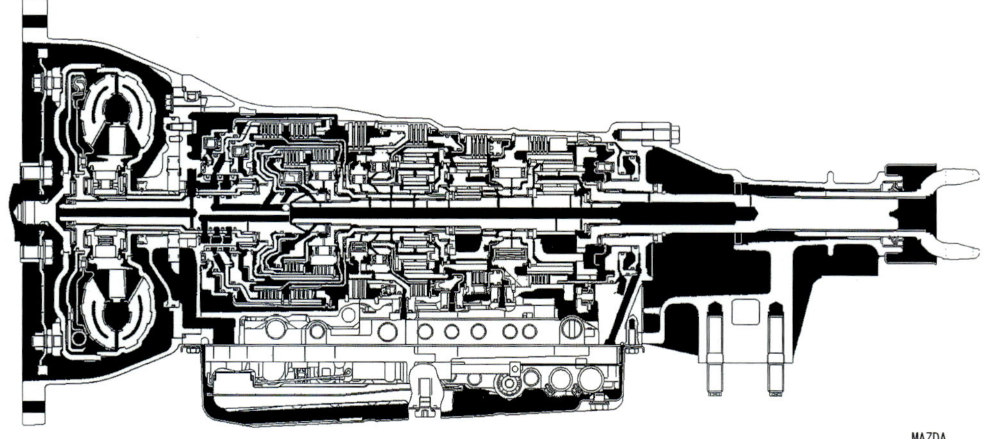

1+2조의 유성기어 세트와 다수와 마찰 전달 기구를 조합한 구성의 단면이다. 유성기어를 단면으로 하면 선이 많아져 입체형의 이미지로 하기가 어렵지만 중앙부분에 더블 피니어 단열, 그 직후에 하나, 조금 더 떨어져 또 하나의 3조를 확인할 수 있다. 전방의 토크 컨버터~오일펌프/칸막이의 후방 공간에 4조의 다판 클러치가 다중으로 구성되어 있으며, 안쪽과 바깥쪽에 중공 다중축의 형태로 결합 요소와 연결되어 있다. 또한 후방에 유성기어 세트 사이에도 클러치가 있으며, 외측의 케이스 부분에 기어 요소를 고정하기 위한 다판 브레이크가 앞뒤에 몇 개 배열되어 있다. 변속 충격을 억제하기 위해서 원웨이 클러치를 사용하는 경우도 예전에는 많았지만 유압 제어나 엔진 협조 제어의 발전으로 불필요하게 되었다.

MAZDA

유성기어 세트에서
결합 및 고정 요소를 변경하여 "변속"

글: 모로즈미 타케히코

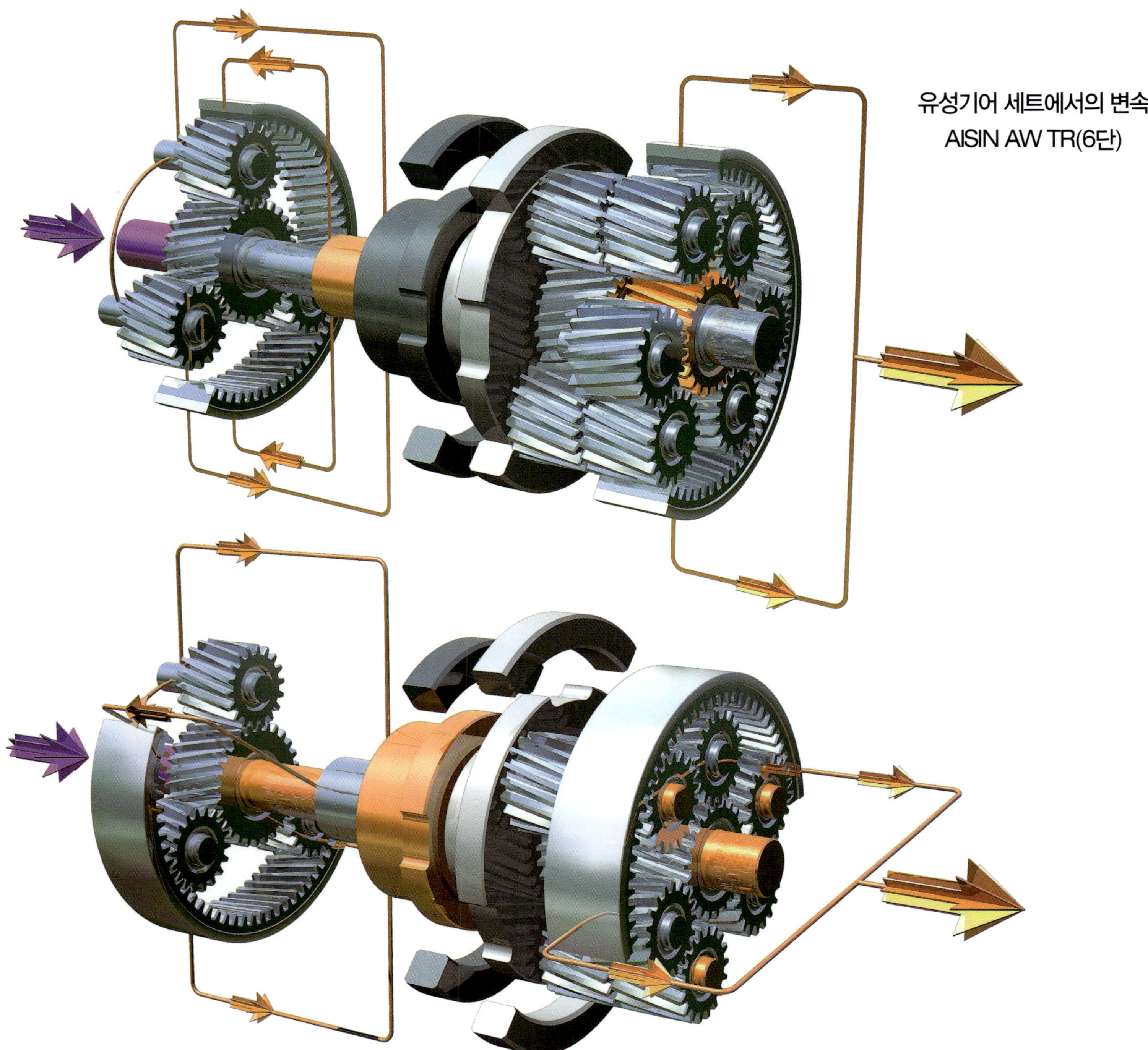

유성기어 세트에서의 변속

아이신 AW가 유럽 메이커의 중대형·세로배치 엔진 RWD/4WD 자동차를 중심으로 공급하고 있는 6단 AT TR 시리즈의 유성기어 세트와 그 요소의 결합, 고정의 조합에 의해 「변속단」을 바꾸는 작동의 입체적 그림이다. 앞쪽(그림 좌측)이 단열 유성기어, 뒤쪽이 더블 피니언 유성기어(서로 맞물리는 한쪽은 선 기어, 다른 한쪽은 링 기어에 맞물린다. 선 기어 – 유성기어& 유성기어 캐리어 – 링 기어가 자동 회전하는 경우 선 기어와 링 기어가 같은 방향으로 회전하면서 회전속도 차이 = 변속을 만드는 구성)로 앞뒤 2열이다. 이 2열 유성기어 세트는 링기어가 1개뿐인 「라비뇨 기어세트」이다. 화살표가 입·출력의 경로를 나타내며, 빨강~오렌지 계통으로 나타낸 기어 요소가 동력을 전달하면서 변속되고 있는 상태를 나타낸다. 위 그림에서는 앞쪽 유성기어 세트의 링 기어를 입력 경로에서 회전시키면 유성기어 캐리어에서 뒤쪽 2열의 유성기어 세트의 선 기어로 입력, 유성기어 캐리어를 고정하고 변속하면서 링 기어에서 출력하는 흐름이 나타난다. 아래 그림에서는 앞쪽 유성기어를 통과하여 뒤쪽 2열과 같은 축 유성기어 캐리어에 입력되어 링 기어와 함께 회전하면서 출력하는 흐름이 나타난다.

AT 변속단의
동력전달경로
AISIN AW TB
(6단)

복수(이 경우엔 1+2세트)의 유성기어 열의 각 요소에 클러치(결합), 브레이크(고정)를 어떻게 작용시키는가, 그리고 동력전달경로는 어떻게, 회전속도는 어떻게 변화하는가, 즉, 어느 변속단이 되는가하는 예를 입체적 그림으로 나타내었다. 앞의 24~25페이지 아래에서 소개한 아이신 TB계 6단(앞 단순유성기어 + 뒤 심프슨 기어세트)의 각변속단을 그린 것이다. 익숙하지 않으면 알기 어렵지만 "C"가 클러치, "B"가 브레이크, "F"는 원웨이 클러치. 세로 줄의 양측에 = 로 된 부분이 기어(맞물리는 부분). 이것을 이해하면 변속 요소의 조합과 동력전달 경로를 따라갈 수 있다. 회전하고 있는 요소에 연결되어 있는 마찰재가 마찰을 일으키는 것에 주의.

그림 협력 : 아이신 AW

그림: 쿠마가이 토시나오

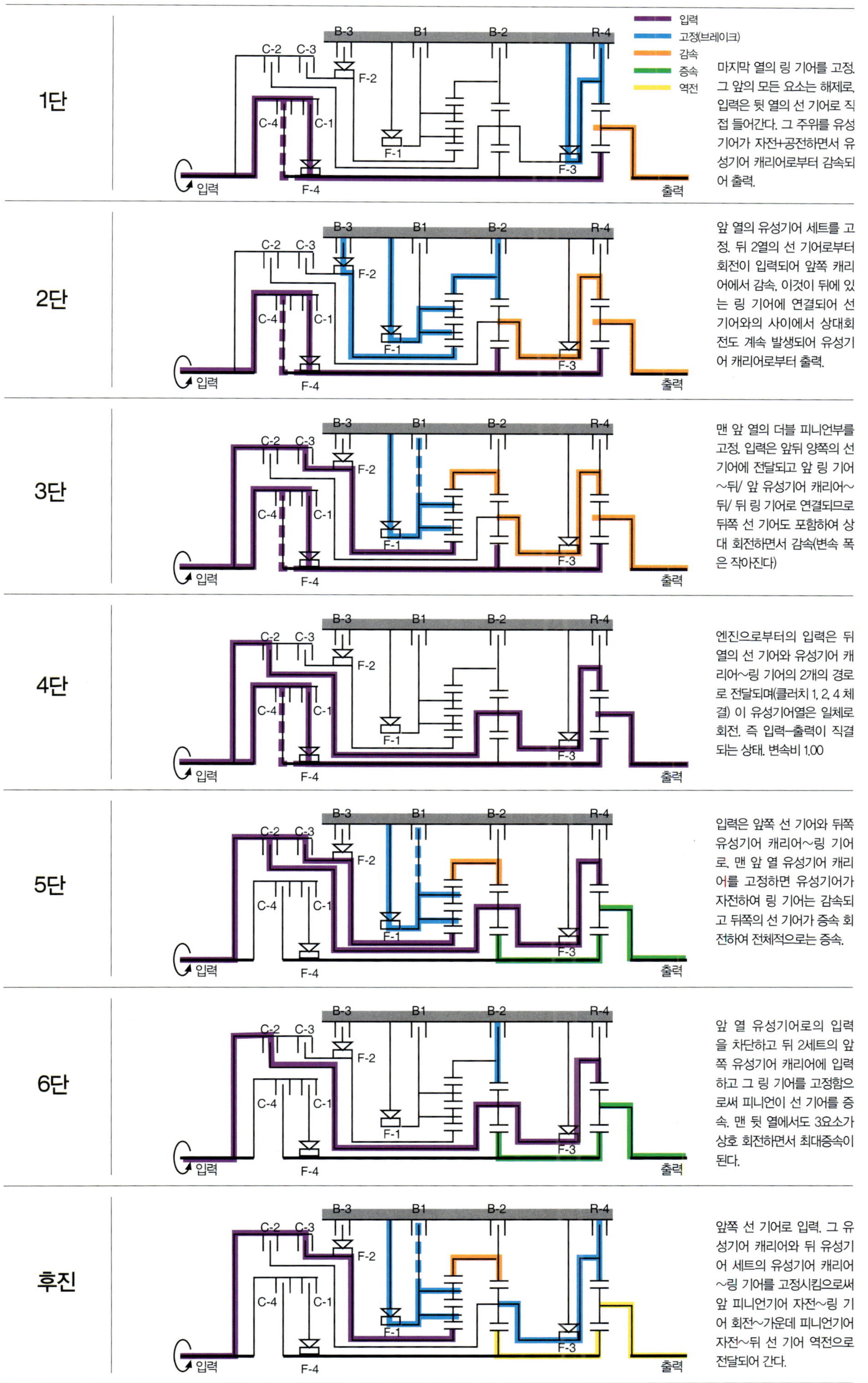

1단 — 마지막 열의 링 기어를 고정. 그 앞의 모든 요소는 해제로, 입력은 뒷 열의 선 기어로 직접 들어간다. 그 주위를 유성기어가 자전+공전하면서 유성기어 캐리어로부터 감속되어 출력.

2단 — 앞 열의 유성기어 세트를 고정. 뒤 2열의 선 기어로부터 회전이 입력되어 앞쪽 캐리어에서 감속, 이것이 뒤에 있는 링 기어에 연결되어 선 기어와의 사이에서 상대회전도 계속 발생되어 유성기어 캐리어로부터 출력.

3단 — 맨 앞 열의 더블 피니언부를 고정. 입력은 앞뒤 양쪽의 선 기어에 전달되고 앞 링 기어 ~뒤/ 앞 유성기어 캐리어~뒤/ 뒤 링 기어로 연결되므로 뒤쪽 선 기어도 포함하여 상대 회전하면서 감속(변속 폭은 작아진다)

4단 — 엔진으로부터의 입력은 뒤 열의 선 기어와 유성기어 캐리어~링 기어의 2개의 경로로 전달되며(클러치 1, 2, 4 체결) 이 유성기어열은 일체로 회전. 즉 입력~출력이 직결되는 상태. 변속비 1.00

5단 — 입력은 앞쪽 선 기어와 뒤쪽 유성기어 캐리어~링 기어로, 맨 앞 열 유성기어 캐리어를 고정하면 유성기어가 자전하여 링 기어는 감속되고 뒤쪽의 선 기어가 증속 회전하여 전체적으로는 증속.

6단 — 앞 열 유성기어로의 입력을 차단하고 뒤 2세트의 앞쪽 유성기어 캐리어에 입력하고 그 링 기어를 고정함으로써 피니언이 선 기어를 증속. 맨 뒷 열에서도 3요소가 상호 회전하면서 최대증속이 된다.

후진 — 앞쪽 선 기어로 입력. 그 유성기어 캐리어와 뒤 유성기어 세트의 유성기어 캐리어~링 기어를 고정시킴으로써 앞 피니언기어 자전~링 기어 회전~가운데 피니언기어 자전~뒤 선 기어 역전으로 전달되어 간다.

차량과 엔진이 크고 작은 양방향으로 확대되는
FF 자동차용 「자동변속기」

글: 모로즈미 타케히코

AISIN AW TF(6단)

전 세계에 이미 보급된 가로배치 FF 자동차용 6단 AT. 사진 좌측에 엔진이 위치한다. 즉 탑재 전방으로부터 본 형태. 축방향 공간을 줄이기 위해 토크 컨버터는 상당히 편평한 단면. 내부의 흐름과 압력을 수치유체해석으로 꽤 상세하게 확인한 결과가 이러한 토크 컨버터의 설계를 가능하게 하였다. 그로부터 단열 유성기어~2열 유성기어 세트와 연계하여 6단을 만듦. 기어세트의 기본구성으로서는 FR용 TR시리즈와 같다. 좌측 앞쪽에 돌출된 원통은 오일 쿨러.

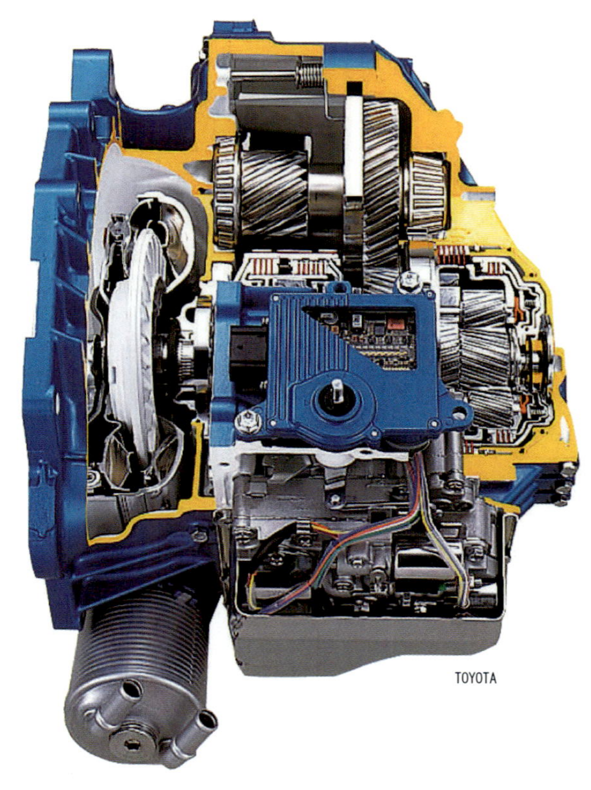

이것은 도요타제 가로배치 FF차용 6단 AT. 에스티마에 탑재되어 있다. 형식은 U-680E.

한정된 공간에 복잡한 장치를 설치한다.

파워 패키지 가로배치 FWD의 트랜스액슬은 MT를 소개할 때 거론했듯이 기어 박스의 축방향 길이(차량의 폭방향)에 대한 제약이 크다. 또한 원래 2축 MT를 기본으로 구성되어 있기 때문에 엔진과 직결되는 인풋 샤프트~카운터 샤프트~파이널 드라이브와 평행 3축 구성으로 정–역–정으로 회전방향이 바뀌어 구동(전진)하는 배치로 되어 있다.

이것은 엔진(크랭크 샤프트)의 회전방향을 일반적으로 앞에서 보아 시계방향으로 설정하여 구미의 LHD(좌측운전석)에서 앞면 충돌 대책으로서 엔진을 운전자 쪽에 배치하지 않도록 하려면(위에서 보아 오른쪽 앞부분에 탑재), 앞바퀴까지의 회전방향이 이러한 순서가 된다고 하는 면도 있다.

이전에 일본에서는 이 탑재방향을 반대로, 엔진의 회전방향을 역으로 하는(혼다), 중간 1축을 추가(미쓰비시)한 설계도 있었지만 지금은 세계 표준으로 집약되었다.

이러한 연유로 1축상에 변속기구가 나열되는 유성기어 세트의 AT로서는 회전을 역전시키기 위한 아이들 축을 중간에 배치할 필요가 있다. 이것도 효율로서는 약간 불리하게 되지만 반대로 파이널 드라이브까지를 2단계로 나눠서 감속하는 배치구조도 취할 수 있다. 어쨌든 2축 MT와 비교하여 중량, 용적 모두 커진다. 소형 FF차의 AT화는 FR계보다도 상당히 뒤늦은 점도 있으나 적은 유성기어 열로 4단, 더욱이 다단화하는 설계는 FR계통보다 선행된 감이 있다.

그 중에서 6단화에 대해서는 아이신 AW가 선두. 하지만 승용차 계통의 주요 모델이 거의 FWD화된 미국에서는 GM과 포드가 6단 AT를 공동개발하기에 이르렀다.

RENAULT(4단)

유럽에서는 중소형 승용차의 AT에 대한 수요가 적어 이를 반영하여 아직 4단이 주류. 르노는 이전에는 VW와 그리고 최근에는 푸조와 공동개발한 유닛을 사용하고 있다. 2열 유성기어 세트로 4단을 만들어 2축으로 2단 감속하여 프런트 디퍼렌셜을 회전시키는 구조.

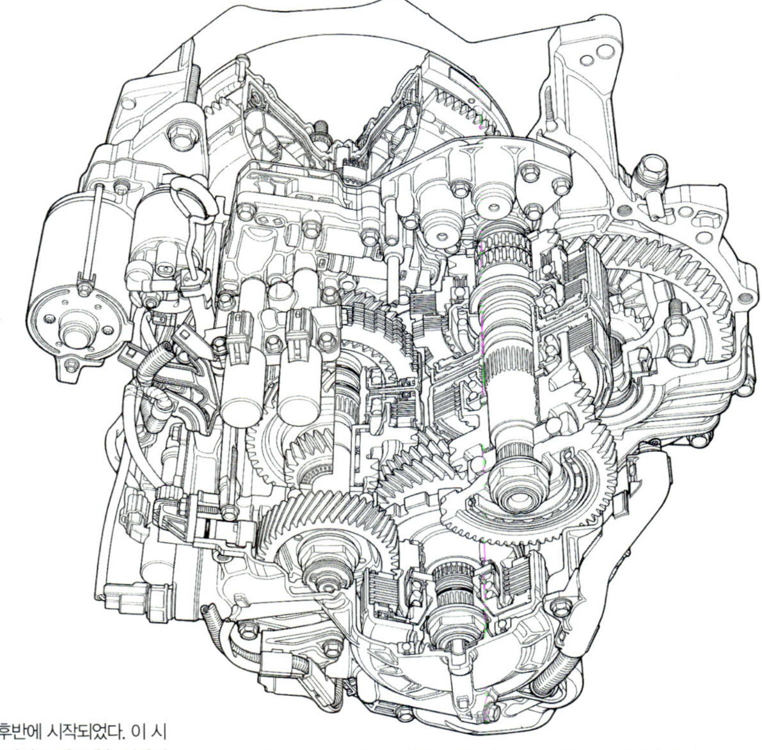

HONDA(Inspire/5단)

GM 4T80-E(4단)

GM의 가로배치 FF의 역사는 60년대 후반에 시작되었다. 이 시기에는 배기량이 큰 V8을 가로배치로 하면 트랜스액슬 선상의 배치가 곤란하고 더욱이 기존의 FR용 AT의 기구를 응용해야 하기에 토크 컨버터는 엔진쪽에 그리고 체인으로 앞 차축에 회전을 전달하고 여기에 유성기어 세트와 디퍼렌셜을 배열한 구성을 하였다. 이것이 현재도 계승되고 있다.

혼다는 AT도 독자개발하여 현재에 이르고 있다. 그 계기에 있어서는 다양한 사정과 사상이 있었다고 전해지며 유성기어 세트가 아닌 일반적인 평기어 세트인 2축 기어박스와 같은 구성으로 변속부에 습식 다판 클러치를 설치하는 방식을 채택하였다. 현재 사용 중인 이 5단 유닛에서는 토크 컨버터(중앙 안쪽)로부터의 인풋 샤프트부터 2축으로 하고 그 위에 평기어의 변속단을 배치하여 축과의 사이에 선택(변속)용 습식 다판 클러치를 설치한 구성. 발상을 바꾸면 멀티 클러치, 심리스 시프트로의 발전 가능성도 있을 것이다.

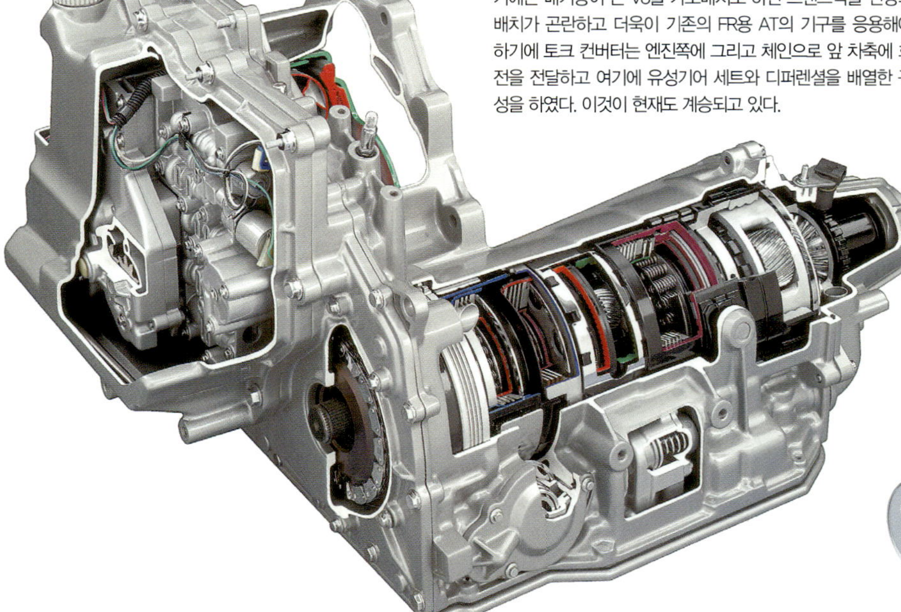

GM 6T70(6단)

승용차 계통의 주요 모델이 거의 가로배치 FWD이며, 또한 연비 규제가 더욱 심해져 가는 미국에서는 AT의 다단화가 역시 필연적이라고 하는 상황이 되고 있다. 이 사진은 GM이 MY2007부터 투입한 새 6단 AT. 사진 앞쪽의 토크 컨버터가 엔진과 결합, 왼쪽에 전륜 구동축이 보인다. 즉 폭 방향은 상당히 콤팩트하고 요철이 적어 탑재하기 쉬운 외형으로 만들어져 있다.

JATCO JF613E(6단)

닛산, 미쓰비시계의 AT+CVT 메이커인 JATCO의 토크 컨버터+유성기어 세트 방식 AT의 최신 모델. 중대형 승용차, 2~3.5ℓ의 엔진 배기량을 커버하는 6단 AT이다. 이것도 역시 3축을 입체적으로 배치하여 축방향은 상당히 「얇게」 디자인하였다.

고전적 존재로 보이는 FR용 AT이지만
내부 구조, 제어 모두 개량이 진행 중

글: 모로즈미 타케히코

BMW / ZF 6HP21(6단)

세로배치 후륜구동용 AT는 중대형 자동차용으로 수요도 확실하며, ZF도 일찍부터 5단, 나아가 6단으로 발전시켰다. 위는 22~23페이지에서도 소개한 현재 사용하는 6HP계(3시리즈)를 다른 각도로부터 본 것. 아래는 2002년에 대용량 6단 AT를 도입한 시점의 컷 모델. 앞쪽에 단열 유성기어, 그 뒤로 클러치 블록, 그리고 후방에 2열 더블 피니언 유성기어 세트의 기본적인 구성은 6HP시리즈의 공통점이다.

유성기어 세트의 구성을 정리하면서 다단화도 진행

본래는 토크 컨버터+유성기어에 의한 2~3단으로 시작하여 보급된 FR차용 AT. 우선 4단을 지향하던 때에는 3단의 기어 세트에 증속(오버 드라이브)용 유성기어를 추가하는 형태로 시작하여 그 흐름 안에서 5단까지 진화해 왔다. 그러나 5단에서 6단 또는 그 이상의 다단화를 진행하면서, 유성기어 세트를 다시 구성하고 보다 간단하고 짧게 응축시킨 설계로 단번에 진행하고 있다. 기본적으로 유성기어를 2열 조합시키면 직결 단을 포함하여 4단의 변속단을 만들 수 있다.

이것에 다른 1세트의 유성기어를 추가시키고 그것을 직결이나 감속으로 하여 동력을 전달한다. 즉 부 변속기적인 사용 형식을 취하면 2~3단의 변속단을 더 추가할 수 있다. 이러한 배열의 5~6단 AT가 지금 주류를 이루고 있다.

유럽에서의 트랜스미션은 전문 메이커의 전통이 깊으며, AT는 특히 ZF(지금은 기업 매수 통합으로 종합부품 메이커로 성장했다)가 강하고, 메르세데스 벤츠는 이전부터 자작 제품. 소형차용은 개발과 설비투자를 분산할 수 있도록 공동개발하여 일본도 포함된 외부조달이 많았다. 앞으로는 AMT나 트윈 클러치 TM으로 움직일 것 같지만 미국에서는 원래 자동차 메이커가 자체적으로 AT의 개발과 실용화를 진행시켜온 경위도 있어 GM, 포드 각각 자사 설계의 AT를 갖는 형태가 계속되고 있다.

GM 6L80(6단)/ TransAxle

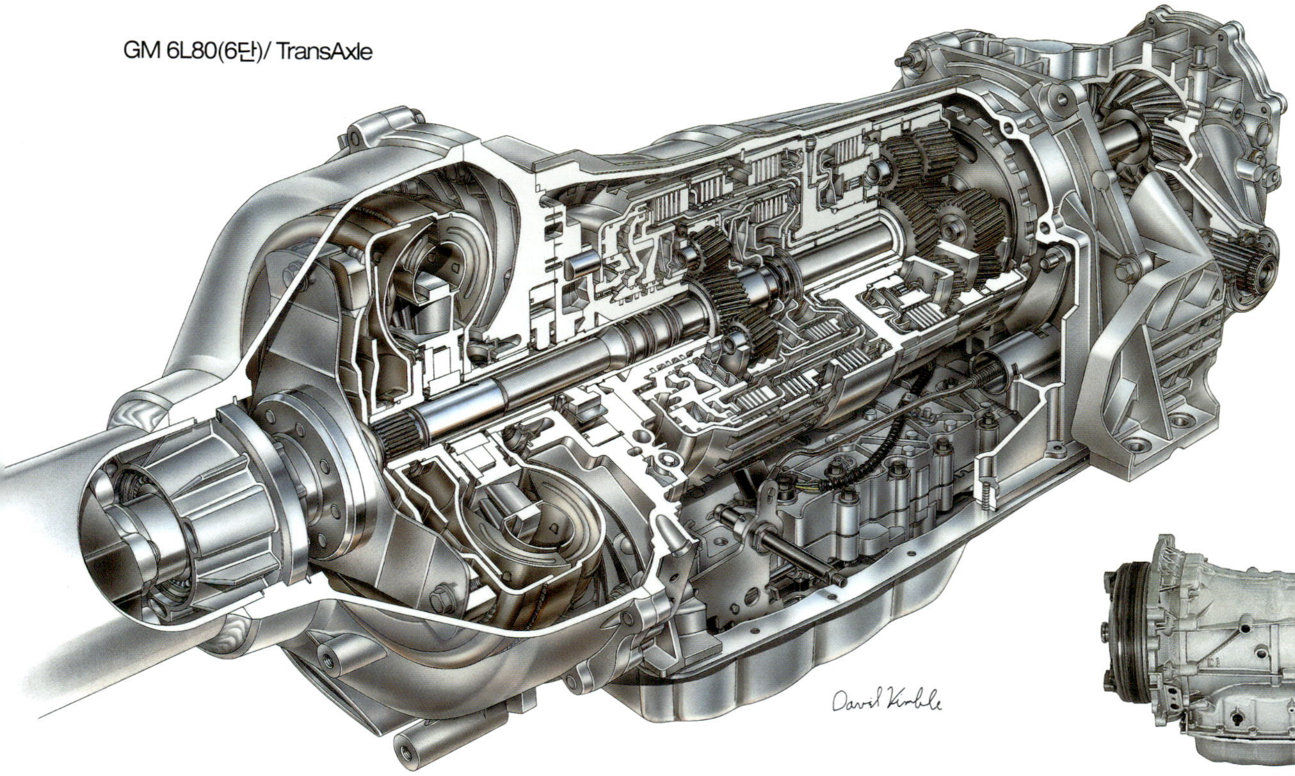

캐딜락 XLR은 콜벳과 구동계통 등의 구성요소를 공유하고 트랜스액슬 레이아웃을 차택. 거기에 GM의 세로배치 6단 AT, 6L80을 조합한 유닛. 아래의 사진에서도 알 수 있듯이 유성기어 세트에 변속기구 블록과 그 앞(토크 컨버터 케이스)과 뒤(출력부/이 경우에는 파이널 드라이브+리어 디퍼렌셜)가 분할구조로 되어 차량측과 적합하고 보다 쉽게 설계되어 있다. 내부의 유성기어 세트도 앞뒤 블록화되어 있다.

GM 6L80(6단)

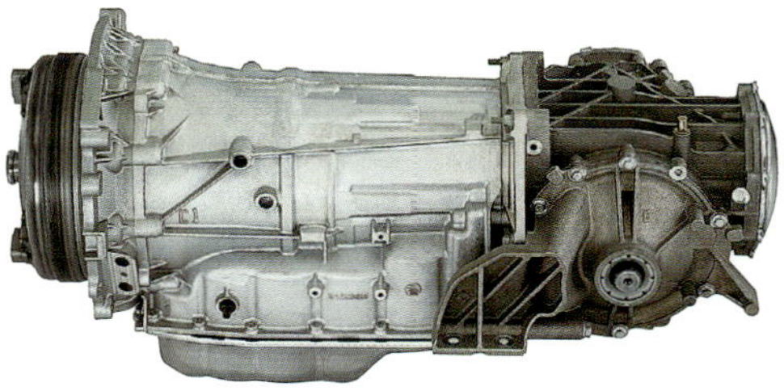

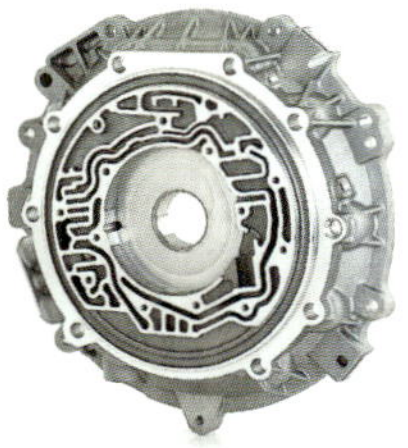

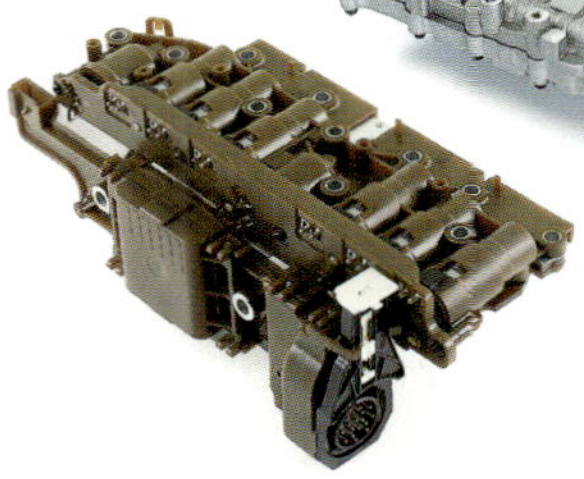

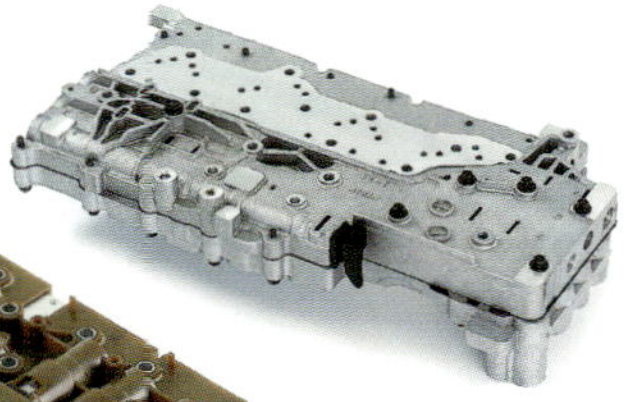

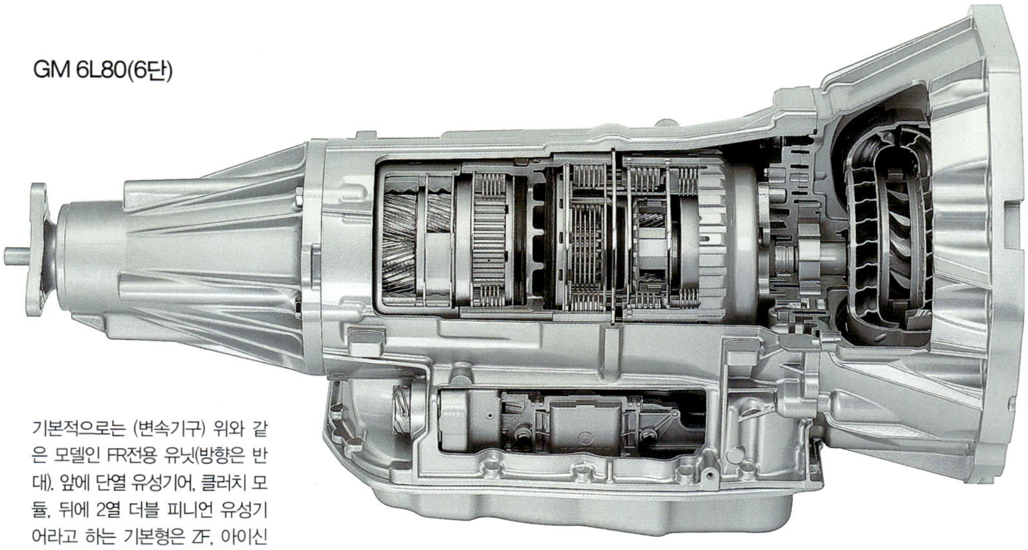

기본적으로는 (변속기구) 위와 같은 모델인 FR전용 유닛(방향은 반대). 앞에 단열 유성기어, 클러치 모듈, 뒤에 2열 더블 피니언 유성기어라고 하는 기본형은 ZF, 아이신 AW(TR)와도 공통된다.

왼쪽은 오일펌프 배면의 프런트 커버. 유압경로가 미로와 같다. 중간의 AT 아래 부분에 들어가는 유압제어 유닛의 안쪽도 마찬가지. 그 왼쪽의 수지 케이스는 전자제어 모듈.

General Motors

Mercedes Benz W5A 330(5단)

「구세대」의 메르세데스 벤츠 중대형 자동차용 5단 AT. 아직 전자제어 엔진과의 협조제어 등이 당연하듯이 장착되기 전의 유닛이지만 유성기어 2세트로 5단을 「만들었다」. 각부의 설계도 왕년의 벤츠답게 골격이 단단하다. 필자 개인의 분석으로는 저중속 토크의 굵은 엔진에 거의 유체 커플링으로서 기능한(고속 주행 중에 가속 페달 오프~온을 하여도 300rpm 밖에 변하지 않는다)토크 컨버터, 그리고 변속감과 느낌이 섬세한 4단기어 세트인 AT가 역대 메르세데스 벤츠 중에서도 지금까지 체험한 AT중 손꼽을 수 있는 가장 우수한 것이다. 느슨함과 변속 충격만을 주목한 당시의 일본자동차 AT와는 극대칭을 이루는 「교본」이었던 것이다.

Automatisches Getriebe W5A 330

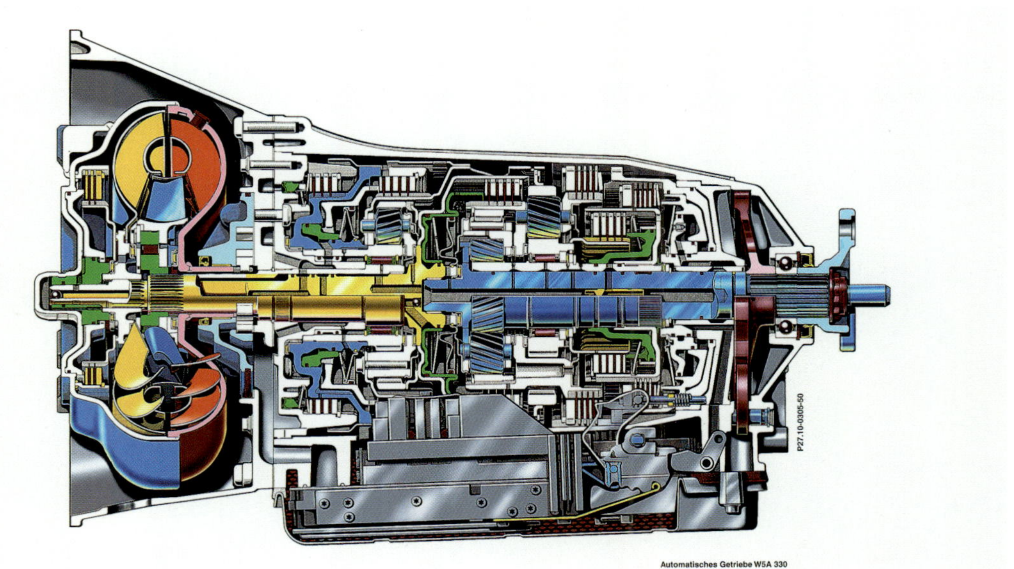

변속기는 「변속단이 많을수록 좋다」는 논리

글: 모로즈미 타케히코

Mercedes Benz "7G-TORONIC" (7단)

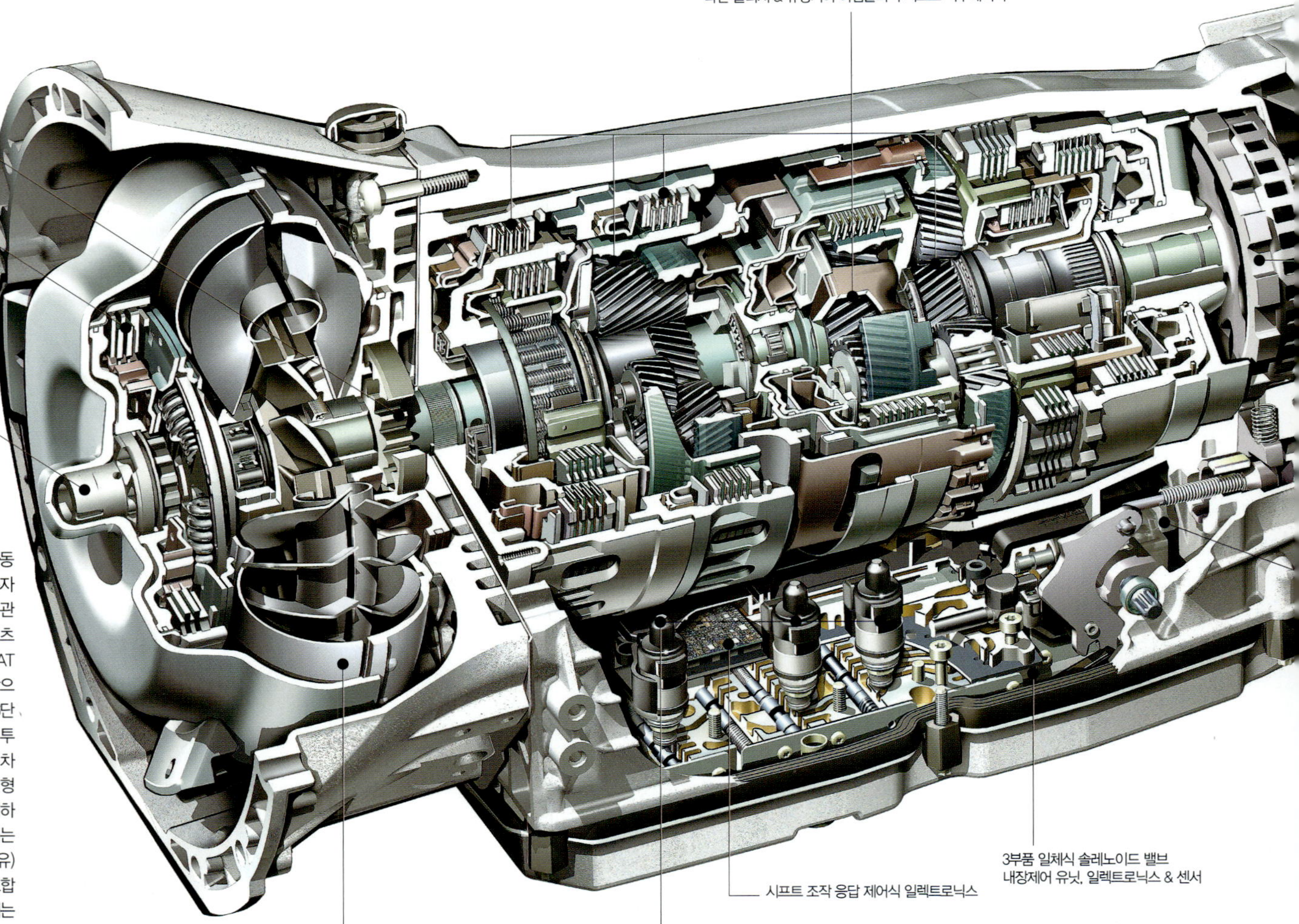

AT(와 엔진의 특성, 나아가 자동차 전체의 재질)에 관하여 독자적(그리고 우수한) 철학을 일관되게 유지해온 메르세데스 벤츠이지만 그 변화를 반영하여 AT도 5단에서 하나 건너 뛴 7단으로 변화, 전 세계 선두로서 「6단」을 넘는 다속 AT」를 시장에 투입. FR계 파워 패키지를 갖는 차량에 모델 변형/ 부분적인 변형의 타이밍으로 차근차근 전개하고 있다. 변속 메커니즘으로서는 2열 유성기어(피니언 축 공유)로, 나아가 2열 유성기어를 조합하고 있다. 기어세트 그 자체는 너무 많이 증가되지 않고 있지만 마찰요소는 증가되고 있다.

유압제어 오일펌프

슬립 컨트롤드, 토크 컨버터, 로크 업 클러치

입력축(엔진토크)

다판 클러치 & 유성기어 어셈블리식 시프트 액추에이터

3부품 일체식 솔레노이드 밸브 내장제어 유닛, 일렉트로닉스 & 센서

시프트 조작 응답 제어식 일렉트로닉스

시프트 액추에이터 제어용 고속 솔레노이드 밸브

토크 컨버터

Daimler-Chrysler

7G-TRONIC 트랜스미션. 그야말로 세부 디자인이나 가공은 메르세데스 벤츠의 독자적 디자인으로 만들었다. 토크 컨버터 로크 업은 일반적인 바깥쪽의 다이어프램이 아닌 중앙전면에 다판 클러치를 두고 있다. 토크 분할이 일어날 정도의 용량은 없을 것 같은 사이즈이다.

내부 부품의 분해사진. 유성기어는 중앙 열 후방 쪽과 그 왼쪽, 거기에서 앞으로 한 세트. 나머지 회전체는 클러치 허브 등이 있다. 그 내외에 10장 전후로 구성되는 다판 클러치가 7세트 있다.

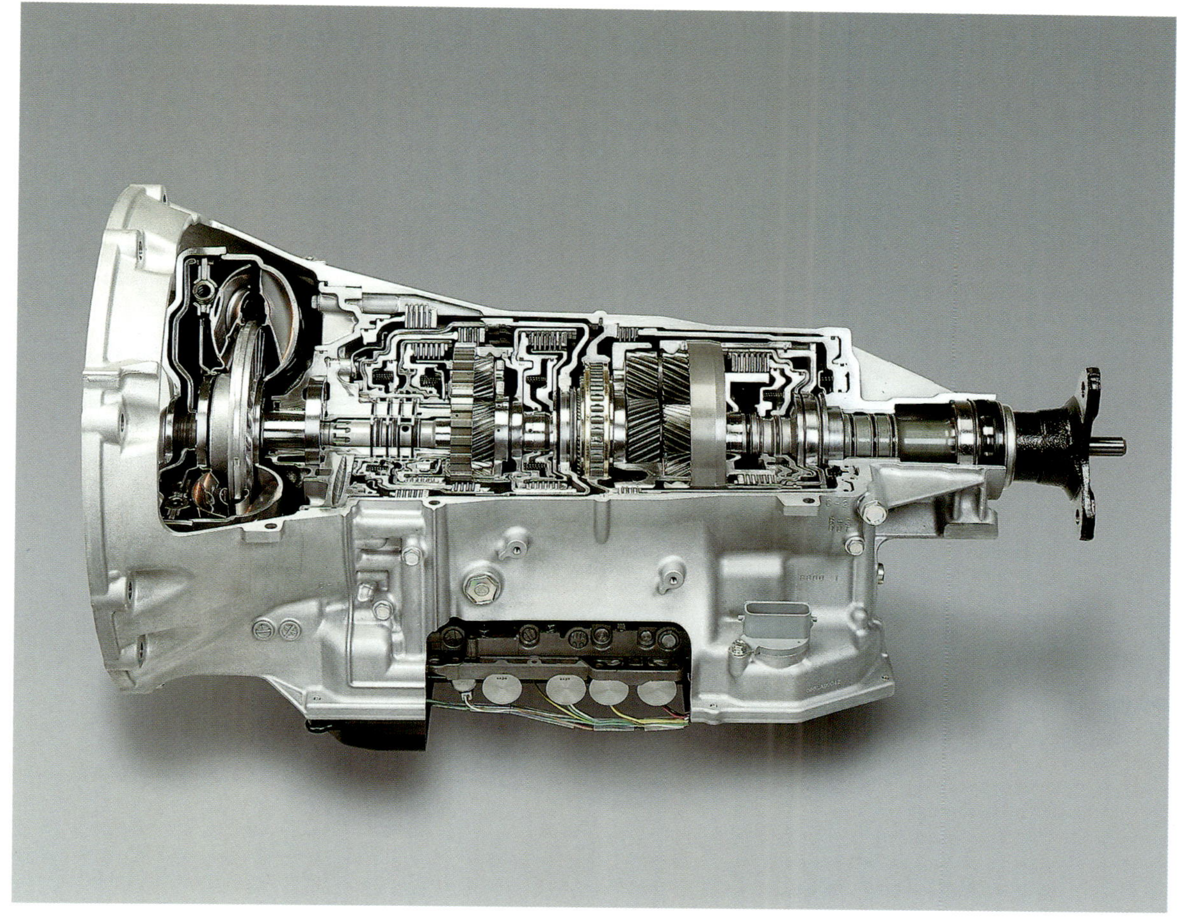

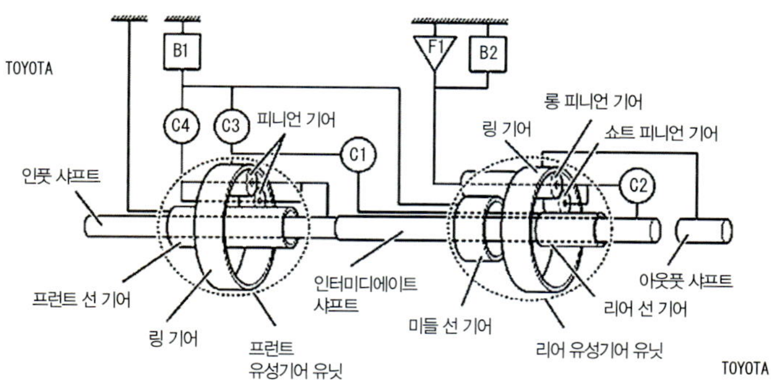

이것은 도요타가 LS460에 도입한 8단 AT유닛. 촬영기법에 따라 다르겠지만 왼쪽 페이지 밑의 M-B 7G-TRONIC과는 부품의 제조법이나 표면의 상태, 색 등이 매우 다른 분위기이다. 토크 컨버터는 M-B에 비해 편평형. 로크 업은 외주 가까이의 다이어프램방식. AT설계자는 이것을 일반적인 직결 클러치라고 생각하지만 토크 컨버터를 정상 영역에서만 로크 업하는 장치라고 생각할까가 상당히 중요한 포인트였을 것이다. 후방의 변속 구성요소의 배열은 다단화에 의해 변속기의 체적이 쓸데없이 증가되지 않도록 꽤 배려한 것으로 보인다.

AA80E형의 변속기구 부분의 코식도. 전방에 더블 피니언 유성기어, 후방의 2열 유성기어는 더블 피니언의 한쪽만을 앞으로 늘려 앞쪽 선 기어와 물리고 후방은 일반적 더블 피니언 형태로 링 기어로부터 출력되는 구성.

엔진의 특성이 잘 나타나고 있다면 변속 단수는 적어도 된다.

최근의 AT는 7단 이상의 다단화가 어떠한 종류의 흐름으로 떠오르고 있다. 물론 모두가 그 방향으로 향하고 있다고는 생각하지 않지만 고급 브랜드 계통에 있어서는 7단, 8단이라는 단순한 숫자가 판매 포인트가 될 수 있다는 것도 현 실정이다.

변속기의 다단화가 수동변속기에서 H패턴의 변속이라면 6단이 하나의 한계이며 가장 현명한 답이 아닐까. 오늘날 다양한 승용차의 엔진 특성으로 현실적으로 사용 가능한 속도 범위를 커버한다면 6단이 「아주 좋다」거나 「약간 과잉」된 단계라고 생각된다(실제 체험에 비추어 보면).

AT는 경우에 따라서는 토크 컨버터의 토크 증폭을 이용하여도 가능하므로 논리적으로는 MT보다 적은 변속단 수로 주행전체를 커버할 수 있다. 다만 차량이 크고 무거워지며, 엔진 배기량도 증가되어 일상적으로는 전혀 사용하지 못할 정도의 출력을 갖게 되었다. 또한 변속비 범위를 보다 고속단 쪽으로 넓혀 상용 영역에서는 엔진 회전속도를 가능한 한 낮추어 주행한다면 연비율(엔진으로서의 열효율)은 다소 떨어져도 차량으로서의 연비는 개선될 수 있다.

부하가 증가되면 변속단 분할비를 나눠서 구동력이 최고로 적합한 영역으로 하향변속하면 고급, 고마력 자동차다운 주행감을 얻을 수 있다는 것이 「거듭되는 다단화」의 논리이다. 그러나 수많은 전문가들이 지적하고 있듯이 그것은 「정해진 일」을 위한 「변속기」로서는 「가장 좋은 논리」이지만 다양한 환경의 상황에서 사람이 조종하는 「자동차」로서는 가장 좋은 논리라고는 말할 수 없을지도 모른다. 메르세데스 벤츠의 7G트로닉은 당초에는 「가속페달의 움직임이 작다면 가능한 한 높은 단기어」, 「조금 깊게 밟았다면 킥 다운(사실은 엔진을 가속)이라고 하는 종전과 반대방향으로 하고 있다. 그러나 너무 빈번한 변속은 피하고 속도와 부하에 맞춘 기어 단을 유지하는 향향으로 변화하여 왔다. 그렇다면 6단으로 충분하다그 생각되지만 도요타의 8단 AT는 더욱 더 「높은 단기어로」, 약간 밟으면 2~3단을 건너뛰는 변속모드로 만들어지고 있다.

04

CVT(Continuously Variable Transmission)

CVT는 「연비가 개선되는」 변속기일까?

글 : 모로즈미 타케히코

Mercedes Benz
A/B class

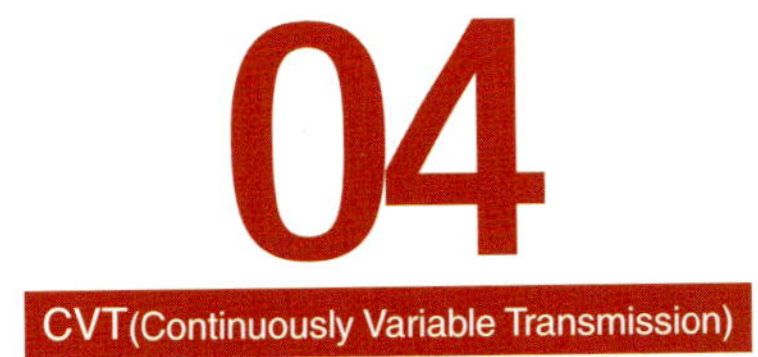

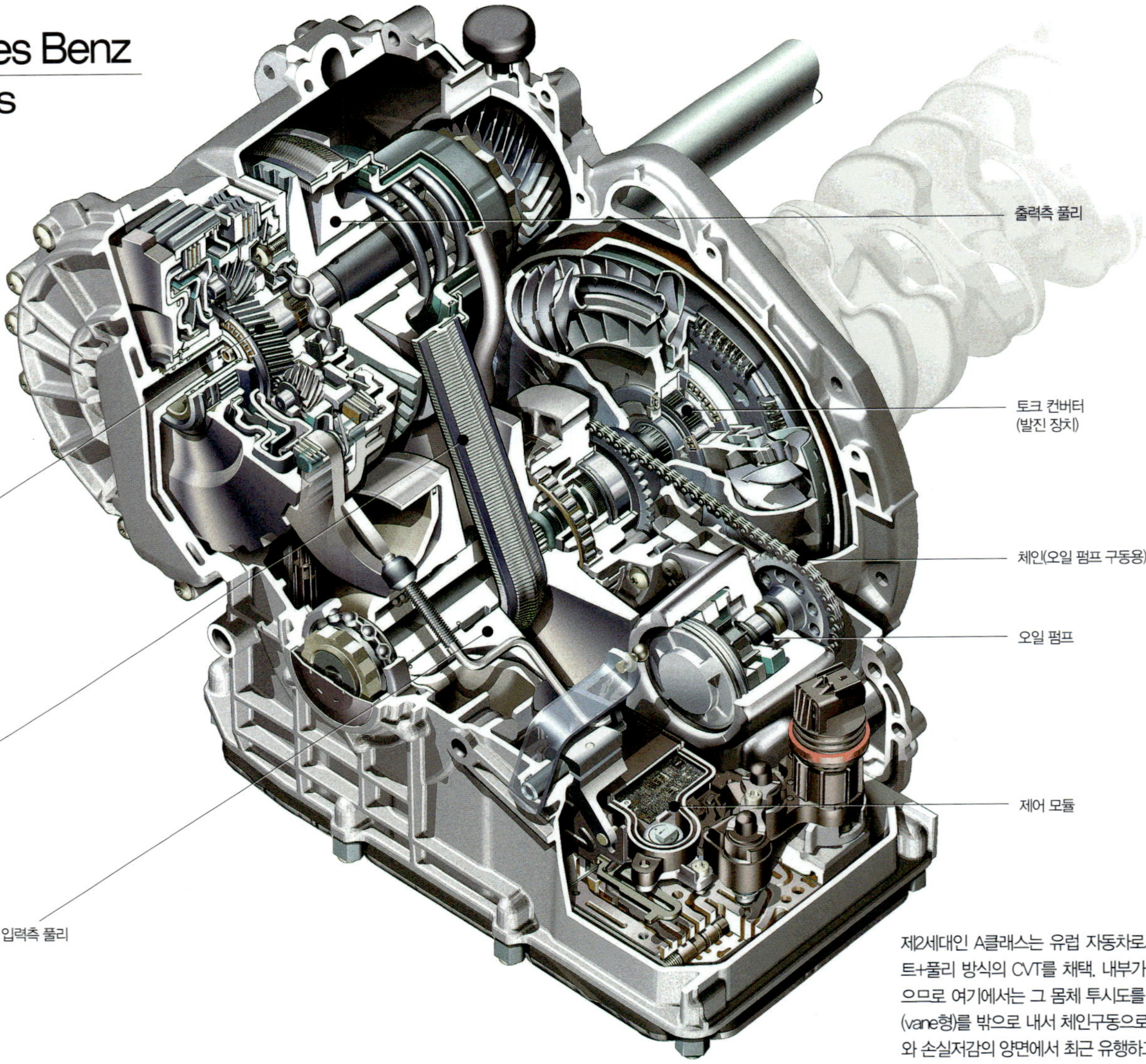

출력측 풀리
토크 컨버터
(발진 장치)
후진용 유성기어
체인(오일 펌프 구동용)
오일 펌프
금속 벨트
제어 모듈
입력측 풀리

제2세대인 A클래스는 유럽 자동차로서는 드물게 금속 벨트+풀리 방식의 CVT를 채택. 내부가 치밀하게 그려져 있으므로 여기에서는 그 몸체 투시도를 소개한다. 오일 펌프(vane형)를 밖으로 내서 체인구동으로 하는 방식은 소형화와 손실저감의 양면에서 최근 유행하고 있다.

연속 변속은 제어성이 나쁘고 변속기구의 내부 손실도 크다

CVT(Continuously Variable Transmission), 즉 「무단계 연속가변 변속기」는 엔진과 변속기의 조합으로서는 하나의 「이상형」이다.

논리적으로는 IVT(Infinity Variable Transmission), 무한 연속가변 변속기라는 「최후의 형태」도 그려볼 수 있으나 현실적인 기구로 자동차에 실제 탑재되고 어느 변속폭 중에서도 변속비를 무단계로 설정할 수 있고 또한 그것을 연속적으로 바꿔갈 수 있는 CVT라면 충분히 「이상적」이라고 생각할 수 있다.

분명 일정속도 유지라고 하는 주행 패턴만으로 자동차를 주행할 수 있다면 가속은 엔진 토크와 연비율이 좋은 회전속도와 부하를 유지하고, 정속으로 들어가면 그 주행저항과 조화되는 구동력을 발생하는 중에 가능한 한 낮은 엔진 회전속도로 주행함으로써 동력성능과 최적의 연비를 양립시킬 수 있다.

그러나 유감스럽게도 인간이 다양한 환경과 상황 중에 스스로가 제어계의 중추가 되어 운전하는 자동차에서는 그러한 주행 패턴 자체가 매우 드물고 그 이전에 변속을 시키면 맨(Man)=머신계로서의 제어 장치가 무너지게 된다. 이 관점에서의 좋은 제어는 「변속되지 않는 것」이며, CVT의 특징을 「고치는」 형태로 사용하게 된다. 나아가 현재의 CVT에서는 벨트식도 트로이덜식도 기본은 「마찰드라이브」 즉 「접촉에 의한 마찰전달기구」이며 마찰에 의해 힘과 회전속도를 전달한다. 그러나 마찰면(금속 등) 그 자체는 직접 접촉하면 순간적으로 마모되거나 연소되기도 하기 때문에 그 사이에 유막을 씌워 강력한 압력으로 계속 밀면서 회전시키는

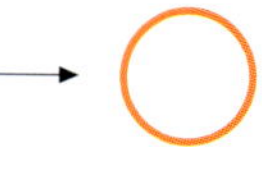

CVT Continuously Variable Transmission

장점
- 변속비를 무단계로 선택하여 연속적으로 바꿀 수 있다.
- = 엔진의 「매력적인 속도/토크영역」을 계속 사용할 수 있다.

단점
- 전달효율이 낮다. 특히 상용영역.
- 엔진 회전속도가 일정할 때 차속이 변화하는 변속은 자동차에는 부적절.
- 변속을 반복할수록(엔진을 가속하여) 연료소비가 증가한다.

왼쪽 페이지 그림을 왼편 안쪽에서 본 그림. 오른쪽 앞의 윗부분이 피동(출력)측 풀리 축으로 오른쪽 끝의 유성기어는 역전 = 후진용. 풀리의 회전은 엔진과 같은 방향(2축 모두)이므로 가로배치 FWD에서는 또 역전용 아이들러 샤프트를 매개로 파이널 드라이브+디퍼렌셜을 회전시키는 구조가 된다.

같은 유닛의 실물사진. 왼쪽 페이지와는 반대에서 본 그림. 즉 엔진 쪽에서 본 것으로 입력축의 회전변동 댐퍼, 그 바로 안쪽에 토크 컨버터, 같은 축에 구동 풀리, 윗쪽의 피동 풀리와 그 사이에 감겨진 금속 벨트의 기본 구성이 잘 보인다. 벨트+풀리는 증속 상태.

구조를 가질 수 밖에 없다.

　그 접촉～밀착～이탈이라는 과정 중에서는 반드시 에너지 손실이 생긴다. 밀착력을 줄이면 손실은 감소하지만 미끄러질 가능성은 증가한다. 마찰력을 전달하는 분자 구조의 오일은 기어나 베어링 등 윤활을 필요로 하는 부위에서는 저항 손실을 증가시킨다. 이와 같이 사실 자동차용 변속기로서의 CVT는 오히려 상당한 약점을 가지고 있으며 연비도 모드 대응에만 뛰어나 실용연비의 장점은 미지수이다. 현재 CVT 채택을 증가시키고 있는 것은 세계적으로 봐도 일본 밖에 없다.

풀리 간격으로 변속비가 변화한다. 원리는 단순

글: 모로즈미 타케히코

◉ 풀리+벨트/ 감기는 지름의 변화에 따른 변속

벨트+풀리방식 CVT는 사실 자동차용 이외에서는 그 나름대로 일반적인 존재. 승용수단으로서는 스쿠터에서 고무 벨트를 이용한 변속기가 많이 사용되고 있다.(손실은 크지만 출력, 토크가 작은 엔진을 풀가동하여 주행하기에는 적합하므로) 자동차용으로서는 이미 DAF가 소형차에서 고무벨트+풀리방식을 채택하였었으나 큰 토크를 계속 전달하면서 고속으로 회전시키기에는 적합하지 않아 금속 벨트가 개발되었다. 한쪽 풀리의 간격을 바꾸면 벨트가 접촉되는 접촉원이 변화하고 그에 대응하여 반대쪽 풀리의 간격도 변화시켜 양쪽의 접촉원을 계속 연대시켜 변화시킴으로써 연속적으로 변속한다(오른쪽 페이지 참조). 당연히 풀리는 내면의 면적도 높이와 강도가 중요하고 더욱이 벨트의 풀리와 서로 밀착하면서 표면만 적절하게 탄성 변형하는 물성으로 제작되어야 하는 점이 요구되고 있다.

JATCO

◉ 금속 블록+얇은 판 적층 벨트 = 푸시 타입

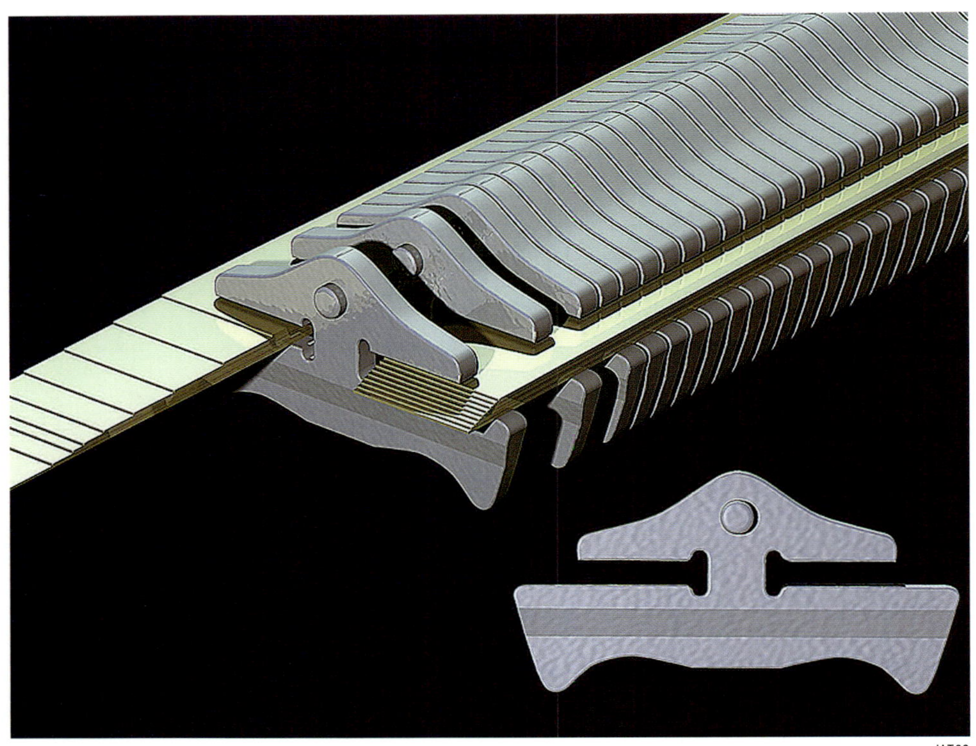

DAF에서 고무벨트 CVT를 실용화한 발명가들이 그 경험을 토대로 보다 큰 토크를 전달하고 내구성도 높은 벨트를 개발하였다. DAF 매각 후에 전문 메이커를 설립하였다. 이것이 VDT(반 도너 트랜스미션)사. 특징은 우선 강한 장력을 받아 회전하기 위해 고강도 특수강의 극히 얇은 판을 고리형태로 겹쳐서 다층 벨트를 구축. 이 그림에서 보듯이 얇은 판이 겹쳐져 있지만 각각의 층이 고리형태의 벨트로 되어 있다. 즉, 극히 조금씩 지름(환 길이)이 다른 원주를 끼워 맞추면서 적층한 구조로 되어 있다. 풀리와 접촉하여 끼워져 있음으로써 단면과 풀리면 사이에(오일을 사이에 두고) 마찰력을 발생시키는 것은, 이것도 경도가 높은 특수강을 정밀하게 밀착시켜 나열한 상태를 양쪽에서 적층벨트로 끼워 전달용 벨트를 형성하기 때문이다. 풀리에 끼워져서 움직이는 판이 앞쪽에 접촉되고 있는 옆의 판을 밀어서 힘을 전달하므로 「푸시 타입」으로 분류된다.

JATCO

풀리 간격의 변화 = 감기는 지름의 변화 = 변속

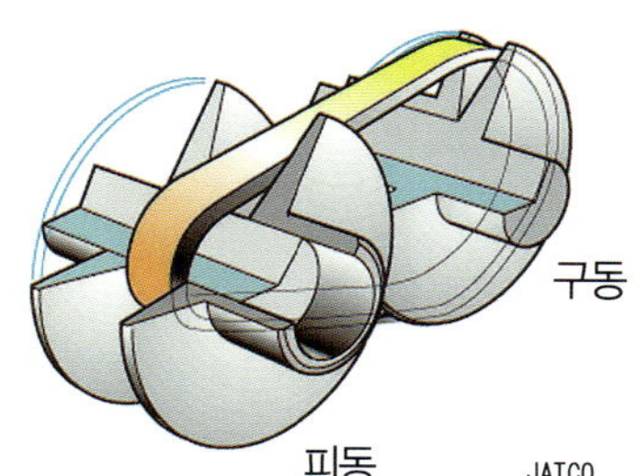

오른쪽이 입력(구동)풀리. 왼쪽이 출력(피동)풀리이다. 왼쪽 그림을 보면 구동 풀리는 간격을 넓히고 벨트는 풀리의 경사면을 따라 안으로 들어가 제일 안쪽에 걸려 있다. 그에 따라 피동 풀리는 간격을 좁혀(벨트 전체의 길이는 변화되지 않기 때문에) 제일 바깥쪽에 걸린다. 이 접촉원 반경의 비가 변속비이고 회전속도는 입력측 〉 출력측으로 감속상태가 된다. 오른쪽 그림은 그 반대로서 역의 비율로 증속상태가 된다.

자동차에 탑재한 상태/엔진으로부터 구동바퀴까지의 변속 — AUDI MultiTronic/체인 풀 타입

아우디도 A4에 직렬 4엔진과의 조합으로 CVT 사양을 설정, 시판하고 있다. 이 CVT의 벨트는 VDT가 아닌 Luk사의 것(사진 아래). 그러나 변속비 연속가변의 원리는 완전히 같으므로 여기에서는 차량의 드라이브 트레인 전체로서의 변속을 확인했으면 한다. 아우디의 세로배치 파워 패키지에서는 풀리의 2축이 트랜스미션으로서 역할을 수행한다. 회전방향은 최종감속의 베벨기어 조합방식으로 맞춰진다.

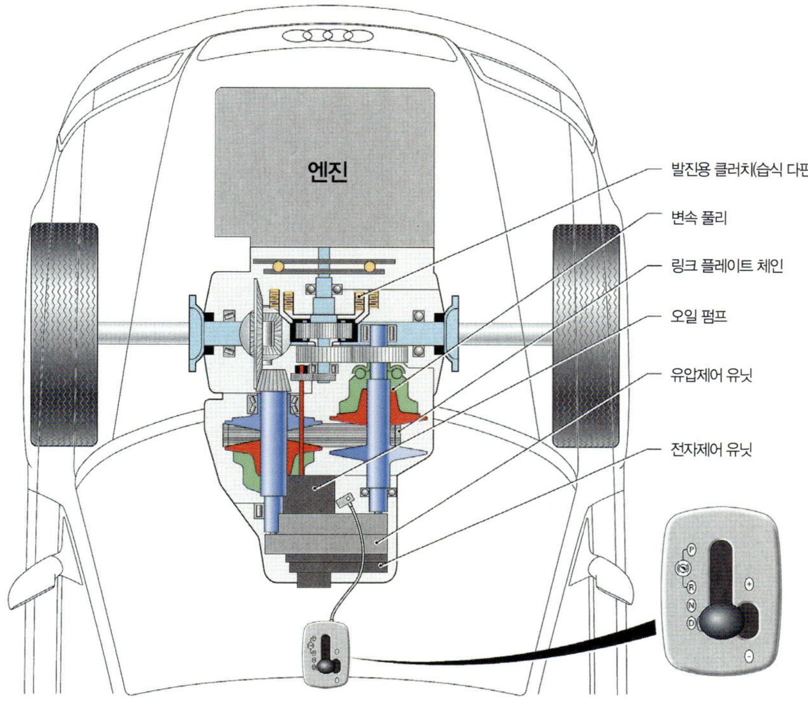

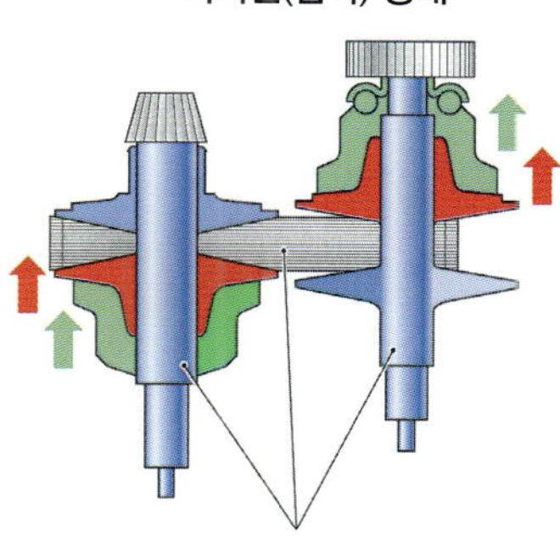

벨트의 구조는 다르지만 풀리의 간격을 바꿔서 양쪽의 감기는 지름을 대응하며 변화시키고 최대감속에서 최대증속까지 변화시키는 것은 변함이 없다. 그 감속~증속까지의 폭이 변속폭이 된다. 이것에 최종감속비를 설정하여 실제로 엔진~구동바퀴의 사이에서 필요한 제일 낮은 기어로부터 제일 높은 기어까지의 변속비를 설정한다.

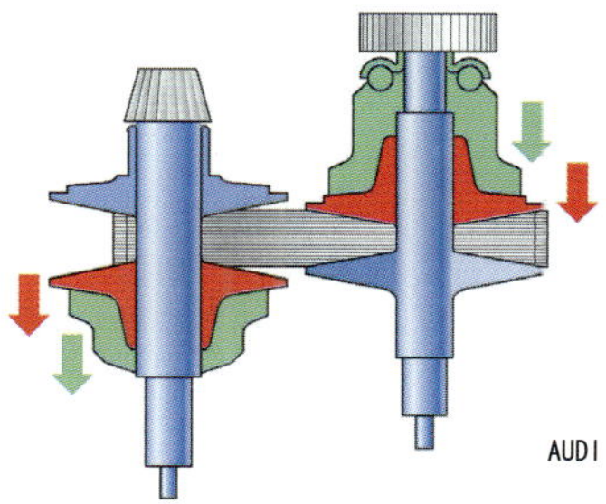

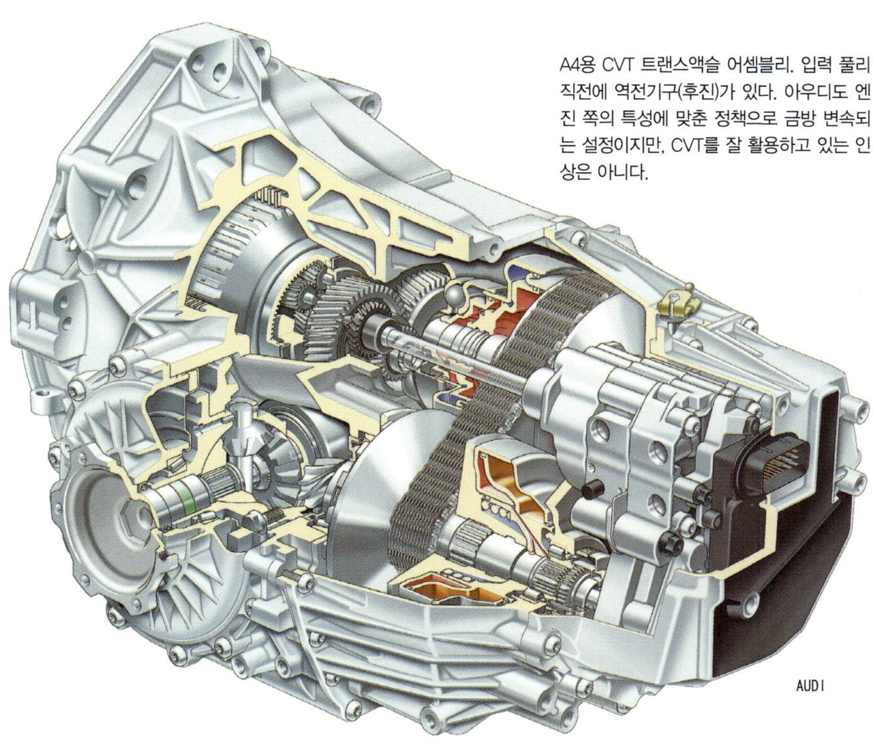

A4용 CVT 트랜스액슬 어셈블리. 입력 풀리 직전에 역전기구(후진)가 있다. 아우디도 엔진 쪽의 특성에 맞춘 정책으로 금방 변속되는 설정이지만, CVT를 잘 활용하고 있는 인상은 아니다.

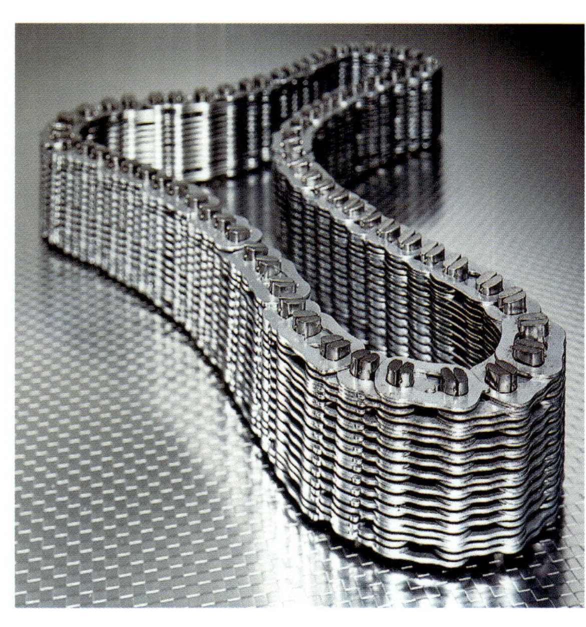

Luk사(전달기구의 전문 메이커)가 개발한 「링크 플레이트 체인」. VW–아우디 그룹과 공동개발했으나 지금 시판차에 적재되고 있는 것은 A4의 일부 차종뿐. 판형태의 링크를 다수 나열하여 핀(볼트)으로 연결한 구조로 풀리와 접촉하여 전달하는 것은 이 핀의 단면으로 체인을 「당김」으로써 힘을 전달한다. 즉 「당기는 타입」 링크가 꺾이면서 둥글게 되므로 감기는 지름을 줄이기는 힘들다.

CVT의 「특기」는 단순 모드 연비
제어성, 실용 연비, 전달효율의 개선은 가능할까?

글: 모로즈미 타케히코

HONDA Multimatic/Civic

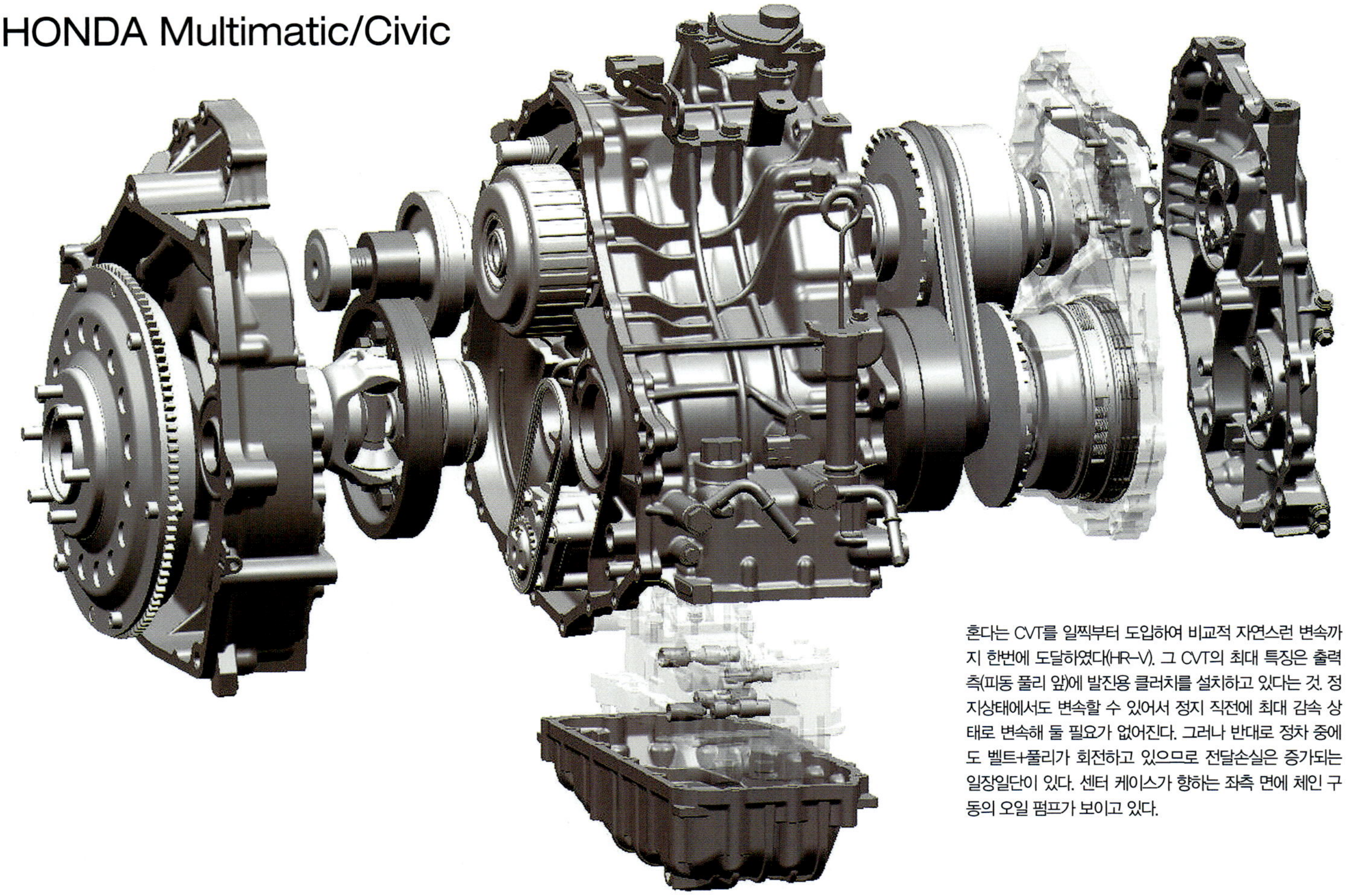

혼다는 CVT를 일찍부터 도입하여 비교적 자연스런 변속까지 한번에 도달하였다(HR-V). 그 CVT의 최대 특징은 출력 측(피동 풀리 앞)에 발진용 클러치를 설치하고 있다는 것 정지상태에서도 변속할 수 있어서 정지 직전에 최대 감속 상태로 변속해 둘 필요가 없어진다. 그러나 반대로 정차 중에도 벨트+풀리가 회전하고 있으므로 전달손실은 증가되는 일장일단이 있다. 센터 케이스가 향하는 좌측 면에 체인 구동의 오일 펌프가 보이고 있다.

◉ 트로이덜 CVT JATCO JR006E

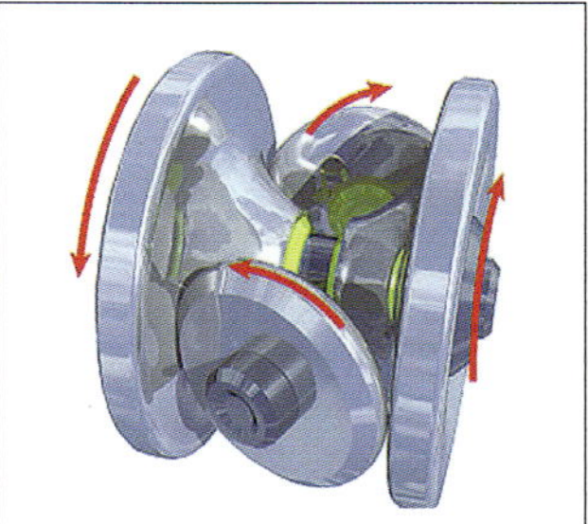

NSK가 개발한 하프 트로이덜 CVT는 JATCO가 자동차용으로 정리하여 닛산의 대형 FR차의 일부에 도입하였다. 오랜 연구개발이 결실을 맺은 형태이며 실제 차로의 매칭도 좋아서 변속을 적절하게 제어하고 일본적 속도영역, 가감속 중에서는 가장 좋은 부류에 속한다. 그러나 무엇보다도 기존의 AT보다 가격이 비싸서 채택은 확대되지 않았다.

하프 트로이덜형 CVT의 변속 원리. 트로이덜 내면의 한쪽 절반을 차지하는 디스크가 양쪽에 있고 그 사이에 롤러가 끼어들어가 회전한다. 여기에서 롤러의 경사를 바꾸면 양쪽 디스크 각각의 접속점(원)이 변화하고 그 원 지름의 비율이 변속비가 된다.

JATCO

경자동차 대응/ JF012E

소형 FF차용/JF009E

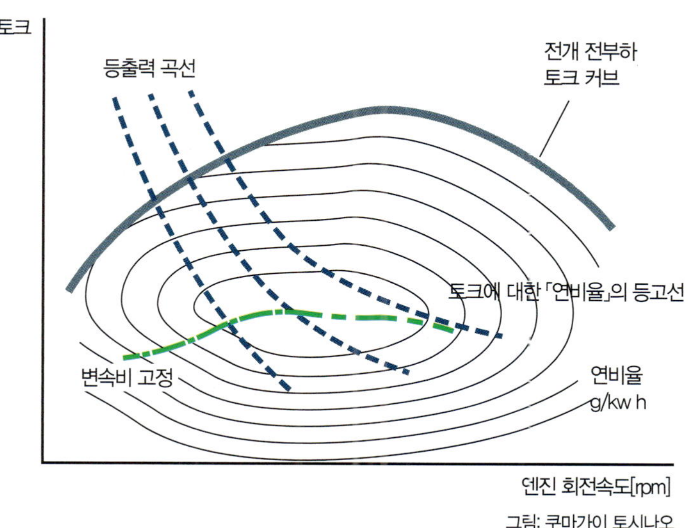

대형 FF차용/ JF010E

현재 전 세계에서 유래없이 CVT 채택이 주류인 일본에서는 본래 이 형태의 변속기가 적합하다고 생각는 자동차는 콤팩트 카를 비롯하여 엔진이 작고 상용부하가 높은 경자동차(연속변속의 장점은 내기 쉽지만 원래 철저하게 효율을 추구해야만 하는 점에서 전달손실이 많다는 문제)이다. 반대로 2ℓ 전후의 미들 레인지에서 더욱 큰 배기량, 중량급 차량(그것도 SUV계까지 채택)까지 커버하는 제품구색을 갖출 수 있는 시점까지 와 있다. CVT를 활성화시키려면 기본적인 변속 프로그램 로직의 재구축, 나아가 내부손실의 철저한 배제가 긴급한 과제(오른쪽 페이지에서 상세하게 설명)이다.

CVT 연속 변속의 고전적인 로직과 그 문제점

「CVT라면 엔진의 토크나 연비율이 좋은 지점에서 회전속도와 부하를 연속적으로 변화 시키면서 주행할 수 있다」는 고전적 로직(탁상론)은 예를 들어, 이 그림과 같이 엔진의 토크 특성과 연비율 특성 중에서 각각의 「최적의 영역」에서 토크X회전속도가 일정하게 되는 등출력 곡선 상을 움직여 갈 수 있게 한다. 그러나 이렇게 하면 엔진 회전속도의 변화와 주행속도의 변화는 일치하지 않고 변동을 계속한다. 오히려 연비율이 좋은 영역이 넓고 과도한 토크도 생성하는 엔진에서 변속비 고정으로 엔진 회전속도와 주행속도가 계속 동조하는 힘이 변화하는 것이 맨=머신계로서는 「좋은 특성」이다.

그림: 쿠마가이 토시나오

변속제어(고정)+효율 대폭 개선 → CVT의 미래

CVT 전문가는 실제 자동차에 적합하면서도 「엔진 회전속도가 일정한 상태로 가속하면 "위화감"이 있다」고 말한다. 유럽에서는 이 CVT의 과잉 변속에 의해 엔진 회전속도만이 선행되어 높아져 구동력이 느껴지지 않는다고 하며, 뒤늦게 속도가 상승하는 패턴은 「러버 밴드(고무줄) 느낌」이라고 부르며 싫어한다고 한다. 그것은 가속 쪽뿐만이 아닌 감속 쪽에서도 나타난다.

가속 페달을 밟아 구동력을 높이려면 우선 낮은 기어단 쪽으로 변속을 시도해야 한다. 그 변속 중에는 엔진 자체가 「가속」될 뿐, 구동력은 나타나지 않는다. 이때 사용된 연료는 그냥 소비될 뿐이다.

그리고 「러버 밴드 느낌은 「위화감」 같은 것이 아니라 오히려 자동차라고 하는 맨=머신 시스템에 있어 제어의 기본 로직이 틀어지고 무너져 버렸다고 생각해야만 할 것이다.

자동차가 주행하는 빠르기를 이미지에 맞추기 위해 자동차를 미는 힘의 증가를 컨트롤하는 주행에서 극히 기본적인 2개의 제어 중 그 하나(다른 하나는 주행하여 가는 라인의 컨트롤)를 보자. 여기에서 맨=머신계로서의 제어는 어떻게 전개될까? 그것을 생각하면 「좋은 제어」는 자연히 도출된다.

사람에게 있어서 엔진의 회전(진동이나 소음)과 속도는 일정(직선적) 관계로 변화한다.

그리고 이것과 구동력의 증감이 일치하여 체감되는 것이 힘이며, 그 결과가 속도 컨트롤의 기본정보(피드백 & 피드 포워드의 양면)가 된다.

따라서 다양한 고·도상황 개개의 국면에서 트랜스미션의 변속비는 「고정」되어 있음으로써 제어성이 향상된다. 이것은 CVT에 국한되지 않는다. 예를 들어 토크 컨버터(미끄럼이 심하고 효율이 낮은 CVT)가 개재되면 구동계는 그야말로 「느슨」하게 되어 제어성이 큰 폭으로 저하된다.

이것이 이해되면 CVT 와 AT의 변속이나 제어에 대해 지금까지의 탁상론인 「정설」에서 탈피하여 「사람이 조종하는 자동차」로서의 새로운(이라기보다는 당연한) 로직을 구축할 수 있게 된다.

한편 CVT는 전부하 토크를 전달하고 있는 이상적인 상태에서의 전달효율은 90% 이상이라 하지만(그렇다고 해도 요구 수준보다는 너무 낮다.) 사실 상·용 과도영역에서는 그보다 훨씬 더 낮다. 그 개량은 지금까지 초미의 관심 대상이었고 손실의 철저한 분석과 개량을 거쳐서 큰 폭의 개선이 실현되면 상기의 로직 구축과 더해져 CVT도 미래가 밝다고 생각할 수 있다. 그러나 상당히 어려운 길이기도 할 것이다.

승용차를 위한 변속기의
「궁극적인 해답」일까?

글: 모로즈미 타케히코

VOLKSWAGEN DSG(Direct Shift Gearbox)
AUDI S-tronic

홀수단과 짝수단을 각각의 클러치가 담당한다.

자동차용 변속기의 기본형의 하나로서, 이른바 수동변속기로 기어세트를 변속단만큼 조합한 형태이다. 무엇보다도 구조가 간단하고 자동차를 주행하는 상용영역에서 전달효율이 압도적으로 높은 것은 기계시스템으로서 자동차용으로 자질의 양호함을 의미한다. 또 「엔진~변속기~구동바퀴가 직결상태를 유지」하는 것은 인간에게 있어서 힘과 빠르기의 제어성, 큰 의미로는 운전 성능의 양호성에 직결된다.

가능하다면 이 구조를 기본으로 「자동변속화」하여 인간이 발진과 변속이란 복잡한 조작에 능숙해질 필요성을 줄이고, 동시에 차속이나 부하에 대하여 적절한 변속단 즉, 엔진의 사용법을 고르게 하여 연비를 향상시키는 방향으로 진화되었으면 한다. 그러나 현재 상태 그대로 변속과 클러치 조작만으로 자동화하여도, 자동화된 수동변속기의 페이지에서 설명하였듯이 변속 시에 엔진 토크를 낮추어 기어를 바꾸는 시간에 구동력이 끊겨버린다. 이것이 최대 문제점이며 토크 전달의 연속성과 미끄러움의 정도를 생각하면 유성기어 방식의 AT로 대체하는 것은 어렵다고 생각되어 왔다.

그러나 그것을 탈피한 아이디어는 이전부터 존재하였다. 엔진과 변속기 사이의 동력전달을 담당하는 클러치를 2세트로 하여 각각 홀수단과 짝수단의 기어세트를 담당하는 전달계통을 구성한다. 우선 1단으로 발진하여 가속이 계속되는 상황에서는 2단을 선택하여 기다린다(이쪽 클러치는 끊긴 상태). 차속이 빨라져서 상향변속 시점에 도달하면 1단으로 회전을 전달하고 있는 홀수단 담당 클러치를 끊으면서 짝수단 담당 클러치를 연결하면 끊기는 느낌 없이(seamless) 2단으로

상향변속이 이뤄진다. 그 다음은 그것을 반복한다.

이렇게 문자로 쓰기에는 간단하지만 현실적으로 이 장치를 이해하면서 구동을 연속시키는 것은 어렵다. 우선 자동차 바퀴의 회전속도, 변속기 출력측 회전속도는 연속하여 변동이 작은것에 비해 변속단을 바꿨을 때 그 스텝 비율(변속비의 변화율)만큼 엔진의 회전속도는 변화시켜야 한다. 상향변속 쪽은 회전속도를 낮춰가면서 토크도 낸다. 하향변속 쪽은 회전속도는 높이지만 토크는 감소시킨다. 이것이 안되면 기어의 이행을 빠르고 끊기는 느낌이 없게 하려고 할수록 변속 충격이 커지게 된다. 엔진 쪽이 변속에 맞춰 회전속도와 토크를 협조 제어하는 현 제어기술의 향상이 유성기어 세트인 AT를 견디어 내는 변속 속도와 충격 없는 변속을 양립시키고 「끊김이 없는」 변속을 가능하게 한다.

물론 변속기도 기본이 되는 변속 스케줄을 비롯하여 변속작동과 클러치 동작의 컨트롤까지 높은 수준의 제어 내용의 구축(이상적인 드라이빙 구현)과 엄밀히 빠른 제어가 필요하게 된다. 이 신세대 변속기를 승용차 세계에 도입한 것이 VW(과 아우디). 가로배치 FF파워 패키지용으로 개발된 1+2축 6단 MT를 기초로 습식 다판 클러치 대소 2세트를 일체화하여 건식 단판 클러치로 바꿔서 변속작동을 유압화한다. 유압+전자제어계를 조합하여 트윈(또는 듀얼) 클러치 심리스 트랜스미션을 실현하였다.

등장하고 나서 수년을 거쳐 그 변속의 빠르기와 매끄러움, 구동력의 연속성은 한층 더 세련되어졌고 최적의 변속기라 말할 수 있을 정도로 좋아졌다. 약점은 발진시 습식 다판 클러치를 사용하는 것 이외에 발진,

감속, 재감속을 작은 단위로 불연속적으로 반복하였을 때에 클러치의 끊어짐이 겹쳐져서 매끄럽지가 않은 점. 이것은 최소한의 토크 컨버터 등의 발진 장치를 추가함으로써 해소할 수 있다. 나머지는 작동유압을 만들기 위한 펌프를 내부에서 상시 구동하고 있기 때문에 순수한 MT와 비교하면 발생하는 손실이 아깝기도 하다.

Twin Clutch Seemless Transmission

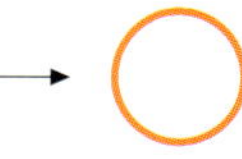

○ **장점**
- 빠르고 구동의 끊김이 없는 변속이 가능하다.
- 전달효율이 높다.
- 변속단 각각에서 엔진의 회전속도와 차속관계는 항상 일정하다.

× **단점**
- 발진 및 정지가 자주 반복되는 상태에는 둔감함(현재 상태의 구조로는)

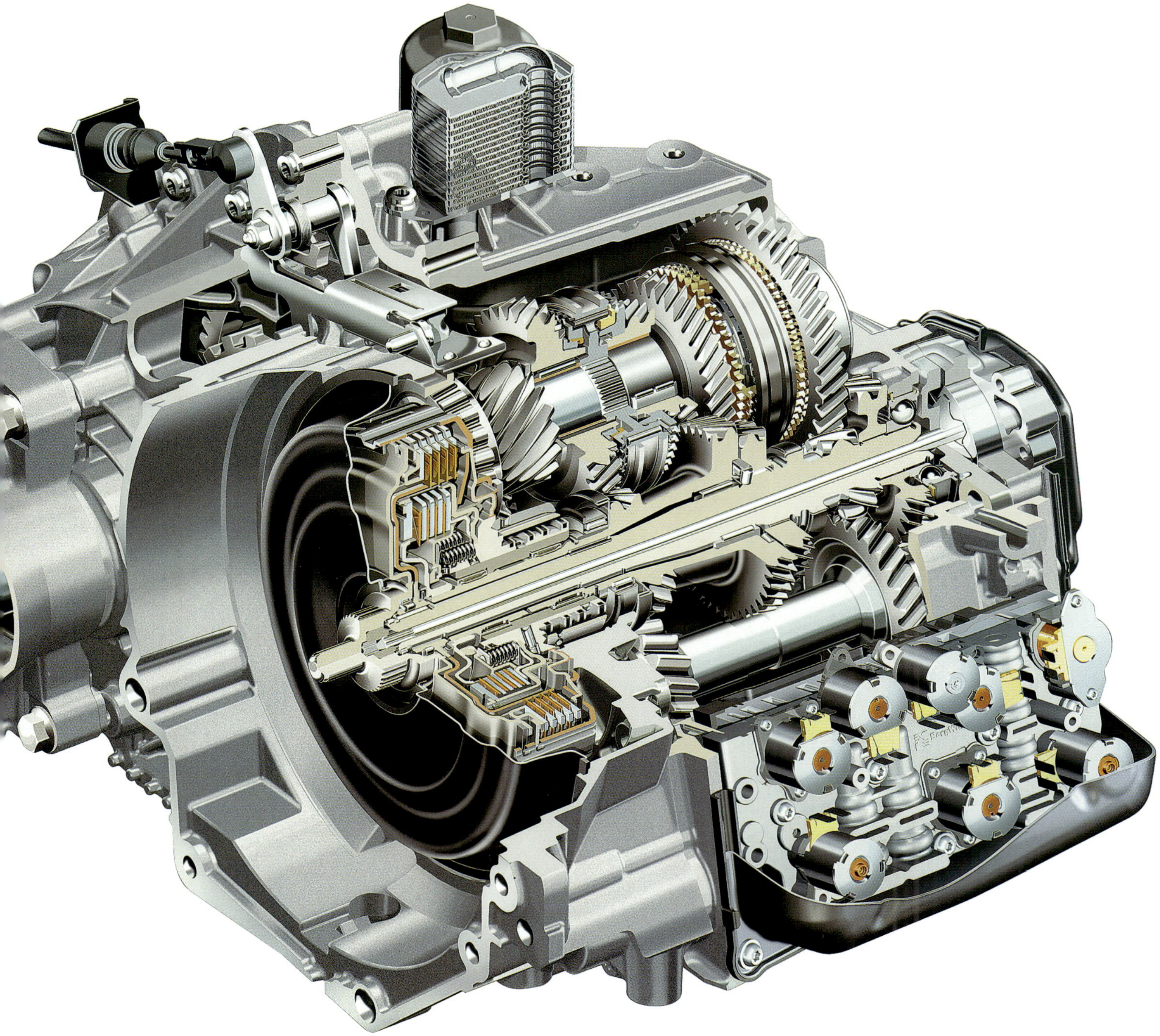

1개의 축에 2세트의 클러치~입력축을 따라 절단된 DSG(아우디는 S-tronic이라고 명칭을 변경)유닛. 그 위아래에 2개의 카운터 샤프트가 보인다. 후방 좌측에 후륜으로 구동력을 배분하는 기어가 설치된 4WD용 트랜스액슬이다.

→DSG를 최초로 탑재한 골프(IV)R32. 플로어의 셀렉트 레버의 오른쪽 +/- 게이트와 스티어링휠에 설치된 패들로 수동 선택이 가능하다. VW은 +패들을 길게 당겨서 자동변속 모드로 복귀시키며. 아우디는 패들 조작만으로 매뉴얼 모드로 이행하여, 주행상태+타이머로 자동복귀되어 둘은 미묘하게 다르다.

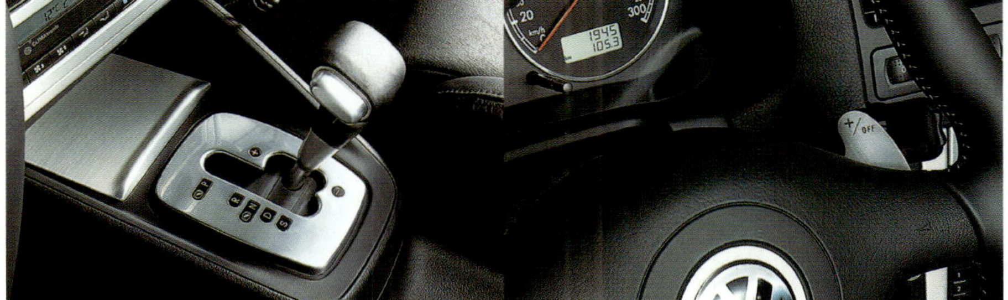

다중 축의 조합과 조밀한 기어배치로 치밀한 설계를 실현

글: 모로즈미 타케히코

Volkswagen DSG/ Audi S-tronic

VOLKSWAGEN DSG(Direct Shift Gearbox)

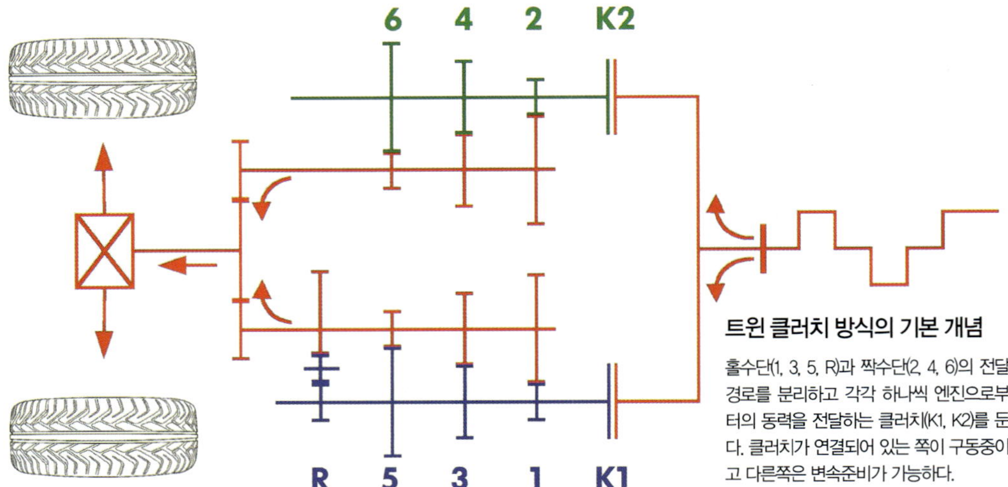

트윈 클러치 방식의 기본 개념

홀수단(1, 3, 5, R)과 짝수단(2, 4, 6)의 전달 경로를 분리하고 각각 하나씩 엔진으로부터의 동력을 전달하는 클러치(K1, K2)를 둔다. 클러치가 연결되어 있는 쪽이 구동중이고 다른쪽은 변속준비가 가능하다.

가로배치 FF용 6단 MT를 기초로 트윈 클러치화

결코 새로운 발상은 아니지만, 현실의 양산 승용차용 FWD파워 패키지로 만들어진 첫 모델. 1+2축 6단 MT를 개발, 제조투자를 한(VW 자사 생산)시점에서 이미 이 형태로의 발전을 꾀하고 있었다고 생각된다. 양산 자동차에 요구되는 실용 수준으로 도달하기까지 선구자적 고민은 상당히 많으며 개발에는 적지 않은 시간이 소비되었을 것이다. 계속 세련되어질 것이며 그 기술적 이점은 크다. 1+2축의 6단 기어박스에 트윈 클러치와 기어 셀렉트 구조를 그야말로 조밀하게 설치하고 있다. 클러치 1세트와 유압+전자계의 중량은 증가되었지만 변속기가 차지하는 공간은 MT와 다르지 않다.

변속은 「필요한 구동력을 가장 높은 단기어로 만든다」고 하는 우수한 운전자의 조작을 재현하는 방향으로 수렴되어 왔다. 하향 변속은 기본적으로 감속 과정에서 이루어지는 설정으로 특히 스포츠 모드에서는 코너링시 브레이크를 밟으면 선회에 알맞으며 충격이 없는 하향변속을 연출한다. 스로틀 밸브 전개+브레이크로 엔진 회전속도가 최대 토크 영역에서 일정하게 유지되어 한계까지 발진하는 모드도 가지고 있다.

세로배치 6단 DSG의 기본 구성(전개도)

6단 기어 박스는 카운터 샤프트를 2축으로 구성하여 그 제2축을 위쪽으로 전개하여 그려져 있다. 실제로는 이 축의 아웃풋 기어가 디퍼렌셜의 바깥쪽에 일체화되어 있는 최종감속의 큰 링 기어와 맞물리는 위치에 있다. 엔진은 그림 오른쪽에 위치하고 내외 2세트의 클러치를 매개로 기어 세트를 회전하여 힘을 전달한다. 인풋 샤프트(초록)는 클러치에 가까운 쪽(오른쪽)이 2중 축(진하게 표현)으로 되어 있고 그 바깥쪽 축에는 짝수 단의 기어가 배열되며 특히 4단과 6단은 같은 인풋기어를 공유하는 구성이므로 이 축 상의 기어는 2개만으로 되어 있다. 여기에서 안쪽의 클러치 2가 연결되어 있다. 바깥쪽의 클러치 1은 전면으로부터 인풋 샤프트의 안쪽 축에 연결되고 안쪽(그림에서는 왼쪽)에서 홀수 단의 기어세트를 담당한다. 인풋 샤프트의 끝단(그림에서는 왼쪽 끝)에서는 작동유압을 발생시키는 오일펌프를 구동하고 있다.

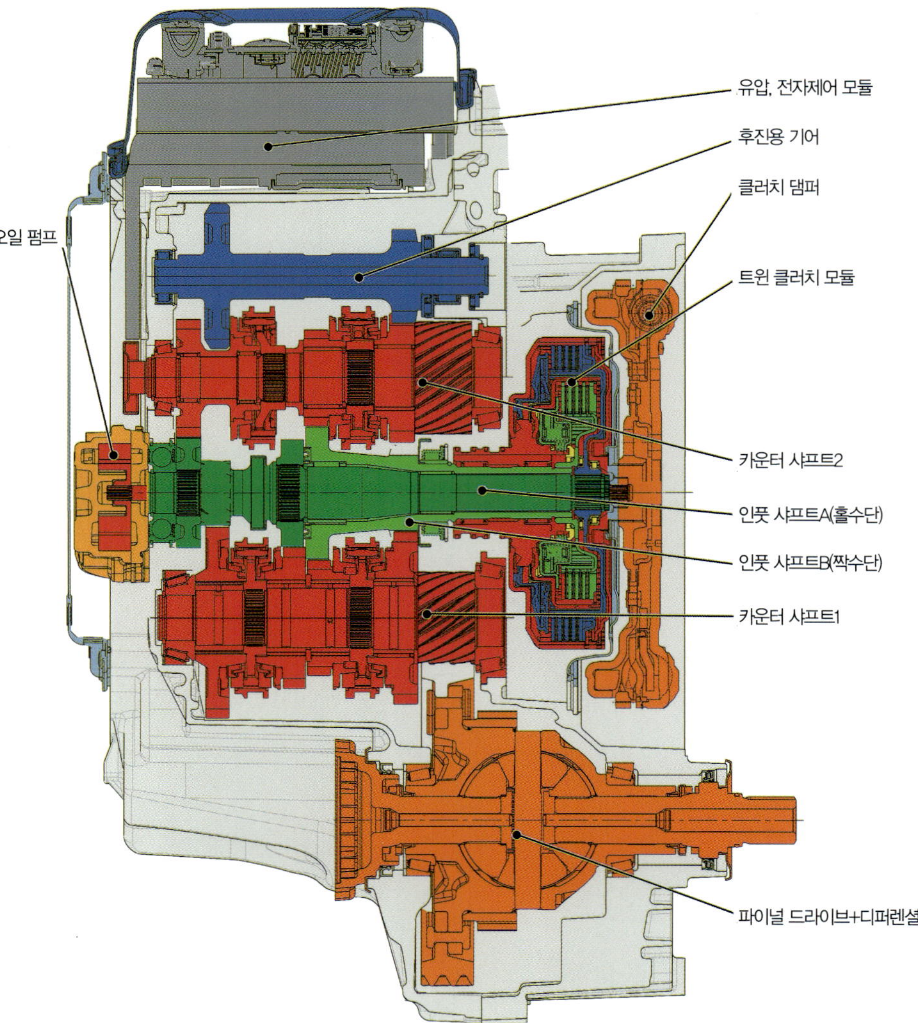

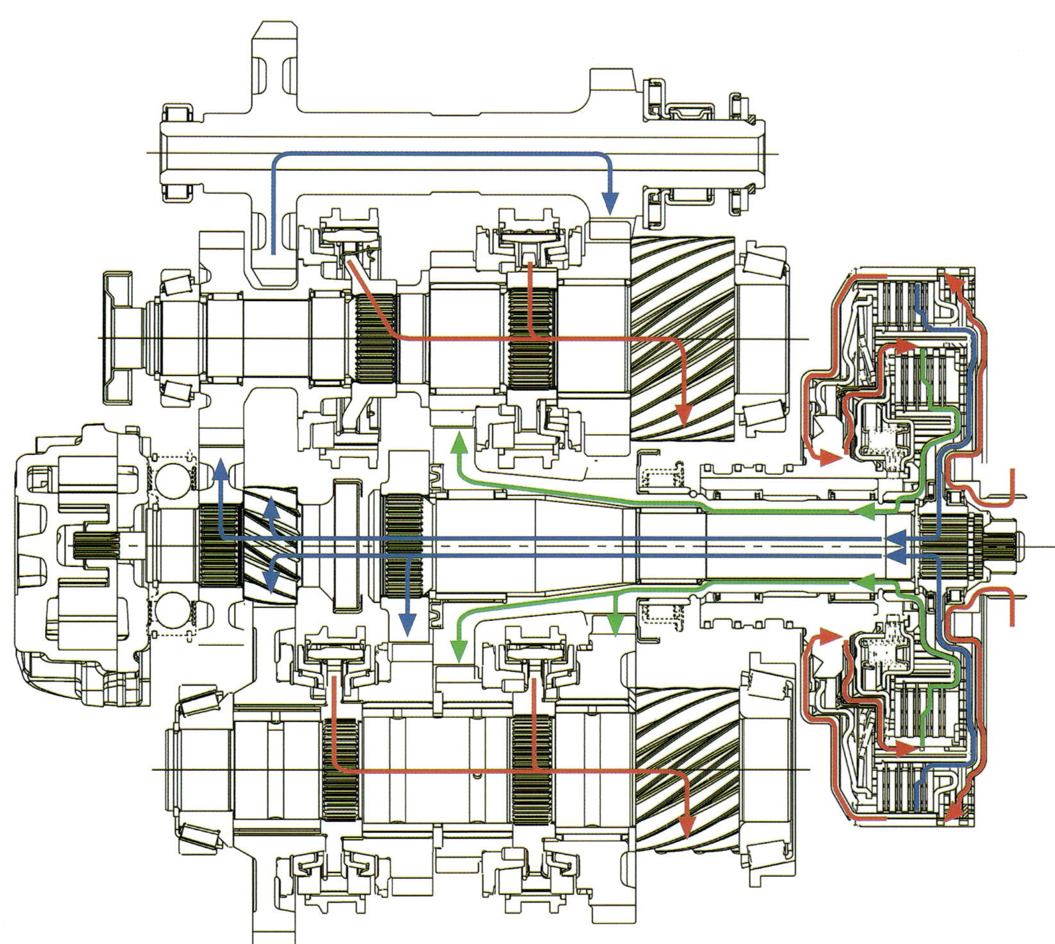

2계통으로 나뉜 동력전달 경로

왼쪽 페이지 아래의 변속기구 전체에서 트윈 클러치~1+2축인 6단 기어세트만을 빼내서 동력전달 경로를 표시한 그림. 엔진으로부터의 회전 토크는 클러치 전면으로부터 바깥쪽의 홀수단 클러치로, 동시에 후면쪽 중공축으로부터 안쪽의 짝수단 클러치로, 동력이 항상 전달되고 있다. 홀수단 클러치를 연결하면 파란 선을 따라 전면 안쪽으로부터 2중축 인풋 샤프트의 안쪽 기어세트가 안쪽으로 3세트 배열돈 축으로, 안쪽의 짝수단 클러치로 절환하면 초록색 선을 따라 전면 안쪽으로부터 바깥쪽 인풋 샤프트에 동력이 연결된다. 6세트+후진 기어세트 중에서는 어느 슬립+싱크로메시 기구가 맞물려 있는지, 거기에 클러치로부터 동력이 전달되는 것에 의해 변속단이 정해진다.

기어세트

1+2 축의 6단 기어박스~파이널 드라이브의 실물. 왼쪽 그림, 윗 그림과 같은 배치와 방향으로 배열되고 있으며 2중축 인풋 샤프트의 바깥쪽 축(짝수단)은 컷팅 되어 있다. 매우 조밀한 설계라고 할 수 있다.

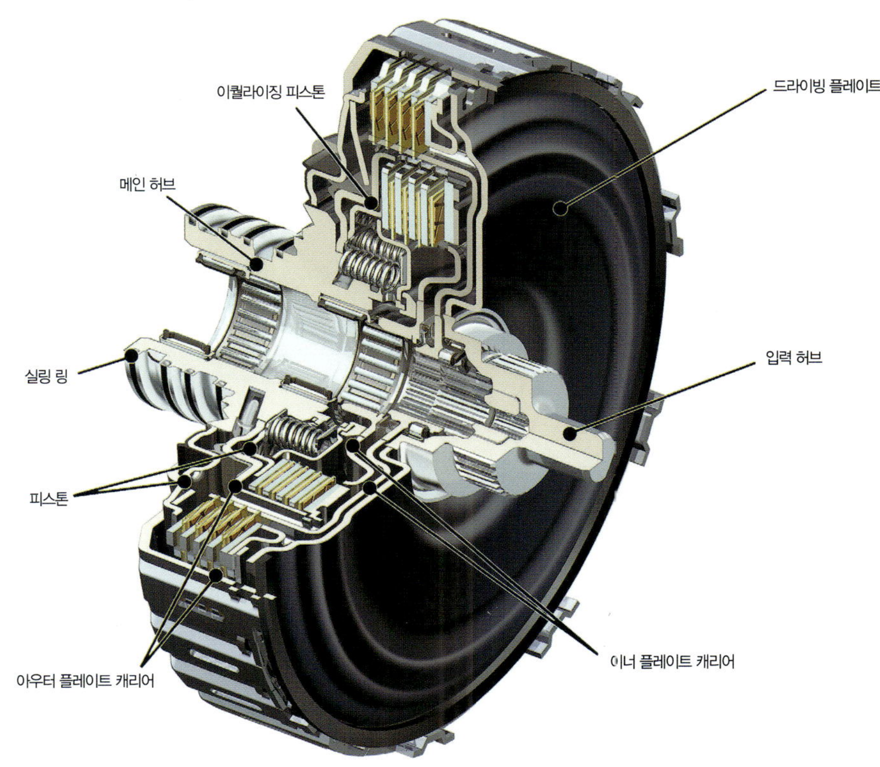

트윈 클러치 모듈

가장 큰 구동력(토크)을 전달하여 반발력이 큰 1단과 후진을 담당하는 홀수단의 클러치를 지름이 큰 바깥쪽에 배치하는 것은 당연한 선택. 안쪽의 짝수단 클러치와 함께 습식 다판식으로, 유압에 의해 각각 차단된다. 이 부분에서만 전후 2분할 3중 축이다.

「심리스 시프트(Seamless Shift)」의 과정

글: 모로즈미 타케히코

VOLKSWAGEN DSG(Direct Shift Gearbox)/ AUDI S-tronic

AUDI

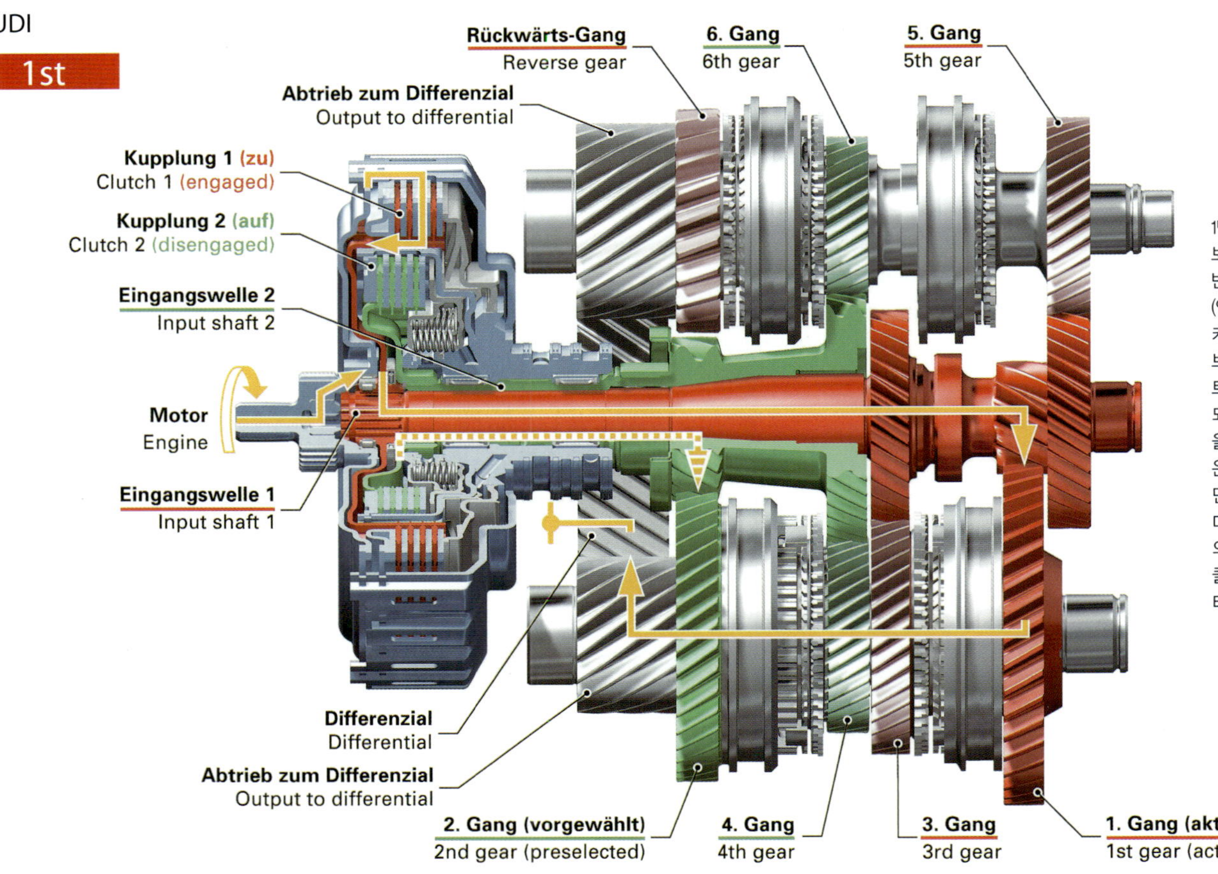

1단으로 발진하고 있는 상태. 기어세트를 보는 각도는 앞 2페이지의 그림 사진과는 반대로 왼쪽에 엔진이 있다. 인풋 샤프트(안쪽) 뒷쪽(그림 우측)으로부터 2번째~카운터 샤프트1 후단의 1단 기어의 슬리브/ 싱크로메시 기구가 결합되어 있으며 트윈 클러치는 바깥쪽 홀수단용이 연결되어 있다. 정지상태에서 브레이크 페달을 놓으면 이 클러치가 미끄러져서 가벼운 변형이 생기고 이때 가속페달을 밟으면 미끄러지면서 연결되어 발진한다. 이미 2단기어(같은 카운터 샤프트의 앞쪽)의 슬리브/ 싱크로메시 기구가 결합되어 클러치의 절환만으로 변속할 수 있는 상태이다.

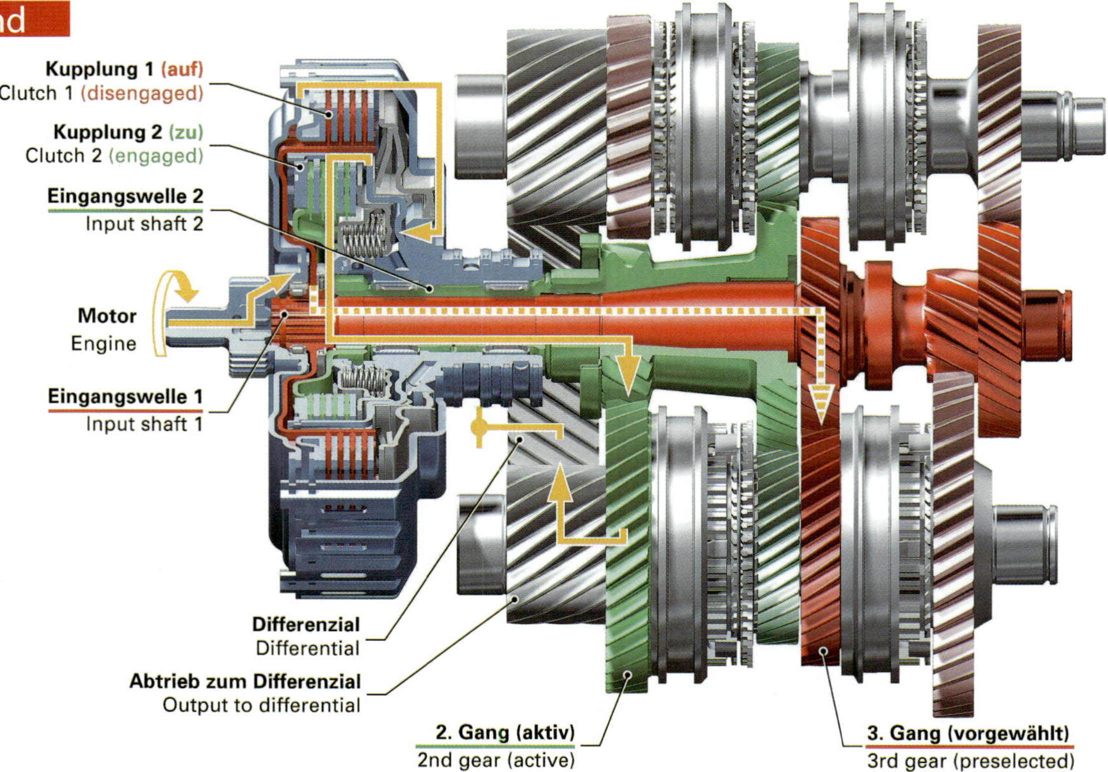

홀수단 클러치를 차단하고 짝수단 클러치를 연결하면 2단으로 상향변속된다. 초록색으로 채색된 짝수단 쪽의 전달경로에서 2단~파이널 드라이브에 동력이 전달되어 있는 상태. 가속이 계속되고 있는 상태에서는 이미 3단(빨강으로 채색된 홀수단의 제일 앞= 그림 왼쪽)이 선택되어 있다. 끊김이 없이 건너뛰는 변속은 안 되지만 그것이 필요한 것은 하향변속쪽이며 실제로 건너뛰고 있는 것 같은 순간도 있지만 그 변속도 매우 빠르기 때문에 운전 중에 동력 끊김을 의식할 수 없다.

Kraftfluß 4. Gang
Power route 4th gear

2계통으로 나뉜 동력전달 경로
짝수단 클러치가 연결되고 바깥쪽 인풋 샤프트에 동력
이 전달되어 4단으로 주행하고 있는 상태. 같은 인풋 샤
프트 상의 기어에는 다른 하나의 카운터 샤프트상의 6
단 기어도 맞물리고 있다. 선택되지 않아서 공전하는 상
태이다.

4→5단 시프트 업 「동력의 끊김」이 없는 변속
짝수단 클러치를 차단하고 홀수단 클러치를 연결하는 순
간. 이 2개의 클러치를 차단 및 연결하는 타이밍과 빠르기
(오버 랩이라 부른다)를 바꿈으로써 변속 그 자체의 빠르기
(변속 충격이나 토크의 순간적인 저하 중 하나가 나오기 쉽
다) 등이 변화한다. 반대로 말하면 엔진의 토크 + 회전제어
와 함께 「변속 감각」이 튜닝의 포인트. 최신 차량에서 변속
그 자체는 매우 빠르고 충격이 없다. 그야말로 「끊김이 없
이」 변속되는 것을 나타내고 있다.

Kraftfluß 5. Gang
Power route 5th gear

5단 주행상태
짝수단 클러치가 완전히 차단되고 홀수단 클러치가 결합되어 5
단 기어로 구동하고 있는 상태로 5단은 인풋 샤프트(안쪽, 홀수
단)의 최후방(그림 오른쪽)에 위치한다. 그림에서는 위에 그려
져 있는 카운터 샤프트 2는 5–6단으로 아래의 카운터 샤프트1
에는 2–4, 3–1의 각 단이 배열되므로 기어의 지름이 전체적으
로 크다.

**Übergang zum 5. Gang
ohne Zugkraftunterbrechung**
*transfer to 5th gear, without
loss of power*

프로의 눈 - 소카 고헤이(동경대학 대학원 공학계연구과 특임교수)

진화를 계속하는 DSG, 변속기 개발의 고민은 끝나지 않는다.

최신의 DSG는 「CVT인가?」라고 생각할 정도로
변속 순간을 느끼지 못했다. 첫 체험은 2003년경이
었다. 변속 시에 토크의 끊김이 없고 원활하게 연결
되는 것에 대단히 감격하였다. 그러나 유감스럽게
발진 시 등 한 박자 늦은 감이 여기저기서 느껴졌다.
그러나 현재는 그러한 현상이 많이 해소된 인상이
었으며 DSG는 확실하게 발전하고 있다.

본래 변속기는 자동차에 「없어서는 안될 것」이 아
닌 내연기관의 출력특성 등의 약점을 보충하기 위
해 「어쩔 수 없이」 탑재하고 있는 시스템이라고 말
할 수 있다. 그 이상형으로서는 우선 아래의 3요소
를 만족시키는 것이다.

1. 소형, 경량으로 동력전달 효율이 양호할 것
2. 조작이 간단, 용이할 것
3. 부드러운 발진 및 정지가 가능할 것(내연기관은
자력발진이 안 되기 때문에)
더욱이 변속기에 요구되는 요소는 다음과 같다.
a. 변속 레인지(1단 기어와 최고단 기어의 기어비)를

넓게, 각 단의 기어비 차이를 작게 설정할 것
b. 토크 변동이 없는 변속이 가능할 것

그러나 이런 것을 만족시키는 변속기는 아직 없
다. 상기의 1을 만족시키는 최적의 존재는 수동 변속
기이다. 그러나 2와 3을 만족시키지 못한다. 또한 a
를 만족시키기 위해 다단화를 하면 조작이 더욱 번
잡해진다. 그리고 변속시의 토크 끊김, 변속 충격은
정작 조작하고 있는 운전자는 의식하지 못하지만
확실하게 발생하고 있다.

그러면 2를 만족시키기에 충분한 자동 변속기, 토
크 컨버터와 유성기어의 조합은 어떨까?

3에 대해서는 토크 컨버터가 매우 뛰어난데 반해
서 효율은 낮고 유성기어 열의 중량 및 효율에도 문
제를 안고 있다. 또 a에는 다단화에 계속 대응하지
만 사실 b의 변속시 토크 변동, 변속 충격도 이 시스
템이 안고 있는 고민 중의 하나이다.

다른 하나로 CVT는 a와 b에 대하여 무단변속
이므로 만족하지만, 진정한 IVT(Infinite Variable

Transmission; 변속비 무한대)는 아니므로 발진 장
치가 필요하게 된다. 또 연비절약을 외치지만 사실
전달효율과 중량에 관해서는 적지 않은 고민을 안
고 있다. 엔진의 토크와 연비 특성의 개량을 진전시
킨다면 무단변속은 자동차로서는 무용지물이 될 가
능성도 있다.

이에 비해 수동변속기를 단순하게 자동 변속화한
것은 변속시의 토크 끊김에 의해 감속도가 운전자
가 예측하지 않은 타이밍에서 발생하는 것이 큰 약
점. 이러한 연유로 DSG가 등장하였다. 2개의 클러
치를 조합하여 토크의 끊김을 없애는 것에 성공한
이 시스템은 클러치나 샤프트 류의 증가에 의한 중
량의 증대는 있지만 효율 면에서는 수동 변속기의
장점을 계승하였다. 하지만 발진 장치가 현재의 상
태에서는 습식 다판 클러치로 약점을 안고 있다. 따
라서 토크 컨버터 또는 유체 커플링을 이용하면 현
시점에서는 최적의 선택이 될 것이다.

최초의 시도로부터 20년. 변속기의 진화는 계속된다.

글: 모로즈미 타케히코

PORSCHE PDK(Porsche Doppel Kupplung getriebe)

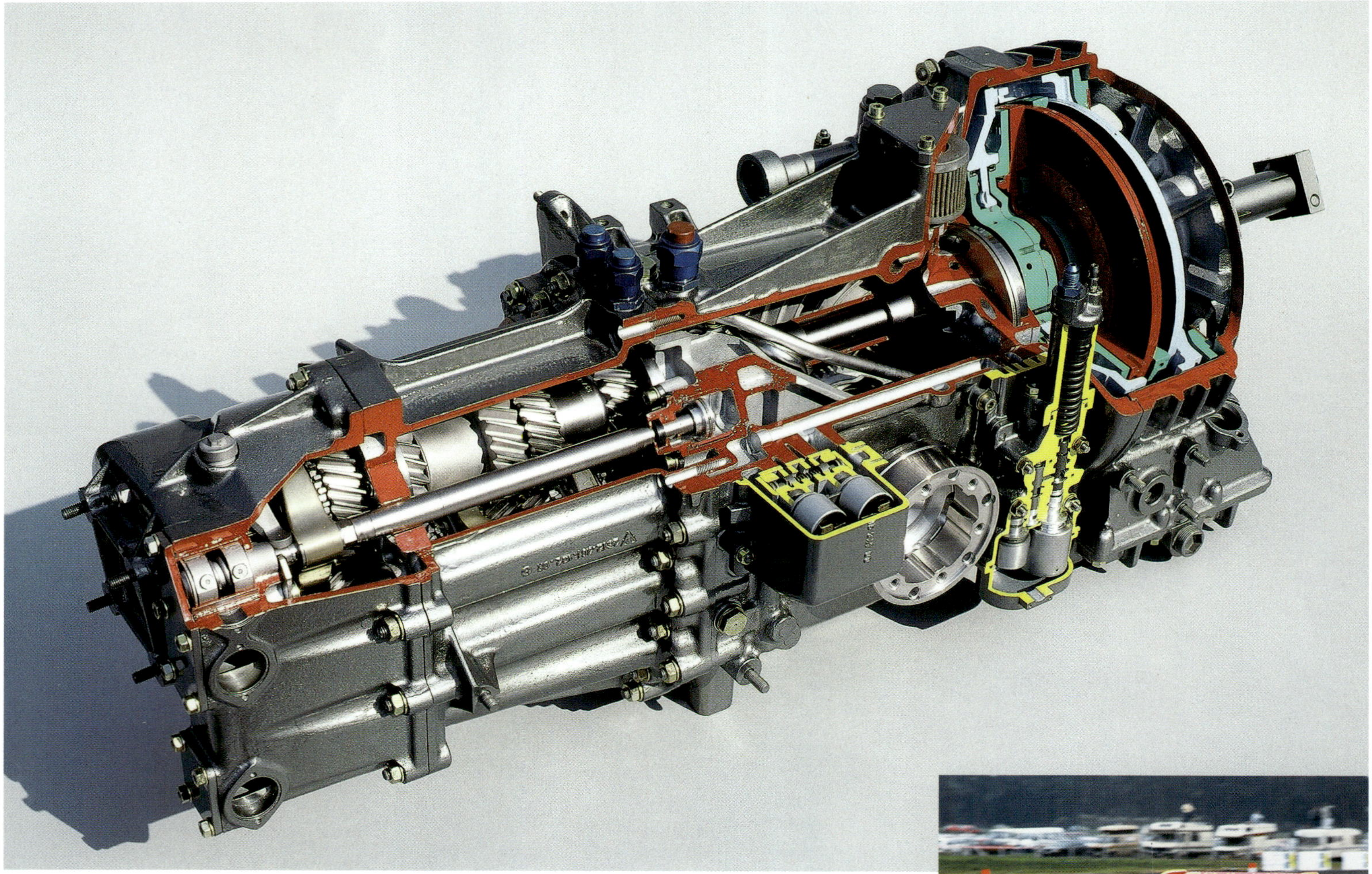

PORSCHE

(위) 956/962용 PDK의 절단 모델. 사진 오른쪽이 엔진 쪽/ 차량전방. 후륜 2열 클러치, 리지드 디퍼렌셜의 후방에 5단 기어박스로 된 레이아웃.
(오른쪽) PDK 탑재한 962 독일 내 슈퍼컵에서 찍은 사진
(아래) 콕 핏. 시프트 레버는 푸시 풀 조작.

1984년 포르쉐는 그룹C의 주인공이던 956에 새로운 변속기를 장착하여 남 아프리카 카밀라에서 처음으로 실전에 투입하였다. 1986년 르망 24시에서는 웍스의 962 중 1대를 이 「PDK」 즉 듀얼 클러치 트랜스미션 사양으로 투입하기도 하였으나 결국 실전 상용장비에는 이르지 못한 채 그대로 사장되었다. 시프트 레버를 눌러(다운)/ 당겨(업) 순차 변속하는(시퀀셜 시프트)기구도 오늘날 경주용 차량으로서는 처음 등장하며 주목받았다.

당시 운전자의 느낌에 의하면 「Very bumpy」, 즉 엔진 쪽은 아직 협조제어가 없는 업/다운 모두 회전속도에 맞추는 것은 운전자의 오른발에 의존하고 있었다. 통상적인 레이싱 시프트 이상으로 빠른 트윈 클러치의 변속에서는 분명 토크 끊김이 없는 것으로 심한 변속 충격이 있었을 것이라고 상상하기에는 어렵지 않았다. 또 클러치와 유압 시스템, 전자제어계 등을 추가한 결과 표준 MT보다 수십 kgf나 무거웠다고 한다. 포르쉐는 이 구조를 경기 전용이 아닌 AT를 탑재하지 않았던 911시리즈에도 전개하려고 생각하여 개발에 착수했을 가능성이 있다. 그러나 당시 메카트로닉스의 능력으로는 시기상조였다. 그 결과 911의 풀 모델 체인지(964)에는 ZF의 변속기에 공동개발한 변속 알고리즘을 조합한 「디프트로닉」을 탑재하여 오늘에 이르렀다. 하지만 수면 아래에서 개발을 진행하여 머지않아 시판화할 가능성은 적지 않다.

PORSCHE

AUDI S-tronic(7 Speed-Longitudinal)

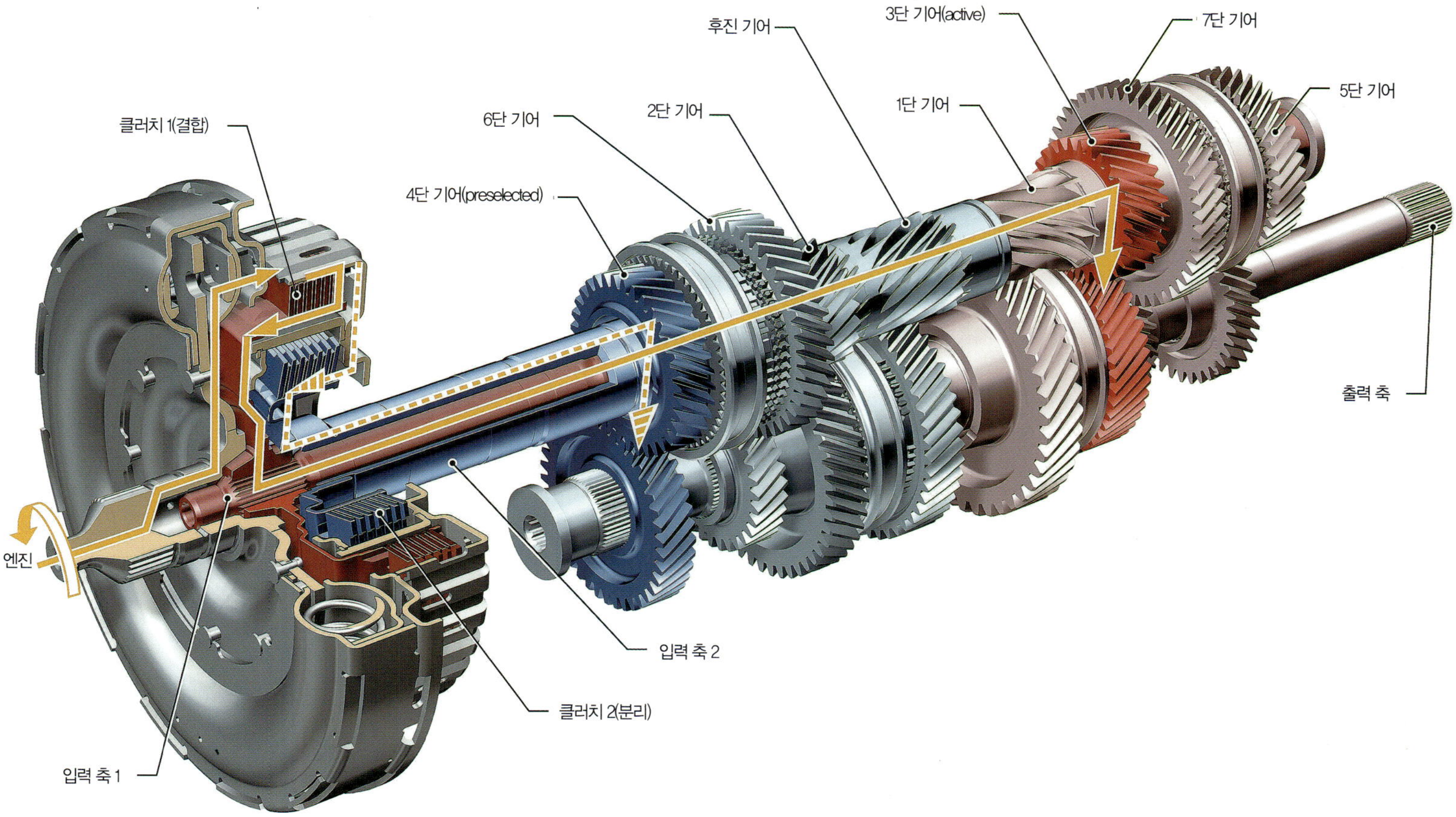

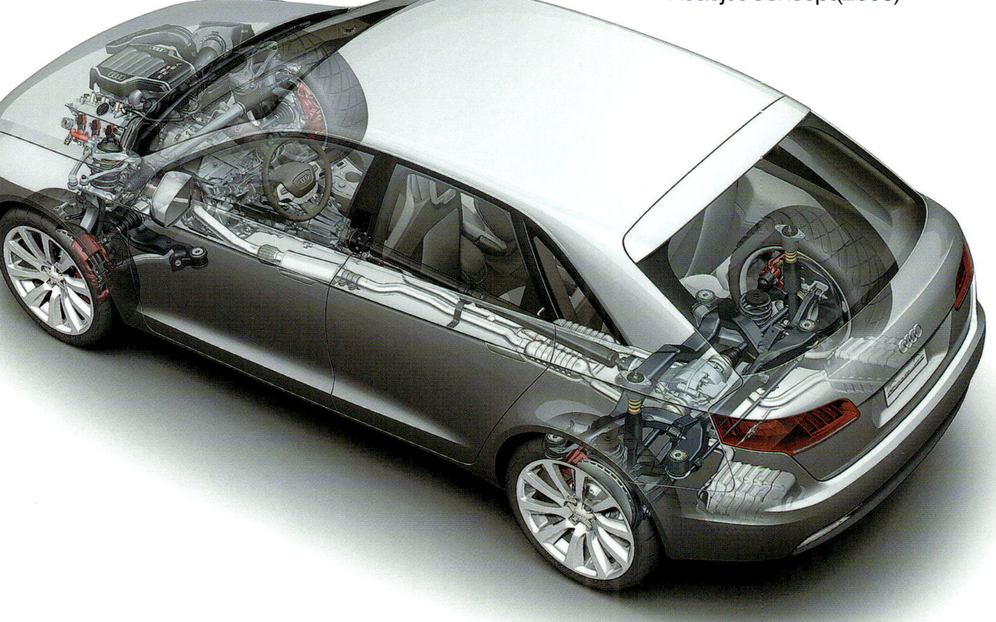

Roadjet Concept(2006)

트윈 클러치 심리스로 단번에 쏠린 유럽세

가로배치 파워 패키지 대응 6단 DSG(S-tronic)의 실용화가 성공함으로써 VW+
아우디는 그때까지 4단 그리고 6단으로 전개되어 온 유성기어 방식을 급속하
게 진행시키고 있었으며, 더욱이 MT가 주류인 유럽에서도 트윈 클러치 자동화
MT가 새로운 흐름으로 되어 점유율을 넓혀가고 있었다. 물론 생산규모가 커질
수록 가격도 낮아지고 설비투자비의 회수도 늘어난다. 그리고 DSG에 클러치를
공급한다고 하는 보그워너, 변속기의 스페셜리스트인 ZF, 게트락(Getrag) 같은
회사도 이미 트윈 클러치 변속기의 개발에 참여하여 자동차 메이커가 채택할
의향만 있다면 언제든지 대응할 수 있는 상황까지 와 있다. 더욱이 게트락사는
보쉬와 손잡고 하이브리드화(모터 구동 회생 브레이크)도 준비 중이다.
물론 선구자인 VW+아우디로서도 채택범위를 더욱 넓혀가고 있고 새로운 변
화를 준비하고 있다. 그 일례가 2006년 초에 공개된 「로드젯트 컨셉」에 장착된
「세로배치 7단」인 S-tronic. A4 이상의 엔진전축 전방 세로배치 형태에 대응한
것으로 PDK의 기본형으로 회귀한 것 같은 클러치-디퍼렌셜-2축 기어박스라고
하는 배치이지만 클러치는 지름을 다르게 하여 안쪽과 바깥쪽에 배치, 기어박
스는 전방 중공축에 짝수단, 후방에 홀수단이라고 하는 현행 가로배치형과 같
은 기계적 개념이다. 현재 유성기어 방식의 AT를 채택하고 있는 중대형 아우디
각 모델에도 이 변속기가 점차 도입되어 갈 것으로 생각된다.

TRANSMISSION EVOLUTION

트랜스미션 진화론

변속기의 진화는 멈추지 않는다.

21세기의 자동차 변속기에 요구되는 것은 "싫증나지 않는 효율의 추구"이다.

제어 로직의 개선으로 현격한 진화를 거듭하고 있는 벨트 CVT

7단, 8단으로 다단화되고 있는 유단 AT

DSG를 비롯한 DCT(듀얼 클러치 변속기)도 다음 단계로 도약을 시작하고 있다.

앞에서 서술한 「변속기 특집」을 기획한 후에도 주목할 만한 변속기 기술이 밀려온다.

본 특집에서는 다시금 변속기를 다룬다. 변속기에 깃들어 있는 "생각"도 파헤쳐 보자.

취재협력: 도요타자동차/닛산자동차/혼다기연공업/이스즈자동차/미쓰비시후소트럭 · 버스/VW재팬/JATCO/일본정공/미크니/세프라 재팬/Torotrak Limited

TV
DISC·AUX
WMA
SHIFT
LOCK
R
P

운전자 입장에서 트랜스미션을
"조작", "기능", "구조"로 나눠서 생각하다

「AMT」, 「DCT」 등의 등장과 보급에 의해 복잡한 형상을 거치고 있는 자동차용 변속기.
여기에서는 운전측면의 「조작」과 「변속기구」에 착안하여 현상을 정리해 보자.

글: 마쓰다 유지 · 사진: MFi

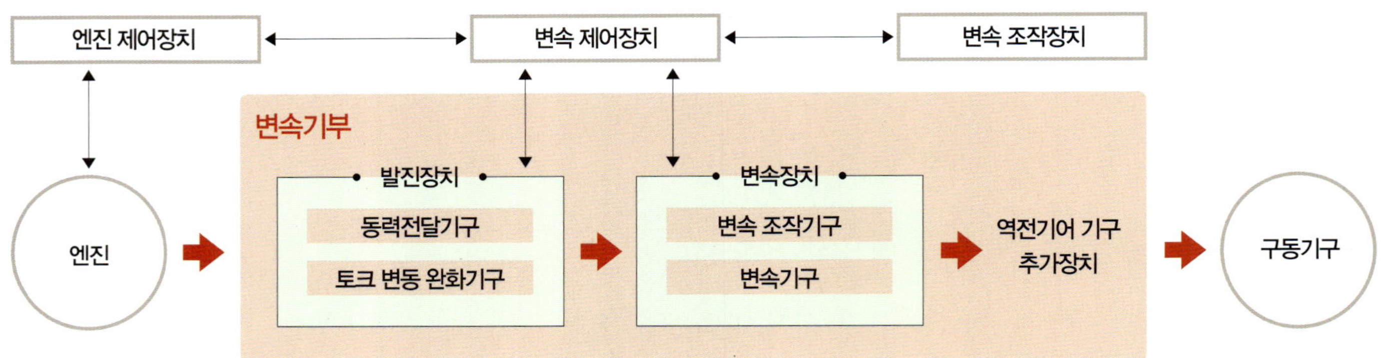

변속기는 자동차에 꼭 필요한 장치는 아니다. 현재의 상태에서 자동차에 변속기를 탑재하는 이유는 내연기관을 동력원으로 사용하고 있기 때문이지 다른 이유는 없다. 내연기관은 회전속도를 어느 정도 높이면 자동차를 움직이는데 필요한 토크를 얻을 수 없다. 이 결점을 보완하기 위해 사용되고 있는 것이 엔진의 회전속도를 「감속」함으로써 전달 토크를 높이고, 또 복수의 감속비로 변환시키면서 「변속」하여 내연기관의 출력특성을 자동차에 맞춰 사용할 수 있게 하는 장치가 바로 변속기이다.

예를 들어 전기 모터의 출력 특성은 내연기관과 전혀 다르다. 정지상태에서 최대 토크를 생성하고 회전속도가 높아짐에 따라 토크가 직선적으로 감소하기 때문에 중량물을 가감속시키면서 움직이기에 좋다. 실제로 전기 모터를 동력원으로 사용하는 전기자동차에서는 변속기를 탑재할 필요가 없다.

하지만 우리들은 아직 얼마 동안은 내연기관 자동차를 계속해서 사용하게 될 것이다. 그래서 바람직한 것은 앞으로 더욱더 엄격하게 요구되는 자원, 환경문제(자동차에 있어서는 연비성능)의 개선에 공헌할 수 있는 변속기를 필요로 한다.

50페이지 그림에 오늘날의 일반적인 자동차용 변속기를 구성하는 요소를 열거하여 보았다. 발진장치는 정지상태로부터 발진하는 경우에 엔진의 회전속도를 저하시키지 않고 출력을 서서히 구동계통으로 전달하기 위한 기구. 자동차용에서는 마찰 클러치와 토크 컨버터가 그 대부분을 차지하고 있으며, 구체적으로 감속을 하는 기구에는 기어를 이용하는 것과 벨트 등을 이용하는 것이 대부분이다.

이 외에 「트랙션 드라이브 장치」가 있다. 이는 한 쌍의 전동체의 면끼리 강하게 밀착함으로서 발생하는 탄성 변형 접촉부에 오일을 밀봉하여 그 전단응력에 의해 동력을 전달하는 기구이다. 아직 4륜 자동차에 채택된 경우는 없으나 2륜 자동차에는 「유압기계식」도 실용화되고 있다.

다음은 변속을 하는 기구와 변속을 위한 조작장치. 변속에 수반되는 엔진의 회전속도와 토크의 변동을 완화하는 기구(이것은 발진장치가 겹치는 경우도 많다). 그리고 각부의 제어기구 등이 여기에 속한다. 이러한 각 요소 중, 자동차에 이용되고 있는 조합을 일반적으로 나타낸 것이 51페이지의 그림이다. 즉 변속기의 「기구」로서의 분류이다.

자동변속기(AT: Automatic Transmission)

- **다단(유단) 자동변속기**
  - 유성기어식 — 포르쉐「딥트로닉S」, 메르세데스 벤츠「7G트로닉」, 렉서스「8-Speed SPDS」등
  - 평행축 기어식
    - 유압 습식 다판 클러치식 — 혼다매틱
    - 싱크로메시 식
      - 싱글 클러치 — 이스즈「NAVI-5」, 시트로앵「센소 드라이브」, BMW「SMG」, 알파로메오「셀스피드」등
      - 듀얼 클러치 — 폭스바겐「DSG」, 아우디「S트로닉」, 미쓰비시「트윈 클러치 SST」, 닛산「GR6」등
- **무단변속기(CVT: Continuously Variable Transmission)**
  - 벨트 전동식
    - 금속 벨트/체인 — 닛산「엑스트로닉 CVT」,「하이버CVT」, 혼다「멀티매틱S」등
    - 건식 복합 벨트식
  - 트로이덜식
    - 하프 트로이덜식 — 닛산「엑스트로닉 CVT」
    - 풀 트로이덜식
  - 전기식 — 도요타「하이브리드시스템 II」

수동변속기(MT: Manual Transmission)

- **평행축 기어식**
  - 매뉴얼 클러치
    - 기계적 접속에 의한 변속 — 통상의 MT
  - 자동클러치
    - 기계적 접속에 의한 변속 — 르노「EASY SYSTEM」등
    - 메커트로닉스에 의한 변속 — 도요타「시퀀셜MT」

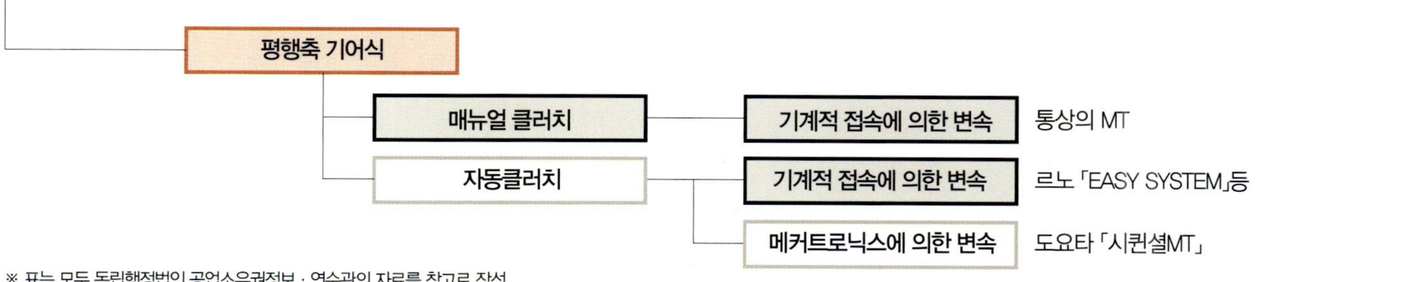

※ 표는 모두 독립행정법인 공업소유권정보 · 연수관의 자료를 참고로 작성

보는 관점을 바꿔서 운전자측에 요구되는 조작의 관점에서 본 경우, 변속기에는 2종류가 있을 뿐이다. 변속에 필요한 조작 모두를 수동(Manual)으로 하는 것과 반대로 모든 조작을 차량측이 자동선택(Automatic)하는 것이다. 조금 더 범위를 넓혀보면「변속단의 선택(Select)를 항상 운전자 스스로 조작할 필요가 있는 것」과「자동으로 하는 기구를 갖춘 것」으로 말해도 좋을 것이다.

오랜 세월 동안 운전자가 조작하는 것을「MT」, 자동으로 하는 것을「AT」라고 불러왔다. 예외적으로 클러치 등 특정 조작만을 자동화한 것도 있지만 운전자의 조작 면에서 본다면 변속단 선택을 항상 수동으로 하느냐, 않느냐가 문제이기 때문에 분류는 MT와 AT 2종류로 충분하다. AT이면서 변속단을 임의로 선택할 수 있는 기구를 갖춘 것도 있는데, 이것은「변속단 임의 선택식 AT」라고 부르면 된다.

「MT」,「AT」는 습관적으로 기구에 대하여 사용되는 경우도 적지 않았다. 알기 쉽게 말하자면 마찰 클러치 +평행축 기어식 변속장치=MT라는 구분이다. 그리고 현재 51페이지의 그림에서 하얀 사각 안의 형식을 가리켜서「AMT=Automated Manual Transmission」란 단어도 사용되기 시작하였다. 전체의 구성이 MT가 기본이라는 것, 또한 조작 면에서는 전자동변속을 기본으로 하면서 임의의 변속단이 선택 가능하다는 것으로 AMT라고 하는 것 같지만 운전자 입장에서 본다면「변속단 임의 선택식 AT」에 지나지 않는다. 따라서 본 특집 내에서는 AMT란 단어는 사용하지 않는다.

앞으로의 변속기는 어떻게 될까? 저연비에 기여할 수 있어야 한다는 것이 대전제이지만 그것은 필요조건에 지나지 않는다. 운전자의 조작 의도에 대하여 적절하게, 운전자가 자연스럽게 "편한 운전"을 할 수 있도록 반응을 나타냈으면 좋겠다.

한편으로는 우리들의 의식 그 자체를 바꿔갈 필요도 있을 것이다. 특히 MT를「기본」으로 자라난 세대는 어찌 보면 편안한 방향에 지나지 않는「단계별 변속」을「당연」한 것으로 여기고 있는 것은 아닐까? 연비절약을 위해서도, 운전성능 향상을 위해서도 토크의 끊김은 없는 편이 좋다. 현실적인 문제로, 기계적인 전달효율로는 뒤떨어지는 벨트 CVT가 실제 세계에서는 MT보다 고연비를 기록하는 경우도 적지 않다. 그것은 왜일까? 본 특집이 그런 변속기의 현재와 미래의 모습을 생각하는데 일조가 된다면 좋겠다.

Jatco JF010E 대형FF차용 벨트CVT

닛산 티아나, 프레사주, 무라노에 탑재. 3.5 ℓ 급에 배치되어 폭넓은 변속비와 고효율의 전달력을 자랑한다.

변속비	2.371~0.439
종감속비	5.173

01

진화하는 CVT

벨트식 CVT의 최신 동향

구조상 CVT의 기계적 전달효율이 MT나 AT보다 떨어지는 것은 사실이다.
그러나 실상을 보면 엔진 협조제어 기술의 진보 등으로 연비 면에서는 고효율인 것도 사실이며
그 보급률도 증가하고 있다. 우선 기계적 전달효율 향상의 시도를 파헤쳐 보자.

글: 치카다 시게루 · 사진: 세야 마사히로/ Jatco

CVT의 과제(Jatco)

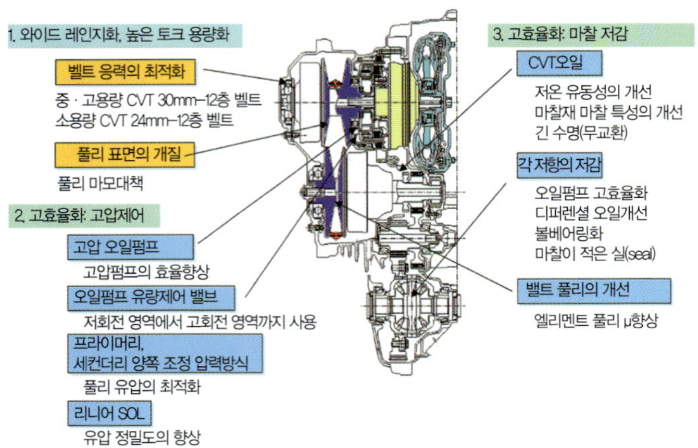

높은 토크에 대응은 물론, 앞으로의 기계적 과제는 새로운 변속비의 광역화와 철저한 마찰손실 저감에 있다. 특히 고속 주행시의 전달효율 향상이 요구되고 있는데, 이것이 CVT의 장래를 좌우할 것으로 예상된다.

발전하는, 토크의 고 용량화(Jatco)

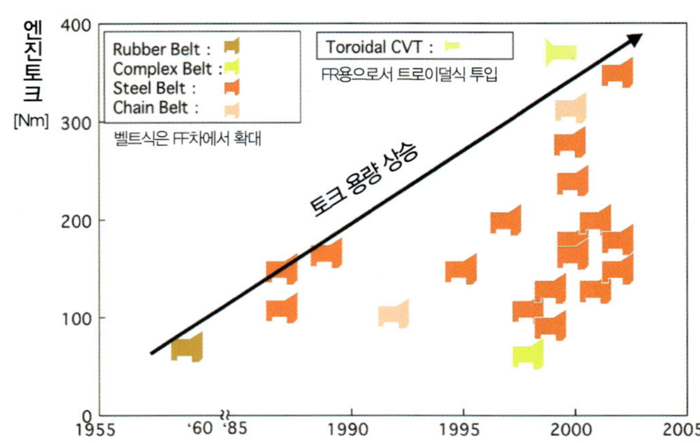

20년 전에는 배기량이 적은 자동차에만 적용했던 CVT지만 지금은 3.5 ℓ 급의 큰 배기량 자동차에도 적용하고 있다. 허용 토크 용량은 비약적으로 증가하는 추세이며 채택차종은 더욱 확대되어 갈 것으로 보인다.

AISIN AW XB-20LN 중(中)용량 CVT

1.8ℓ급에서는 세계 최경량을 자랑하는 소형 CVT. 도요타 카롤라, 루미온, 프레미오, 아리온에 탑재. 압력제어의 적정화를 꾀하는 등 효율을 철저하게 추구하여 4AT와 비교해서 고속 주행시 10%의 연비 향상을 달성하고 있다.

변속비	2,386∼0,411
종감속비	5,698

양산 자동차에 CVT의 채택은 후지 중공업이 자체 개발하여 1987년에 저스티에 탑재한 ECVT(전자 제어 전자 클러치식 무단변속기)가 세계 최초이다. 즉 CVT의 역사는 이미 30년이 다 되었다. 후지 중공업에서는 경자동차 등에도 채택을 확대하였지만 다른 메이커도 채택을 단행하여 CVT의 보급에 탄력을 받은 것은 10년 정도 전부터이다. 특히 실용 연비가 뛰어나 AT에 대신하는 자동변속기로서 주목받기 시작한 것은 극히 최근의 일이다.

초기에는 허용 토크가 약하고 기껏해야 1ℓ급의 엔진에 적응하는 것이 고작이었다. 또, 가감속시에 위화감을 느끼는 사용자도 많아 활발하고 부드러운 주행은 평가되었지만 토크 컨버터화 같은 크리프(creep)가 없었던 점에 익숙해지기 어려운 사람도 많아 시장에서의 인기는 높아지지 않았다. 「고무 밴드의 느낌」이라고 불리는 CVT 특유의, 엔진 회전속도만이 높아지고 가속이 따르지 않는다고 하는 위화감은 자동차 평론가들에게 특히 비난의 대상이 되었다. 하지만 기술의 발달은 하루가 다르게 전개되었다. 제어 기술의 혁신으로 이 문제는 적어도 고급 모델에 대해서는 해결되어 지금은 그 승차감에서부터 CVT인지, AT인지를 판단하는 것이 불가능할 정도이다. 이미 「고무 밴드의 느낌」을 거론하는 것은 "시대에 뒤떨어진 논의"라고 말해도 좋다.

허용 토크도 일반적인 양산 보급차라면 거의 모두(경자동차로부터 중형차까지. 다만 구조나 패키징의 형편상 가로배치 엔진 FF차에 적합하다)에 적응할 수 있을 정도로 개선되었다.

더욱이 엔진과 협조 제어의 진보는 일본에서와 같은, 비교적 발진과 정지가 많은 상황에서는 실용 연비가 뛰어나다는 장점을 낳았다. 최적 토크를 발생하는 엔진 회전속도를 유효하게 활용하면서, 주행 속도를 자유롭게 제어할 수 있다고 하는 CVT의 특성을 유감없이 발휘 할 수 있어 전체적으로 연비 향상에 기여할 수 있는 주행 조건이기 때문이다. 「기계적인 전달 효율이 반드시 좋은 것은 아닌데 실제 상황에서의 연비가 좋다」라고 하는 의문의 열쇠는 여기에 있다. CVT는 그 하나로만 표현되는 성질의 변속기가 아니고, 엔진과 협조나 사용환경 등과 합쳐 전체적으로 봐야 할 변속기이다.

운전자의 체감 측면에서는 중저속 영역을 위주로 유연한 출력 특성을 발휘하는 엔진과 조합한 것, 변속의 흐름이 재검토된 것 등이 이전의 가감속 위화감 해소의 주요인이라고 말할 수 있지만 무엇보다도 발진용 클러치에 소형의 토크 컨버터를 조합했던 것이 크다. 이것에 의해 이미 많은 이용자가 익숙하게 타던 AT차와 차이가 없는 사용감을 실현할 수 있었다고 말할 수 있다.

이러한 개량, 개선의 노력으로 특히 일본에서는 CVT의 채택이 확대되는 경향이며 자동차의 사용 실태가 일본과 비슷한 경향이 있는 미국에서도 증가 추세이지만 유럽은 다르다. 일본과 미국에서는 0.4G 정도의 발진 가속도가 요구되고 있는데 비해 유럽에서는 고속의 장거리를 주행하는 비율이 높기 때문에 요구되는 발진 가속도는 0.3G 정도이지만 보다 더 빠르고 유연하게 가속이 되는 점을 중시한다. 그 때문에 유럽 시장에서는 자동화 MT인 DCT의 보급이 선행하고 있는 것 같다. 그러나 무단변속기에서도 변속비가 연속적으로 가변되는 CVT의 장점은 유럽에서도 주목받고 있다고 한다.

물론 CVT에도 과제는 있다. 기본적으로 기존의 벨트식은 엔진 가로배치 구조 이외에는 적응이 곤란하고 고속주행에서는 기어식 변속기보다 전달효율이 떨어진다.

또 다단화 경향을 나타내는 AT에 대항하려면 변속비의 광역화도 필수이다. 어쨌든 CVT의 고효율화에 대한 개선은 멈추지 않을 것이다.

변속비 폭의 광역화, 고(高)토크 용량화를 위하여

다단화된 AT와 경쟁하려면 변속비 폭의 광역화는 필수적이다.
더욱이 CVT는 허용 토크를 높여 큰 엔진에 대응하는 것이 필수적이다.

글: 치카다 시게루 · 사진: 세야 마사히로/ Jatco/ SCHAEFFLER JAPAN

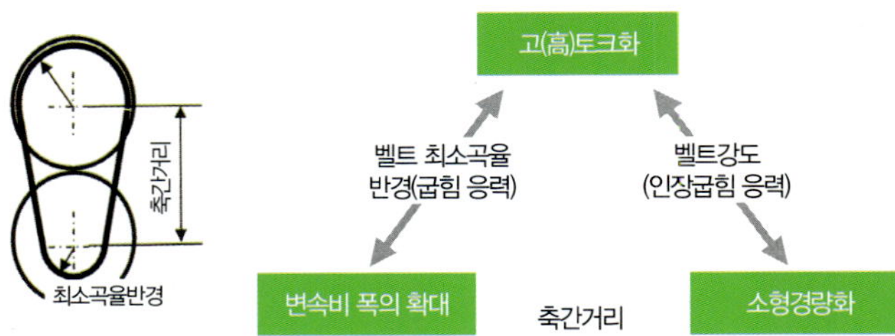

링에 발생하는 응력
굽힘 응력: 최소곡율반경의 크기
인장응력: 토크에 비례

BOSCH Push Belt(푸시 벨트)

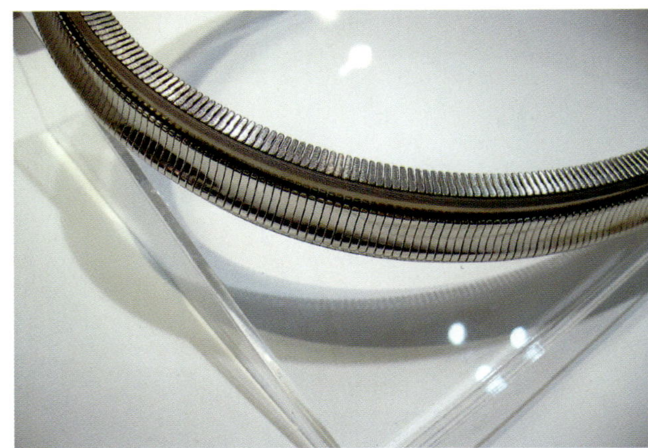

고강도 특수강의 얇은 판으로 된 다층 벨트에 고경도의 특수동의 엘리먼트를 배열하여 조립된 구조. 엘리먼트가 옆 엘리먼트를 누르기 때문에 푸시 벨트라 불린다. 이른바 벨트식 CVT에 일반적으로 이용되고 있는 「벨트」.

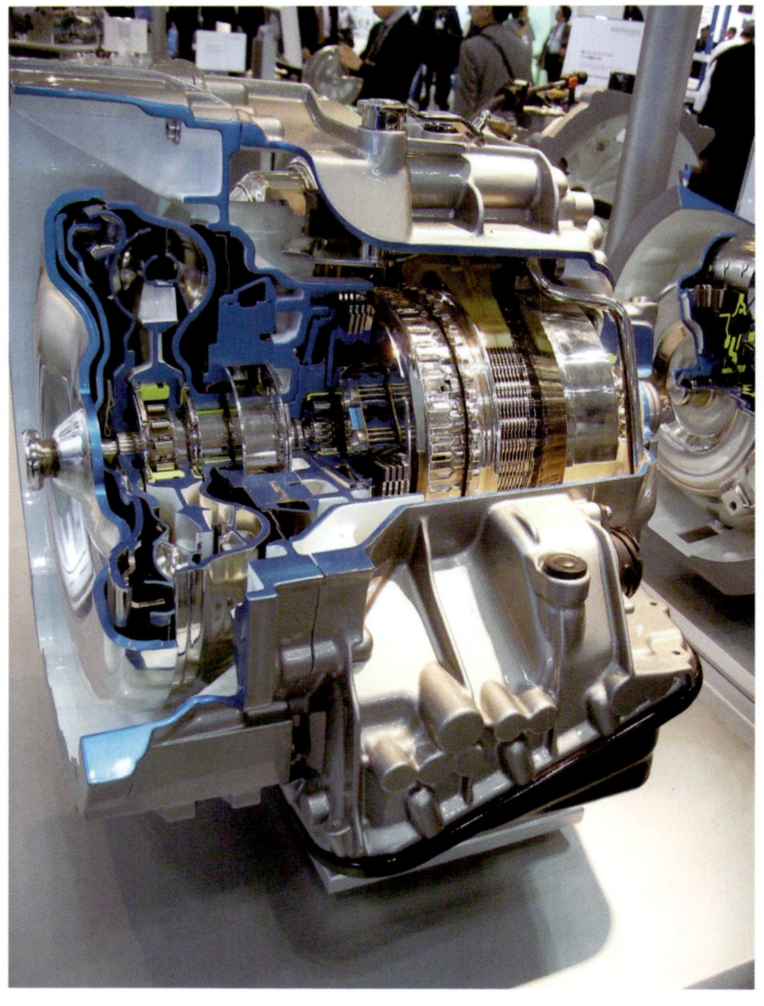

체인방식은 "비장의 카드"인가?

ZF-Batavia CFT30

ZF가 개발하고 바타비아가 생산한 링크 크로스 체인방식의 CVT로 이른바 「포드 에코트로닉」. CFT30은 일본에는 도입되지 않았고 2007년에 생산을 종료. 포드 에스코트나 C-MAX에 탑재된다. 허용 토크 용량이 250Nm, 변속비 폭 5.95인 CFT23은 일본시장에도 도입되었다.

변속비	2.47~0.41
종감속비	5.19

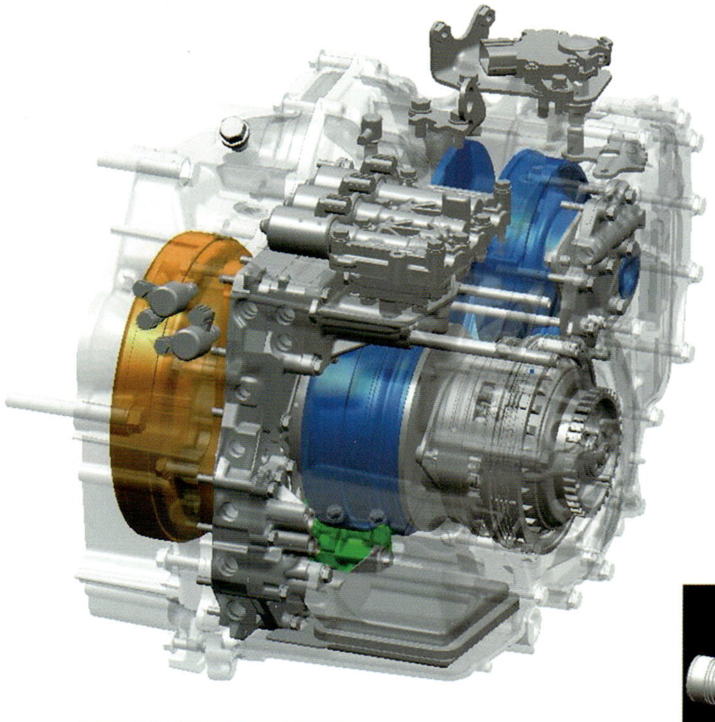

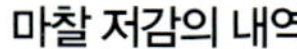

변속비	2.47~0.41
종감속비	5.19

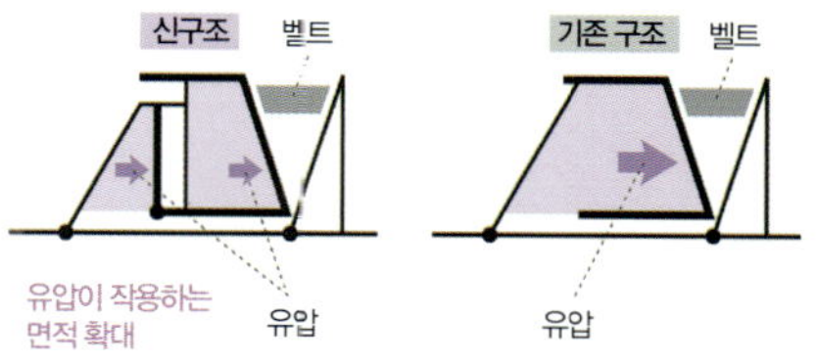

현행 피트계에 채택되고 있는 신구조의 멀티 매칭S. 전진용 클러치를 늘리고 가변 풀리의 유압 작용 면적을 확대시킴으로써 저유압화되면서 허용 입력 토크를 향상시켜 종합적으로 동력의 전달 효율을 높일 수 있었다.

최신의 Freed(자동차명)에서는 가동 풀리의 지지 베어링을 대형화시킴으로써 풀리 전체의 길이를 단축시켜 마찰손실을 낮추고, 스테이터 전체 길이를 단축하여 유압 경로의 집중화에 기여하여 효율향상을 모색하고 있다.

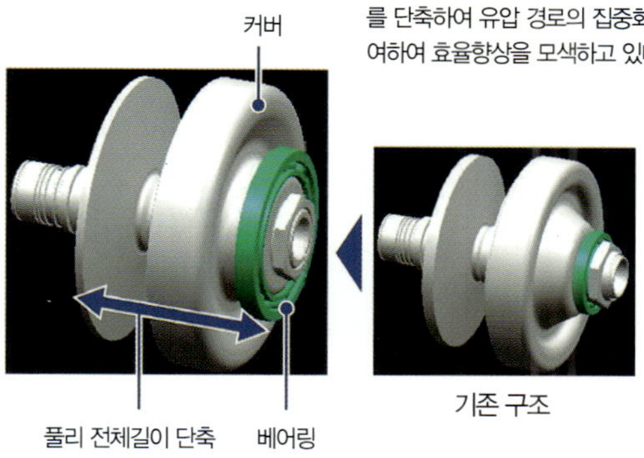

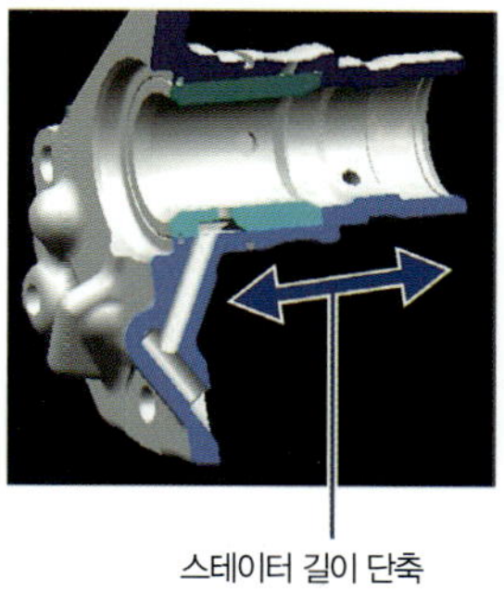

집중 오일 통로 구조도

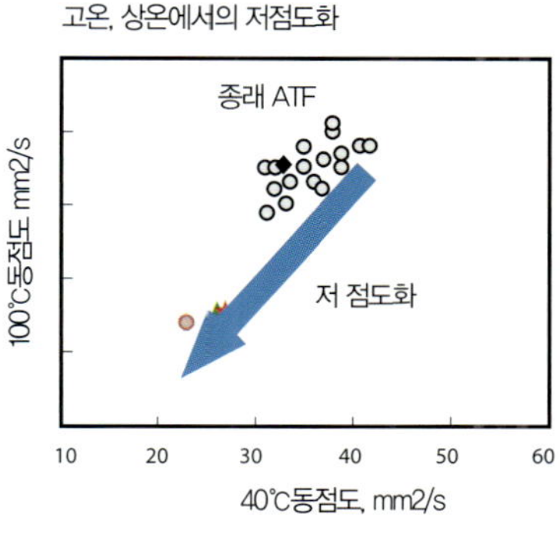

마찰 저감의 내역

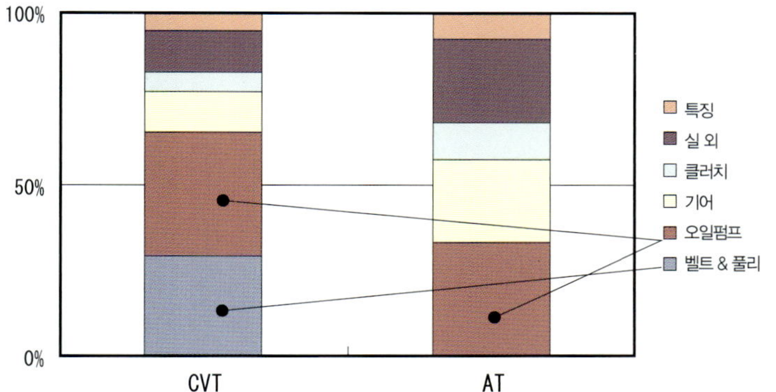

마찰의 내역을 백분율로 나타낸 것이다. CVT는 구조가 단순해서 실(Seal)에나 교반저항에 걸리는 손실은 적다. 그러나 높은 유압을 필요로 하는 벨트와 풀리에서의 마찰저항도 크다. 이런 것들의 개선이 향후의 기계적인 측면에서의 과제이다.

ATF 유체의 경향

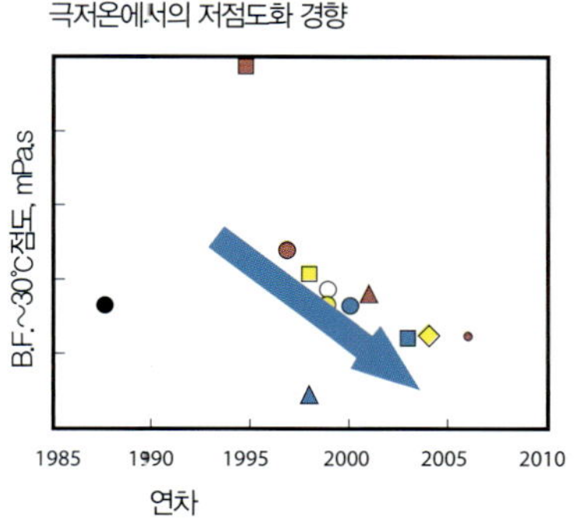

윤활 오일의 저점도화의 연구는 활발하다. 교반저항은 물론 각부의 마찰 저감을 위해서는 오일의 진화도 커다란 역할을 담당하고 있다. 오른쪽 그래프에 의하면 90년대 후반부터 저점도화의 경향을 간파할 수 있다.

CVT에 있어서 앞으로의 과제는 새로운 고효율화의 추구에 있다. 엔진과의 협조 제어로 자유로운 무단변속이 가능한 CVT만의 우위성을 살려 상당한 저속 영역까지 로크 업 작용이 가능하다. 나아가 엔진은 연소 효율이 뛰어난 회전속도영역을 활용하기 쉬운 CVT가 연비가 뛰어난 자동변속기라고 하는 이유이다.

단지 각부에 공급하는 작동 유압에 상당한 고압이 요구된다는 것이 마이너스 요인 중의 하나이며, 고속 주행시의 전달효율은 MT는 물론 AT에도 미치지 못한다. 그럼에도 고연비 = CVT라는 정평은 엔진과의 협조 제어와 발진, 정지가 많은 실용 모드에서 연비에 확실한 우위성이 인정되기 때문이다.

풀리에 작용하는 유압은 이미 피드백 제어를 거치면서 필요 최소한의 유압으로 처리하도록 제어가 실현되고 있으며, 각부의 마찰손실 저감이나 오일펌프의 고효율화와 오일 그 자체의 진화도 이루어져 전체적으로 CVT의 전달효율은 꽤 높아졌다.

그러나 앞으로는 벨트 그 자체의 진화도 포함하여 세부까지 세심한 배려가 필요하다고 생각된다. 기어비폭의 광역화에는 링크 플레이트 체인이 약간의 우위성이 있으며, 유압이 높은 만큼 오일펌프의 혁신과 고효율화가 필수임은 틀림없다. 파워 스티어링 펌프가 전기화(EPS) 된 것과 마찬가지로 전기식 오일 펌프 등의 채택도 생각할 수 있다. 또 고속시에 기계적으로 로크 업 되는 구조가 가능하다면 CVT는 최강의 변속기가 될 수 있는 가능성이 크다.

다이하쓰는 2006년 6월에 생산한 경자동차 「소니카」에 최초로 CVT탑재를 적극적으로 진행하고 있으며, 이 CVT는 신개발된 「인풋 리덕션 방식 3축 기어 트레인 구조」가 특징이다.

일반적으로 벨트식 CVT의 경우 전진시에는 엔진으로부터의 입력을 그대로 1차(구동) 풀리에 전달하여 금속 벨트와 2차(피동) 풀리로 구성되는 무단변속 부에서 변속한 후 1차 감속, 2차 감속을 거쳐 구동계통에 전달하고 있다.

벨트식 CVT는 구조상, 저속측과 고속측에서 변속비가 역수의 관계에 있으며, 전체적으로 고속의 경향이 된다. AT의 1단 기어비가 2.2~3.0 정도, 최고속단에서 0.7 정도인데 비해, CVT는 제일 낮은 상태에서 2.2~2.3 정도, 제일 높은 상태에서 0.5 이하이다. 이 상태에서 AT와 같은 구동력을 확보하려면 유단 AT보다 큰 기어비로 감속해야 한다. 2단계에 걸쳐 감속하는 이유는 그 감속비를 얻기 위함이다.

이에 비해 다이하쓰의 CVT는 1차 풀리의 앞에서 1차 감속(기어비=1.492)을 함으로서 풀리 이후 회전체의 회전속도를 낮추었다. 이에 따라 축이나 풀리의 등가 관성을 낮추고 또 원심력에 의한 벨트의 전달손실을 낮춤으로써 전달효율을 향상시키고 있다.

또 하나의 특징은 통상의 4축 구성에서 3축 구성으로 바뀐 것이며, 세로배치 FF의 경우 AT에서는 입력축→역전(변속부)→감속부의 3축으로 구성할 수 있다. 그러나 2개의 풀리가 동일 방향으로 회전하는 벨트 CVT에서는 정회전(입력축 & 1차 풀리)→2차 풀리→역전(일차 감속)이 되기 때문에 2차 감속용을 겸하는 축을 추가로 설치하여 정방향으로 되돌릴 필요가 있었다.

반대로 다이하쓰 방식에서는 1차 감속과 동시에 유성기어에서 역전시키기 위해, 역전(1차 감속 & 1차 풀리)→역전(2차 풀리)→정회전(2차 감속 & 출력)의 3축으로 구성하였다. 이에 따라 회전체 만큼의 부품수를 저감시켜 마찰과 가격의 저감을 실현하고 있다.

그야말로 콜럼버스의 달걀과 같은 발상의 전환이지만 개발을 담당한 시마모토씨에 의하면 「원래 3축 구성을 고집했던 것은 아니다」라고 말한다. 최대의 주제는 회전하는 질량체의 경량화였다고 한다.

예를 들어 금속 벨트의 중량은 1kg 정도지만 기본 토크가 작고 고속회전의 영역을 많이 사용하는 경자동차에 있어서 회전속도의 상승으로 발생되는 각부의 마찰 증대는 매우 큰 부정적인 요인이며, 회전 관성 질량은 2제곱으로 증가한다.

회전속도를 낮출 수 있으면 구성부품의 경량화를 꾀할 수 있으며 나아가 회전 관성 질량이 작아지는 연쇄작용을 기대할 수 있고, 직접적으로 벨트부분의 손실 저감에 의한 전달 효율의 향상도 노릴 수 있다.

그렇게 되면 회전속도를 낮추기 위해 입력시점에서 1차 감속을 하면 된다는 발상에 이르는 것은 어떤 의미에서는 자연스러운 흐름이기도 하다.

01

다이하쓰 3축 CVT │ 경자동차용 CVT

글 : 마쓰다 유지 · 사진 & 그림 : DAIHATSU/MFi

차체 전방에서 본 상태의 파워 패키지. 엔진은 탄토(자동차명) 등에 탑재한 KF형 3기통. 케이싱은 종래형 AT와 마운트 위치 공용화 요건을 해결하면서 엔진과의 결합 강성을 높이는 데 주안점을 둔 설계가 적용되었다.

시마모토 마사오
다이하쓰공업주식회사 드라이브트레인부 드라이브트레인계획실 주담당 과장

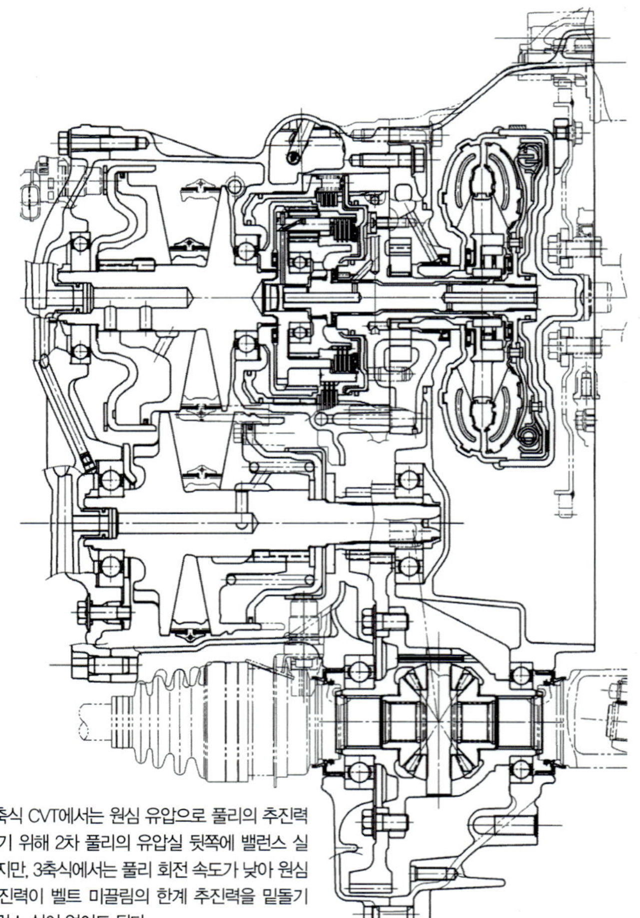

단면도. 4축식 CVT에서는 원심 유압으로 풀리의 추진력을 조정하기 위해 2차 풀리의 유압실 뒷쪽에 밸런스 실을 설치했지만, 3축식에서는 풀리 회전 속도가 낮아 원심 유압의 추진력이 벨트 미끄럼의 한계 추진력을 밑돌기 때문에 밸런스 실이 없어도 된다.

초기에는 유성기어가 아닌 감속기어를 단순하게 1차 풀리의 앞 쪽에 배치하는 구성도 검토하고 있었다. 외접 기어로 전진→역전→역전→전진이라고 하는 패턴이지만 검토 과정 중에 전진/후퇴 절환용 유성기어를 풀리의 앞에 배치하여 효율을 높이고자 하는 발상에 이른다. 이렇게 하면 감속도 역전도 할 수 있을 뿐만 아니라 부품 수도 줄일 수 있으며, 가격에 민감한 경자동차에 대해서는 이 점이 중요한 요소이다.

다만 그 댓가도 작지는 않았다. 이전의 CVT에서 유성기어는 통상 전체를 로크하고 있어 후퇴 때만 차동된다. 그러나 다이하쓰 CVT는 유성기어의 캐리어를 고정시키고 선 기어와 피니언 기어로 역전을 만들어 그 회전을 링 기어로부터 풀리로 출력시키고 있다. 즉, 유성기어가 상시 차동하고 있어 그 강도와 내구성의 확보가 불가결한 요소가 되기 때문이다.

시마모토씨는 개발 과정을 되돌아보면서 「이 CVT의 개발은 즉, 유성기어의 개발이었다고 말해도 과언이 아

닙니다」라고 자랑한다. 유성기어는 선 기어 잇수 65개, 피니언 기어 잇수 16개의 구성. 즉 엔진이 7,000rpm일 때 피니언은 약 28,000rpm으로 회전한다. 또한 인풋 리덕션의 제약상 선 기어의 잇수와 링 기어의 잇수 비율이 AT의 그것 보다도 작아진다.

결과로서는 상대적으로 피니언 기어의 지름이 줄어들기 때문에 피니언 기어의 니들베어링에 대한 강도 확보가 어렵게 된다.

최종적으로, 케이지 & 롤러의 니들을 고회전 사양으로 함과 동시에 베어링 소재, 윤활유 양을 개선시킴으로써 내구성을 확보하였다.

또, 상시 차동하는 유성기어의 소음·진동(NV) 대책을 위해 선 기어에는 질화 처리를, 유성기어에는 이의 연마를 채택함으로써 기어의 정밀도를 향상시켰다. 그 밖에 감속함으로써 증대되는 입력 토크에 대응하기 위해 벨트의 강도 확보라고 하는 노력도 있었다.

결과적으로 완성시킨 신형 CVT는 연비 성능에서 자

사의 AT대비 15% 정도의 향상을 이룩하였다. 감속시의 연료 차단 영역의 확대와 토크 컨버터의 로크 업 영역 확대가 개선되었다.

또 4축식과의 체적비에서 약 8%의 저감을 달성하였으며, 경자동차의 엔진설치공간이 작은 데다가 요즈음에는 보행자 보호 요건 때문에 파워 패키지의 높이 방향의 치수를 가능한 한 작게 한다. 체적 저감에 의해서 차량 패키지의 자유도를 높일 수 있었던 점도 3축 구성의 채택에 큰 이점이 되었다.

판매 대수가 많아 일상생활의 발로서 주로 사용되는 경자동차야말로 작은 효율의 개선이 사회 전체에 미치는 영향은 크다. 「덕분에 고객으로부터도 예상 이상의 호평을 받고 있으며, 여성 이용자에게서는 변속 충격이 없어 만족스럽다는 말도 듣고 있다. 그렇다고는 해도 예를 들어 고속정지 연비 등의 측면에서 아직도 개선의 여지가 있어서……」라고 말하는 시마모토씨에게는 다음의 과제가 분명히 보이는 것 같았다.

▶ 인풋 리덕션에 의한 3축 기어 트레인 화

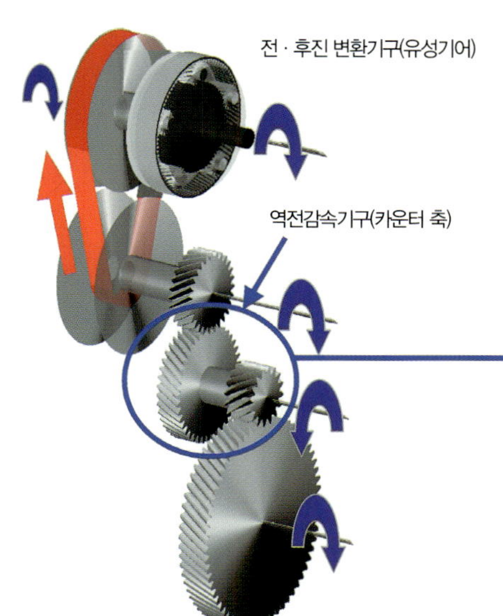

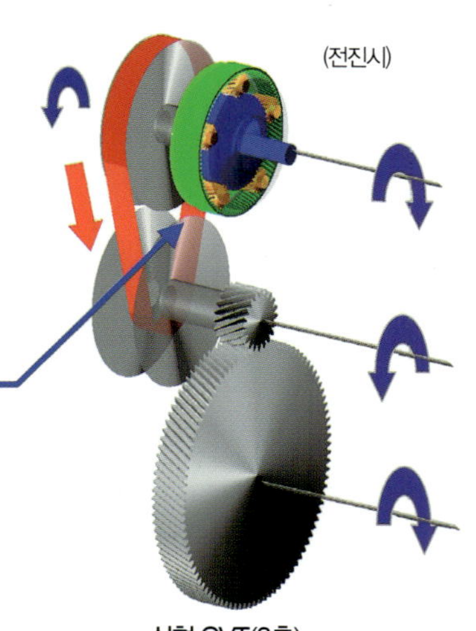

기존 CVT 사용 경자동차는 특히 무과급 엔진인 경우, 고속에서의 가속감각에 불만이 많았다고 한다. 구조 상 회전속도 상승함에 따라 벨트부분의 전달손실 등이 커지기 때문이다. 이것을 해결하기 위해 회전체의 질량을 줄이려는 개발이 시작되었다. 1차로 감속하고 나서 변속기로 입력시키면, 그 이후의 각 기구 쪽 회전속도를 줄여 관성질량을 줄일 수 있다는 점에 착안한 것이다. 입력 축과 동일 축 상에 배치한 유성 기어의 동작을 통해, 1차감속을 하는 동시에 회전방향을 반대로 해 기존의 4축보다 1축이 적은 3축으로 바꾸었다. 변속비는 최대2.230, 최소 0.421이다. 구성부품 수를 줄이는 등의 효과를 통해 단독 중량이 58kg(윤활유 포함)까지 줄어들었다.대응 토크 용량은 103Nm, 과급엔진에 대한 대응을 고려해 설정한 값이지만, 앞으로의 개발여하에 따라 리터급 정도까지 사용할 수 있을지 여부가 기대된다.

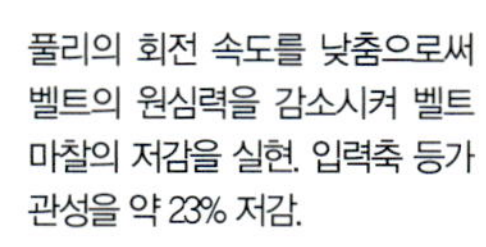

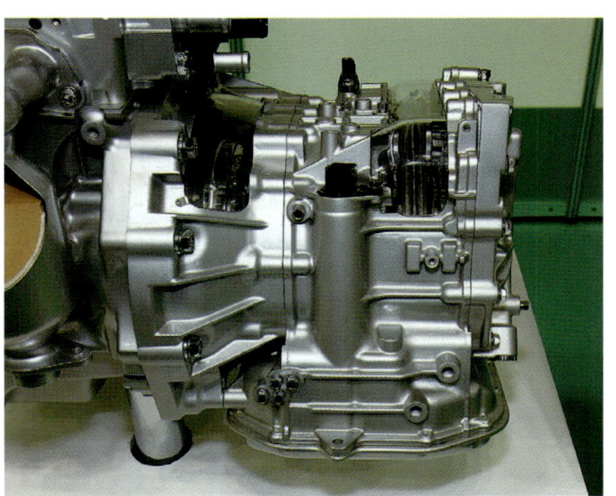

하우징은 3분할 구조. 가속시의 NV개선이 주된 목적으로서 파워 유닛 전체적으로 휨 강성의 향상에도 유의했다. 구체적으로는 엔진 결합 부분의 이음면적을 증가시키기 위해 기계적으로는 불필요한 체결 점을 두어 대응.

풀리의 회전 속도를 낮춤으로써 벨트의 원심력을 감소시켜 벨트 마찰의 저감을 실현. 입력축 등가 관성을 약 23% 저감.

토크 컨버터의 로크 업 영역도 AT에 비해 대폭적인 확대를 실현. 조작의 직접적인 감각과 연비의 향상에 기여하고 있다.

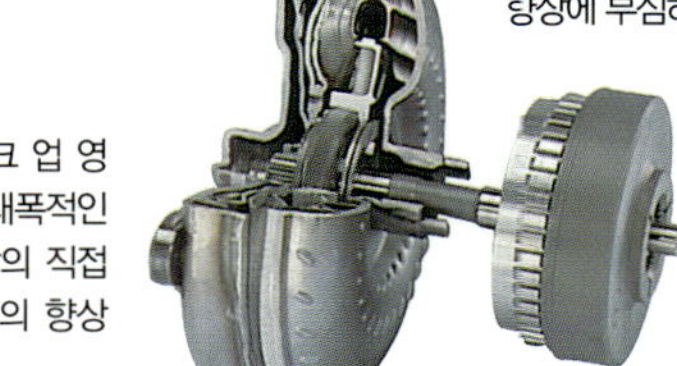

벨트는 24mm 폭, 약 400개의 엘리먼트로 구성. 1차 감속에 의해서 증대되는 입력 토크에 대응하기 위해 강도의 향상에 부심하였다.

현실 세계에서 "정상"이란 존재하지 않는다
운전자 심리와의 연대가 연비 향상의 열쇠

메카트로닉스 분야에 속하는 AT의 「효율」은 단순한 기계 부분만으로 결정되지 않는다.
오히려 효율에 미치는 영향이 큰 것은 인적 요인과 「반응이 빠른」 제어 논리이다.

글: 마쓰다 유지 · 사진 & 그림: Jatco/NISSAN

설정 차종의 수가 다르므로 단순 비교할 수는 없지만 닛산의 경우 판매 대수에서 차지하는 CVT 탑재 자동차의 비율은 일본이 55%(9차종), 미국이 38%(6차종), 유럽 4%(2차종)로 되어 있다. 기구 부분의 변경 없이 변속비를 설정할 수 있다고 하는 장점을 살려 모든 지역에서의 점유율 확대를 목표로 한다. 그림은 판매지마다 요구되는 성능에 부응한 변속비 설정의 기본적인 사고. 빨갛게 표시한 부분은 각각의 시장에서 중시되는 특성을 나타내고 있다.

AT는 MT보다 연비가 나쁘다는 것은 절반의 "상식"으로 여겨져 온 일이다. MT가 감속 기구로 사용하는 헬리컬 기어에 비해 일반적인 AT에 사용되는 유성기어의 전달 효율이 뒤떨어지는 것과, 토크 컨버터에 의해서 에너지의 일부가 열로 변환되는 손실을 그 이유로 들 수 있었다. 다시 말한다면 MT에 비해 변속기 전체의 중량이 증가된 점에도 기인하고 있을 것이다.

그러나 그 "상식"은 과거의 것이 되고 있으며, 사용자의 실주행 연비에 대해 MT 자동차와 동등하기도 하고, 조건에 따라서는 AT 자동차의 연비가 MT 자동차를 웃도는 경우가 생기고 있기 때문이다. 현재는 MT로 설정되어 생산되는 차종 자체가 극단적으로 줄어들었기 때문에 광범위한 샘플을 선정하기 어렵지만 62페이지 중간 오른쪽에 게재된 캐슈카이(일본 시장에서는 듀아리스)의 연비 데이터가 그 일례이다. 벨트식 CVT의 전달효율은 유성기어보다 한층 더 뒤떨어진다. 그럼에도 불구하고 실효 연비는 향상된다…….도대체 무슨 일인가?

사실 그대로 말하자면 배경이란 것은 「제어 방법 및 제어 기술의 진화」가 된다. 예를 들어 토크 컨버터에서는 「슬립 제어」의 실현이 실효 연비의 개선에 크게 공헌하고 있다. 간단하게 말하자면 로크 업 클러치의 체결 압력을 엔진 토크의 변화량에 대응시켜 슬립 상태를 직선적으로 조정하는 제어이다.

토크 컨버터는 본래 자동차가 움직이기 시작한 시점에서 로크 업되기 때문에 상관없을 것 같지만 실제로는 차속이 30km/h 정도 이하에서는 슬립 상태를 유지하는 것이 일반적이었다. 이유 중 하나는 연료의 차단. 근대의 자동차는 연비 개선을 위해 감속 시에는 연료를 차단하고 있지만 극저속에서 토크 컨버터를 로크 업하고 있으면 생각지도 못한 급정지 상황에서 엔진 정지의 위험성이 있기 때문에 안전을 고려하여 약간 높은 속도로 설정하고 있다. 또한 엔진의 진동이 발생되기 쉬운 저속 영역에서는 토크 컨버터의 슬립으로 진동을 감쇠시키는 것도 목적이다.

토크 컨버터 자체는 기본적으로 로크 업시켜 두고 로크 업 클러치의 슬립에 의해서 엔진 정지를 피하여 진동을 감쇠시키는 것이 슬립 제어이며, 이것에 의해 로크 업 영역을 저속 영역까지 확대할 수 있게 되었다. 저속 영역에서는 타이어의 회전 자체로 엔진 정지를 방지하여 연료의 차단 영역을 확대시킴으로써 연비를 개선시킨다.

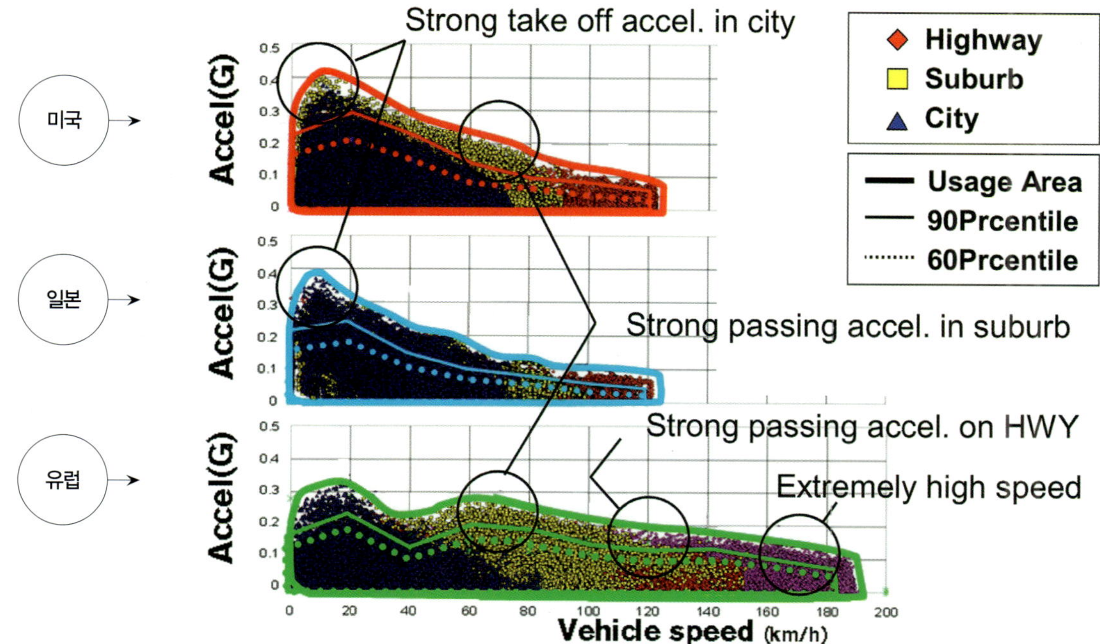

미국, 일본, 유럽 각각의 시가지, 교외, 고속도로에서의 운전패턴을 조사하여 운전자가 속도 영역마다 많이 사용하는 가속의 경향과 분포를 나타낸 데이터이다. 미국과 일본은 비교적 닮은 경향이 있으며, 유럽은 고속영역을 많이 사용한다는 사실과 속도 영역마다의 특징적인 경향을 파악할 수 있다. 이 데이터를 분석하여 보편적으로 요구되는 요소와 사용 지역마다 나누어야 할 요소를 검토한 다음, 새로운 변속 패턴의 논리로 활용해 왔다.

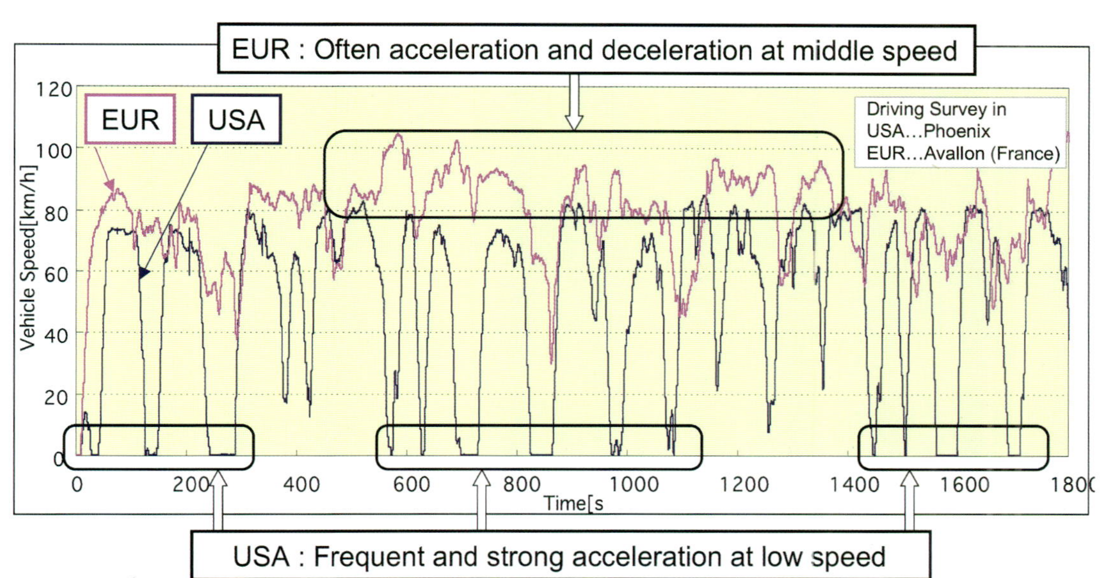

미국과 유럽 각각의 교외 지역에서의 주행 패턴 샘플. 미국은 피닉스, 유럽은 프랑스의 아발론에서의 조사. 대체적인 경향으로는 공통점도 많지만 유럽에서는 중속 영역(이라고 해도 80km/h 정도부터 그 이상)에서 자주 가감속을 행하는 경향이 있고, 미국에서는 저속 영역에서 빈번하게 강한 가속을 행하는 경향이 있음을 알 수 있다. 각각의 운전 특성에 따라 유효한 변속비의 튜닝에 반영한다.

특히 정지와 출발이 빈번하여 정체가 심한 도시지역에서는 유효한 제어다.

이러한 제어 「기구」의 진화에 가세하여 변속 패턴자체의 변화도 연비 향상에 크게 기여하고 있다. 각 사의 엔지니어들을 취재하던 중 가장 인상적이었던 말은, 「현실 세계에 "정상"은 존재하지 않는다고 하는 당연한 일을 전제로 제어를 생각하게 된」 것이었다.

AT에 비해 MT의 연비가 좋은 편이라는 이유는 기계적인 면만이 아니고, 「운전자의 의도에 대해서 항상 충실한 가속도를 얻을 수 있는」 점이라는 것을 알아 둘 필요가 있다. 운전 중에 「가속하고 싶다」라고 생각하면 필요한 가속도를 대략적으로 상정하면서 가속 페달을 밟는다. 그 반응으로서 느껴지는 가속도가 기대치 대로라면 상태를 유지하면서 설정한 속도와의 차이를 확인

하고 밟기 정도를 조정한다. 그러나 가속도가 기대치를 밑돈다면 가속 페달을 좀 더 밟는다. 그런데도 부족하면 하향변속하여 대부분의 구동력을 사용하여 유효한 가속도를 얻는다.

과거의 AT에서는 단지 이만큼의 요구를 충족시키는 것조차 어려웠다. 정상 주행으로부터 가속하려고 가속 페달을 밟아도 그 양에 따라서는 아무 변화도 일어나지 않을 때도 있었다. 엄밀하게 말하면 토크 컨버터의 로크 업이 풀려 엔진 회전속도가 높아지고 토크의 증폭 효과를 이용한 가속 체제로 들어섰는지도 모르지만 때때로 그 정도가 운전자의 기대치에 미치지 못했다. 하지만 이렇다 하여 한층 더 가속 페달을 밟으면 이번에는 급격히 엔진 회전속도가 높아지면서 하향변속이 일어나고 차속이 증가된다. 그러나 대부분의 운전자는

이 단계에서 가속도를 평가하지 않으며, 본래의 「기대치」로서 가지고 있던 가속도와 차체의 가속도가 동시에 이루어진 시점에서는 이미 실제의 가속도 쪽이 크게 상회하게 된다. 가속 페달을 놓아도 때때로 기대하는 감속도를 얻을 수 없다. 어쩔 수 없이 브레이크 페달을 밟아 차속을 조정하게 된다.

이렇게 하여 연비가 악화된다. 다시 말한다면 엔진으로부터의 토크를 관리하는데 있어서 토크 컨버터가 「너무 편리하다」는 것도 이 경향에 박차를 가하고 있었다는 것이 필자의 견해이다. 바꿔 말하자면 운전자의 요구에 부응하는 또는 가속 상태에서의 엔진음(혹은 회전속도)과 가속도의 선형성의 차이가 MT와 AT의 연비 차이에 관한 큰 요인의 하나였을 것이다. 이론상에서 추구되는 「효율의 향상」에 이러한 운전자의 심리가

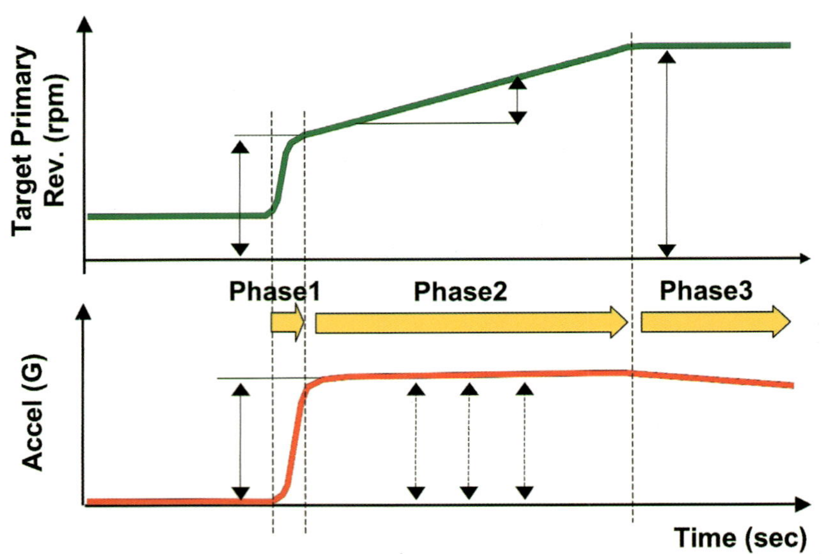

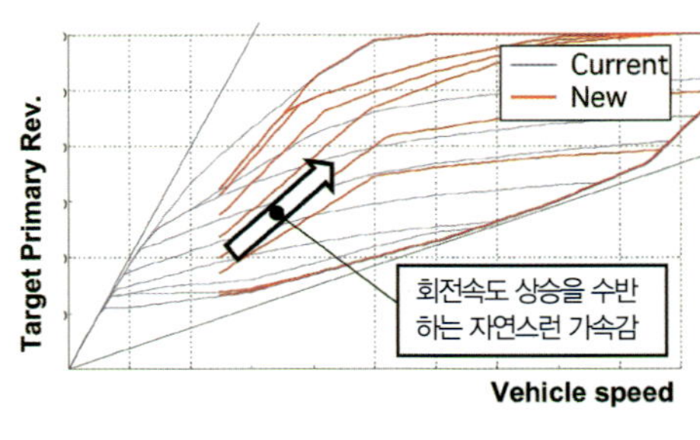

왼쪽 그림에 나타낸 형상의 차이가 운전자의 심리를 만족시키기 위한 엔진 회전속도와 가속도의 매칭에 대한 검토 결과이다. 그것을 기초로 phase 1에서 3까지의 요인을 통합해 새로운 제어 논리를 구축하고 실제 가속시 변속 패턴에 반영한다. 조금 신경이 쓰이는 것은 취재 시에 운전자의 정보가「엔진 회전속도」로서 알려지고 있다는 점. 가속 페달의 밟기에 대한 차체의 반응, 혹은 가속의 꽉 차는 느낌과 같은 것도 꼭「좋은 운전을 위한 논리」의 구축을 위해서 검토했으면 좋겠다.

CVT 자동차의 가속 "느낌"을 연출하기 위한 주요인. 운전자의 조작에 대해 가속의 실감으로서 주어져야 할 정보를 3단계로 설정. phase 1에서는 가속도에 앞서 엔진의 회전속도를 높게 올리고 phase 2에서는 가속도를 거의 일정하게 유지하면서 엔진의 회전속도를 높인다. 목표속도에 도달하면, 가속도를 완만하게 떨어뜨리면서 엔진 회전속도를 일정하게 유지한다.

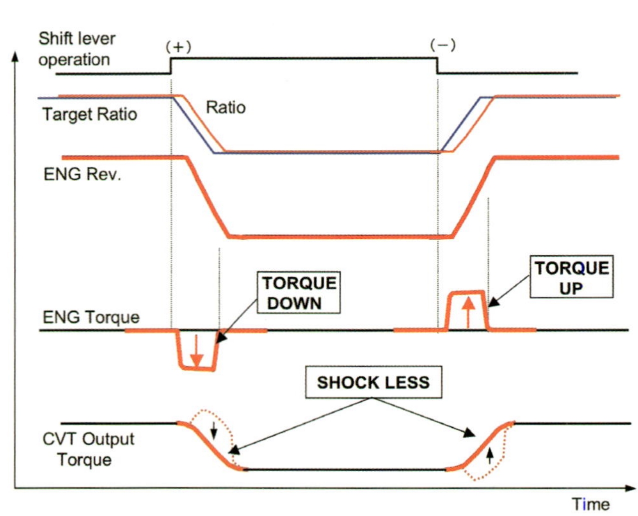

CVT의 매뉴얼 조작시, 엔진과 협조 제어의 방법을 표시한 그림. 좌측의 골짜기처럼 들어간 곳이 상향변속 오른쪽의 산처럼 올라간 부분이 하향변속시를 나타낸다. 변속 과정에서 목표 변속비와 실제 변속비의 사이에는 미묘한 러그(Lug)가 발생한다. 그것을 위화감으로서 남겨두지 않기 위해 실제 엔진 회전속도와 별도로 엔진 토크를 의도적으로 증감시키고 변속비의 러그가 없어진 시점에서 되돌려 줌으로써 변속 충격을 줄일 수 있다. 이 과정에서 변속 동작 그 자체의 위화감에 대한 평가도 알고 싶은 점이다.

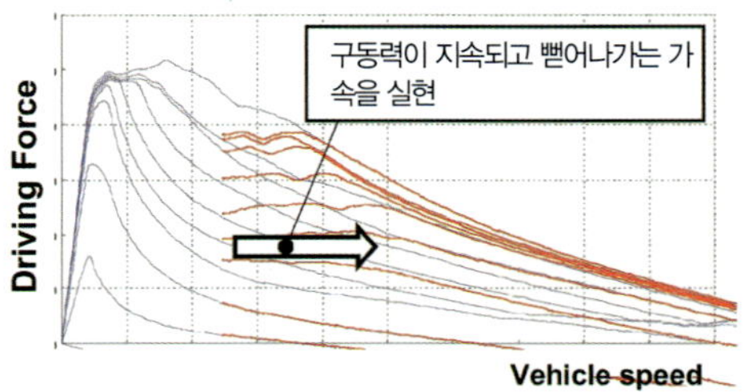

지금까지 나타낸 연구와 검토로 구축된 새로운 CVT 제어 로직의 도입에 의해서 변속비의 사용법이 어떻게 바뀌었는지를 나타낸다. 파란 선이 이전의 로직이고 빨간 선이 새로운 로직. 초기단계의 차속 상승시간이 단축된 것과 (phase 1과 2) 구동력의 변동이 감소되고 있는 것을 읽어낼 수 있다.

포함되지 않는다면 현실 세계에서의 연비 향상에 기여할 수 없음은 당연하다.

제어계가 전산화되어 어떤 의미에서는「뭐든지 할 수 있게」되었지만 그렇다고 해서「어떻게 하면 좋을지」알 수 있게 된 것은 아니다. 전자 제어 부품 특성의 결함이지만 AT의 변속 패턴에 대해서도 전자제어화된 당초에는「보다 세밀하게, 폭 넓게 대응한다」라는 방향으로 논리가 세워졌다. 당연히 빈번한 변속 경향이 나타나고 운전자가 바라지도 않은 변속을 위해서 에너지가 낭비된다고 하는 본말이 전도된 결과에 빠지기 십상이었다.

그렇다면 현실 세계에서는 무엇이 일어나고 있었는가? 실제 도로상에서 운전자가 조작하는 경향으로부터의 요구를 분석해 보면 일본과 미국은 비교적 닮아 있고 유럽에서는 다른 특성이 요구되는 것을 알았다.

예를 들어, 일본과 미국에서는 도시지역에서 정지와 출발이 많은 점 때문에 강한 발진력이 요구되는 경향이 있으며, 구체적으로는 0.4G 정도까지의 가속도가 사용되고 있음을 알 수 있다. 또, 하향변속으로 추월할 때에도 큰 가속력이 요구되는 경향이 있다. 미국에서는 킥 다운을 동반하는 수준이 바람직하다는 경향도 볼 수 있다.

일본에서는 앞의 속도 영역의 너무 급격한 가속은 상용되지 않지만 미국에서는 교외 수준의 속도 영역에 도달하여도 강한 추월 가속이 요구된다. 이 점은 유럽도 마찬가지지만 변속 동작을 동반하지 않고 엔진의 토크로 가속해 나가는 것이 바람직하다고 한다. 말하자면 MT처럼 운전하고 싶다는 요구가 강하다. 유럽에서는, 고속도로에서 120km/h를 넘는 속도 영역에서의 추월 가속도 많이 하고 또 160km/h라고 하는 속도 영역에서 사용되는 시간이 길다는 것도 확인되었다.

다음으로 운전자는 AT의 변속과정에서 어떠한 정보를 실감했을 때「기분이 좋다」라고 느끼는지를 조사 분석한 결과로서 시간 영역을 3단계로 나누었다. 우선, phase 1은「가속의 페달을 밟는 순간의 정보」, 가속하고 싶다고 하는 자신의 의지에 대해서, 자동차가 확실하게 응답하고 있다는 실감이다. phase 2는 정보가 있고 난 후의 실제 가속의 정도로서 가속도와의 매칭 단계이다. 그리고 phase 3은 목표 속도에 도달했을 때의 엔진 회전속도이다.

각각의 단계에서 자동차로부터 어떠한 정보를 얻으면 편하게 느껴지고「고무줄 같은 느낌」이라고 불리

▶ 유단AT의 개선을 목적으로 하는 변속제어

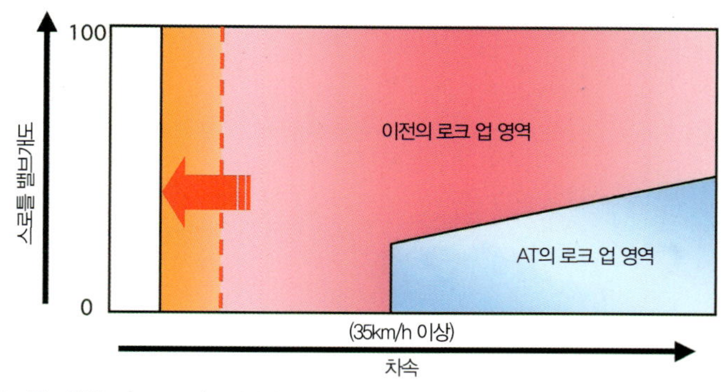

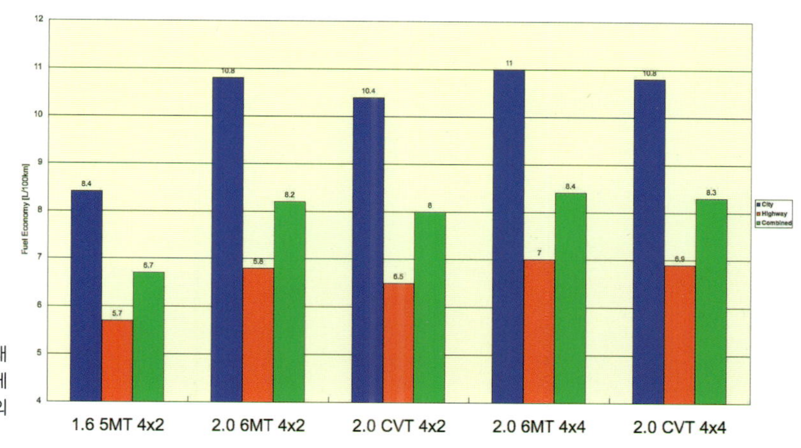

AT에서 가속 페달의 조작과 그에 대응하는 변속 제어 방법을 나타낸다. 주행 중에 「정상」은 없다라는 생각을 기초로 하여 왼쪽 그림에서는 운전자의 기대에 대해서 직선적인 반응의 기본적인 사고법을 나타내고 있다. 오른쪽 그림에서는 운전자의 조작에 대한 「반응」을 상쾌함으로 표시했을 때의 방법. 단순한 이익만이 아닌 선형성이 중요하다는 점으로부터 CVT의 제어와 기본을 같이 하는 요인을 읽어낼 수 있다.

▶ CVT의 로크 업 영역 확대와 실제 연비향상의 효과

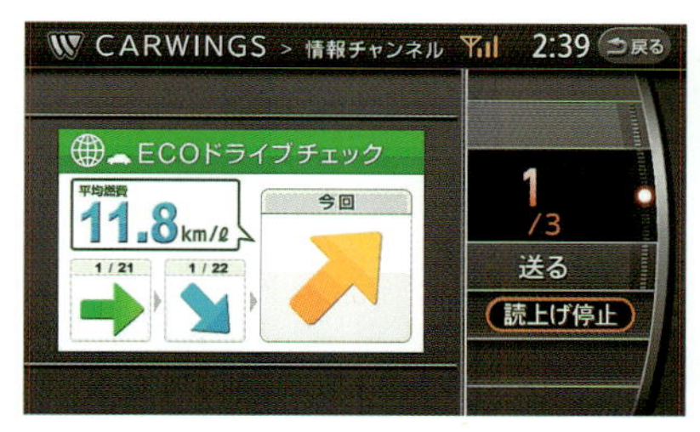

CVT를 포함한 AT는 로크 업 클러치의 슬립제어 등의 효능에 의해서 토크 컨버터의 로크 업 영역의 확대를 도모하고 있다. 특히 CVT에서는 감속 중에는 상당한 영역에서 연료 차단이 이루어지고 있다. 이것에 의해서 실효 연비의 대폭적인 개선을 실현하였다. 오른쪽은 유럽 시장에서의 캐슈카이의 연비 데이터의 비교로서 CVT가 MT를 웃돌고 있다.

※청색이 City, 적색이 Highway, 녹색이 Combined를 나타내고 있다. 세로측은 연비(100km/ℓ).

▶ 내비게이션에 의한 연비 향상의 효과는 크다.

[당신도 에코 운전자]라는 내비게이션의 화면표시 요소, 음성안내 및 내비게이션 표시에서는 서비스 이용시의 평균 연비와 이전의 평균 연비를 비교한 연비의 경향, 과거 2회의 연비의 경향, 지난 달의 자차 평균 연비, 같은 차종을 사용하고 있는 다른 카윙스 회원의 연비를 비교한 지난 달의 월 평균 연비 랭킹 등이 제시된다. 또, 지난 달의 평균 연비를 유지했을 경우에 1년 동안 절약할 수 있는 가솔린 비용의 기준은 매우 직접적으로 효과가 있는 항목길 것이다. 나아가 음성 안내로 연비 향상에 도움이 되는 원포인트 어드바이스도 제공된다.

는 직선성이 희박한 상태를 줄일 수 있는지를 검토하여 CVT의 새로운 변속 패턴 로직에 반영시켰다. 변속비의 설정이 프로그램의 변경만으로 자유롭게 바꿀 수 있는 CVT의 장점을 살려 미묘한 튜닝이 실현될 수 있기 때문에 각 사용지에서의 호평을 얻고 있다고 한다.

다만 중요한 것은 아무리 제어 기술이 진화하여도 변속기 하나만으로 완성되기에는 한계가 있다.

「협조 제어가 실현되고 나서, TCU는 ECU로부터의 명령을 신처럼 받들어 제어하고 있지만 자세히 조사해 보면 실은 명령에 상당한 러그(Lug)가 있었다.

외부의 소음을 감소시키기 위해 필터링으로 정밀도를 높이는 노력도 했지만 현재의 통신버스 구성으로는 한계가 있었다. 순간적으로 발산하는 경향을 정말로 발산되는지 쫓아가보면 대부분의 경우는 아무 일 없이 수습되고 있었다」라고 말하는 엔지니어는 「어느 시기부터는 제어에 한계가 있다는 점을 인정하여 가능한 한 간단하게 만드는 것을 유의하고 있다」라고도 말한다. 이것도 앞으로 AT제어에 있어서 중요한 키워드가 될 것이다.

마지막으로 재미있는 에피소드를 소개하고자 한다. 닛산이 순정 카 내비게이션을 장착한 사용자용으로 제공하고 있는 ITS 서비스 「카윙스」에서는 EMS(에코 드라이 매니지먼트 시스템)의 일환으로서 2008년 2월부터 「당신도 에코 운전자」라고 칭하는 서비스를 전개하고 있다. 이 서비스를 이용함으로써 평균 15% 이상의 연비를 향상시키는 효과를 볼 수 있었다고 한다.

운전자 트레이닝이나 EMS에 의한 연비 향상의 효과는 먼저 실시한 운송업계로부터도 들어오고 있었지만 일반 운전자에 있어서도 이 정도의 차이가 있다는 것에 다소 놀라지 않을 수 없었다. 「실제 순간 연비계를 장착하는 것만으로도 실효 연비는 상당히 좋아진다. 기계나 제어로 10%를 향상시키는 것은 정말로 큰 일인데 조언만으로 곱절 가까이 향상시킨다는 것은 기뻐해야 할 일인지……」 모 엔지니어가 쓴웃음을 지으며 무심코 흘리고 있던 본심이다.

이번 취재를 통해서 연비에 관한 운전자 요인의 중요성을 재차 느꼈다. 그렇다면, AT의 제어가 다음에 목표로 해야 하는 것은 「보다 편한 운전을 자연과 함께 하는 것」을 위한 제어란 두엇인지 밝혀내는 것이다.

02

New Generation 7-8 speed Automatic Transmission

다단화하는 AT를 「뺄셈」의 발상으로 설계하다

용감하게 7단으로 한 이유는 드라이브 느낌의 추구였다.

- 닛산/자트코 신개발 7AT -

조만간 닛산의 FR 자동차에 채택될 예정인 닛산/자트코제 토크 컨버터식 7단 AT
다단화라고 하는 의미에서는 도요타/아이신 및 ZF 8단의 뒤를 잇는 변속기이다.
FR용 토크 컨버터 AT를 어디까지 다단화할 것인지에 대해서는 메이커가 결정하겠지만
닛산/자트코는 유럽적 드라이브 느낌을 겨냥하여 7단을 선택하였다.

글: 마키노 시게오 · 사진: 세야 마사히로 · 그림: Jatco

5단 AT와의 공통 부품

머지않아 닛산의 FR 자동차에 탑재되어 등장할 자트코제 7단 AT의 컷 모델. 내용을 들여다보면 4세트의 유성기어를 사용하고 있다. 케이스를 둘러싸고 있는 앞쪽 유성기어는 7단화에 해당되어 전면적으로 변경되었지만 뒤쪽 유성기어 세트는 5단 AT와의 공통점도 많다. 다단화지만 부피가 작은 FR 자동차용의 AT를 합리적인 가격으로 시장에 공급하기 위해서 가격의 문제도 투명하여야 한다.

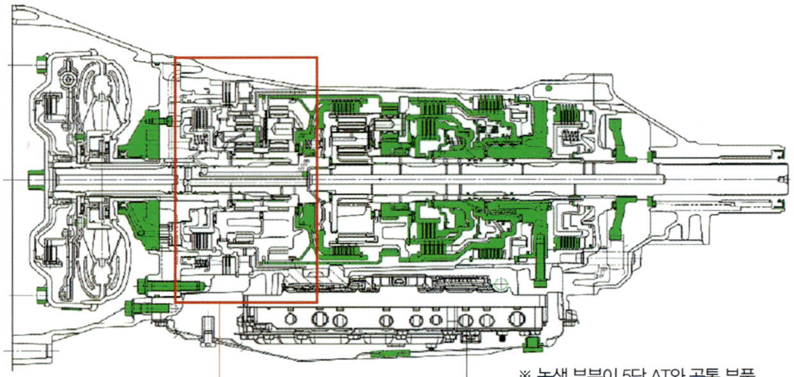

※ 녹색 부분이 5단 AT와 공통 부품

변속기 케이스는 전통적인 3분할 방식으로 아래쪽 면에는 유압 제어 계통이 배치되어 있다. 토크 컨버터 부분은 4기통 엔진에 대응하는 것도 고려하고 있지만 탑재 차종은 어떤 것일까?

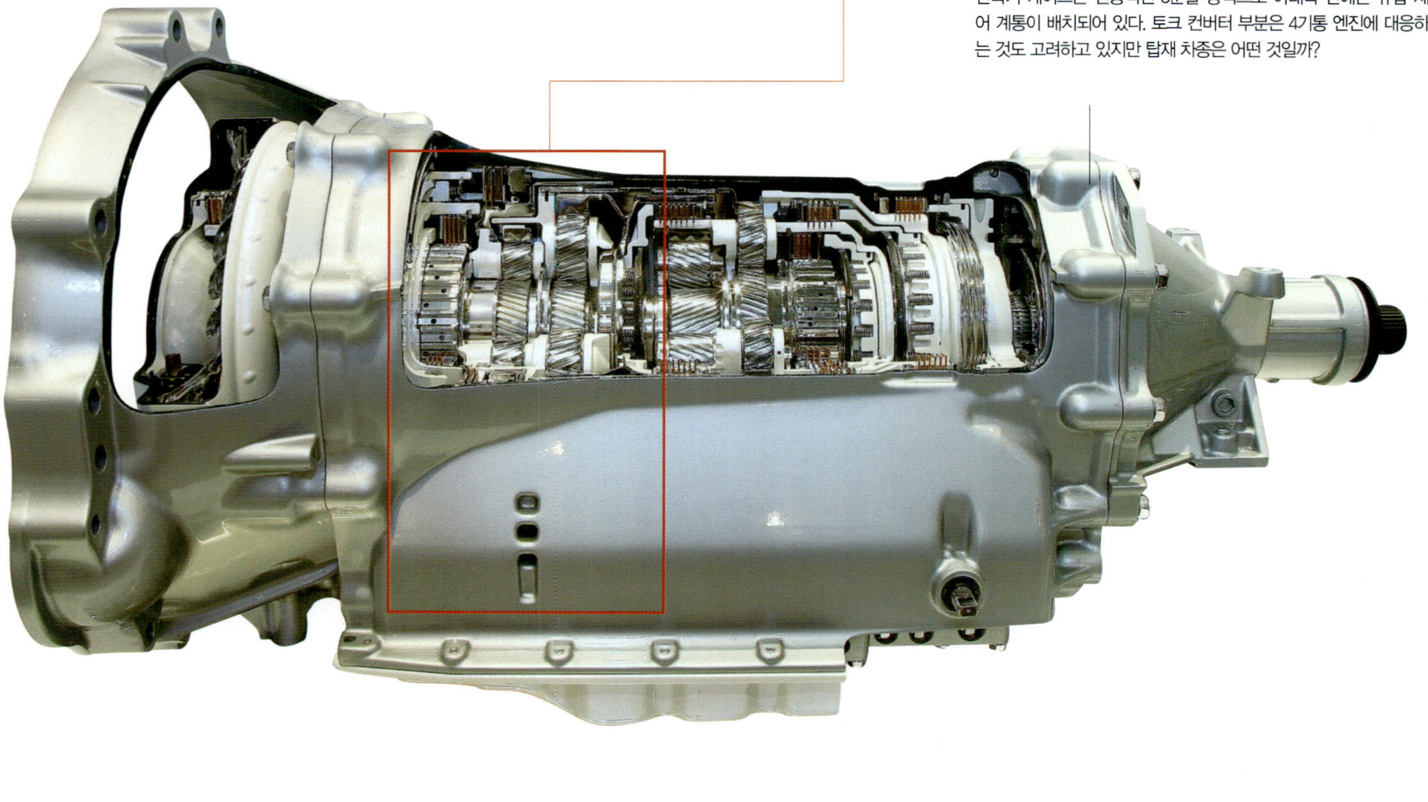

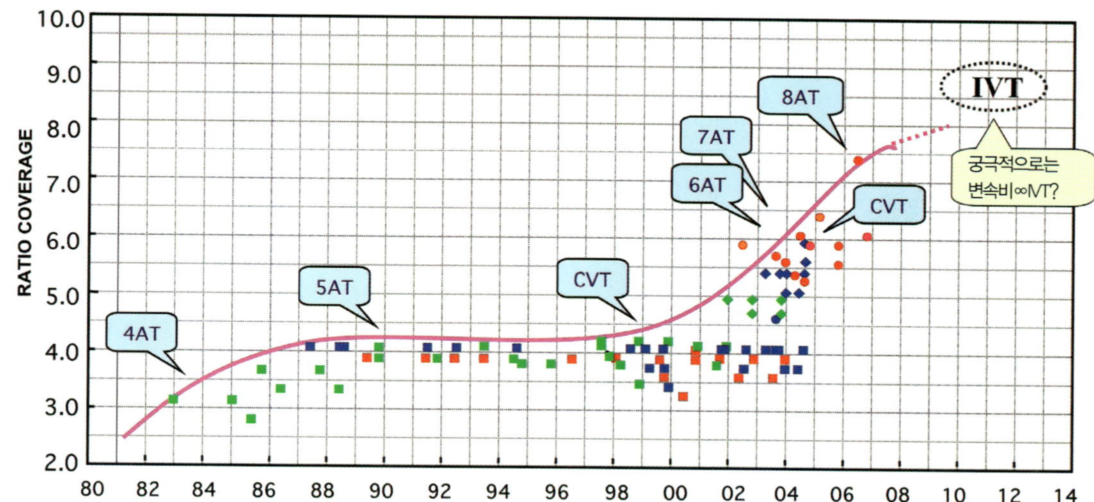

AT의 다단화에 의해 변속비는 확대되어 왔다. 이 그래프는 자트코에서 집계한 것이다. 현재의 상태에서도 8단 AT에서는 7.4를 나타내고 있지만 머지않아 8 근처까지 확대될 전망이다. 그러나 이것은 고출력 FR 자동차에 한정된 것이며 일반적인 FF 자동차에 대해서는 CVT화가 진행된다는 것이 일본의 자동차 메이커의 견해이다. 그리고 이 그래프에 나타났듯이 궁극적으로는 변속비 무한대의 MT로 진행되는 것일까. MT 자체는 아직도 먼 미완성의 기술이다.

기어 다단화의 사고방식

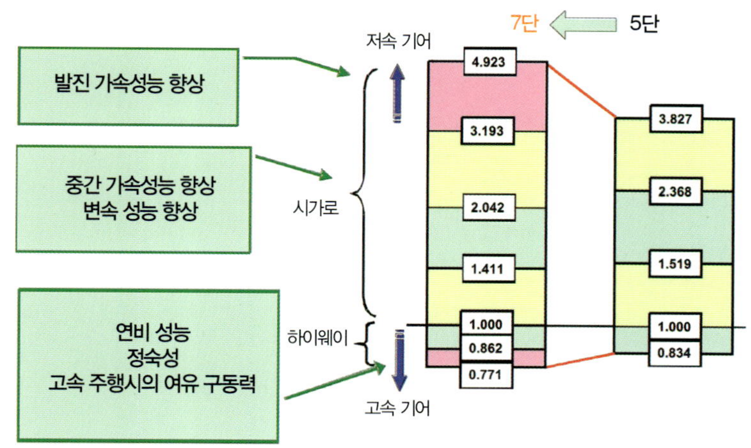

5단 AT와 7단 AT의 외형 비교

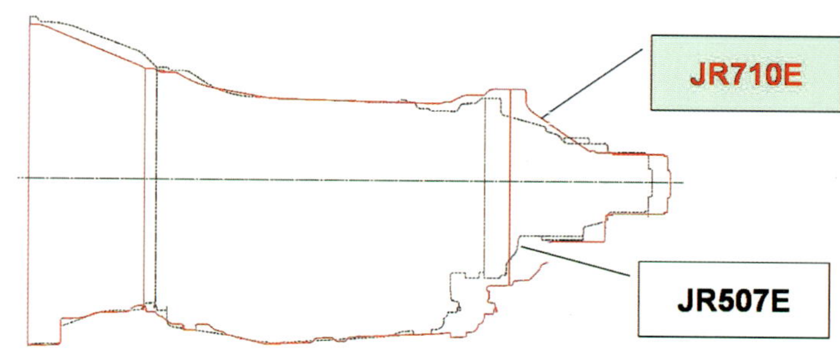

	부분	항목	소형회	경량화
1	케이스	3D 최적화 분석		●
2	토크 컨버터	초편평화	●	●
3	컨트롤 밸브	최소화	●	●

머지않아 닛산의 FR 자동차에 채택되는 자트코제의 토크 컨버터식 7단 AT는 AT의 다단화라고 하는 흐름 속에서 태어났다. 세상에는 도요타/아이신 AW제 8단이 이미 존재하며, 아마 BMW가 채택할 ZF제 8단도 발표되고 있다. 이것들에 대해 사양에서 정면으로 부딪치자고 한다면 8단이라고 하는 선택 사항도 있겠지만 닛산/자트코는 7단에서 멈췄다.

이 변속기의 목적은 「에코 연비」「운전성과 동력 성능의 향상」에 집약되고 있다. 그 수단으로서 「다단화」「로크 업 영역의 확대」「마찰의 감소화」「고속 기어화」를 사용하고 있다. 우선 핵심이 되는 다단화. 기어비는 5단이 1.000이며, 6/7단이 고속주행용 오버 드라이브. 5단 AT에 비해 고속 기어를 3단화하였다. 엔진의 연료 소비율의 가장 「좋은」 부분을 사용하기 위한 기어비이다. 한편 1~4단은 시가지 주행 기어로, 이 중 3/4단의 중간 가속 기어는 엔진의 토크 특성의 편성으로 추월 가속의 반응을 향상시키는 설정이라고 말할 수 있다. 고속 측에서의 「에코 연비」와 저속 측에서의 「운전성의 향상」이라고 하는 컨셉을 이 기어비로부터 읽어낼 수 있다.

타이어의 점착마찰 한계가 상승하고 엔진의 여유 구동력도 높아졌기 때문에 1단으로부터 4단까지의 변속비를 검토했을 것이다. 「스로틀 밸브의 전개에서 가속이 가장 빠르고, 2분의 1/4분의 1 스로틀에서는 연비가 가장 좋은 기어비」라고 한다. 자트코가 24가지의 기어 편성을 준비하여 그것을 시안으로 닛산과 협의를 하였다는 것이다.

다단화에는 「변속비 범위(coverage)의 확대」라고 하는 목적도 있다. 이것은, 최고속과 최저속의 기어비에 각각 최종 감속비를 곱한 값을 최저속÷최고속으로 구할 수 있는 수치이다. 엔진 특성에도 좌우되는 수치인지 닛산/자트코 7단 AT는 기어비 폭을 6.3으로 설정 하였다. 덧붙여서 도요타의 8단 AT는 6.7, 자트코는 「ZF의 8단은 6.9 정도」라고 보고 있으며, 승용차의 경우 너무 저속 측으로 넓어도 의미가 없다. 연비에 효과가 있는 고속 측의 범위의 확대가 목적이다.

또 「연비만을 생각한다면, 기어비의 폭이 9까지 있을 수 있다」고 7AT 개발 팀은 말한다. 그 전제는 「차체를 경량화시키고 엔진을 고(高) 토크화시켜 오버 드라이브의 기어비가 0.5~0.6이 되면」이라고 하는 것이다. 만약 9까지 가게 되면, 어느 정도의 기어 단으로 하면 좋은가. 자트코는 「9~10단이 다단화의 한계이지 않을까」라고 말한다.

10단은 결코 비현실적인 단수는 아니다. 일반적인 유성기어 세트로 전진 2단+후진 1단이 가능하기 때문에 3세트를 사용하면 도요타와 같이 2×2×2=8단이 된다. 4세트를 사용하면 그 2배인 16단. 닛산/자트코의 7AT에는 유성기어 세트가 4개 사용되고 있어 이론상으로는 16단이 가능하다.

다만 무거운 것을 적재한 상태에서 극저속으로 고속 주행하는 트럭은 예외지만(벌써 16단이 있다), 승용차에서 「단수가 많으면 좋다」라고 하는 것은 넌센스. 1단과 최고속의 기어비를 결정하여 기어비의 폭을 결정하면, 그 사이는 엔진 토크의 출력상태와 파이널 기어와의 관계로 분배하면 되겠지만 「주행하기 쉬움」을 생각하면 1자리 수로 충분할 것이다.

ZF에서는 엔진마다 최적 기어비의 편성을 탐지하기 위한 시뮬레이션 소프트웨어를 개발하여 그것을 기초로 8단의 기어비를 도입하였다고 하지만 과정은 달라도 목표로 한 것은 닛산/자트코도 마찬가지다. 위에 AT의 다단화 동향과 향후의 예측을 도시하고 있지만 CVT 탑재 차종이 증가된 2000년 이후 AT는 다단화를 향하고 있다.

이른바 CVT는 「무단변속」이며, 그 이미지는 「항상 최적인 기어비를 무한대의 선택사항 중에서 선택할 수 있다」는 것이다. 라이벌의 출현에 AT가 자극을 받아 다

엔진측에서 본 토크 컨버터. 이와 같이 날개(블레이드)의 형상은 삼차원 곡면을 그리고 있으며 또 날개 아래부분이 서로 겹치는 형상이 일본제 AT에서 유행하고 있다.

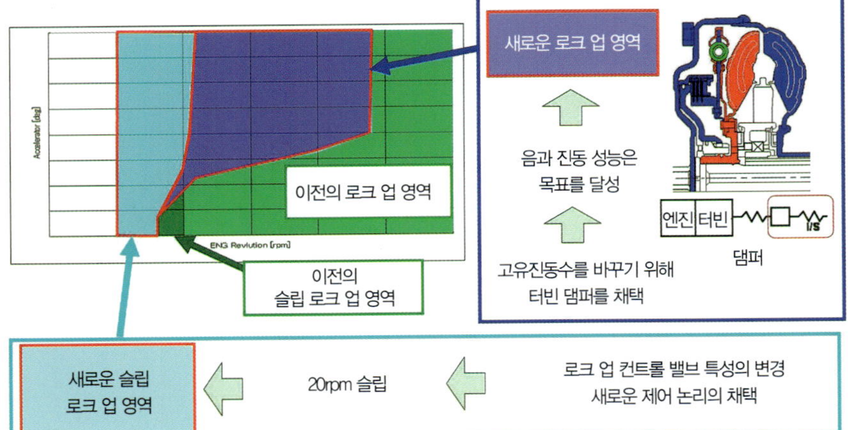

슬립되고 있는 클러치에 적극적으로 오일을 공급함으로써 슬립 저항을 감소시키는 기술

단화된 것라고도 생각할 수 있겠다.

닛산/쟈트코의 7AT에서 주목해야 할 것은 「에코 연비」를 위해서 토크 컨버터의 로크 업 영역을 확대하고 있다는 점이다. 위 그림에 표시하였지만 로크 업 클러치는 엔진측의 터빈 하우징 바깥 둘레가 아닌 토크 컨버터 내부에 있으며, 진동 및 충격 흡수를 위한 스프링 댐퍼는 하우징 내의 바깥 둘레, 로크 업 클러치는 안 둘레에에 있다.

「바깥 둘레라면 큰지름의 마찰재 1장으로 되는데」라고 생각했지만 일부러 안 둘레에 다판 클러치를 설치하고 있는 이유는 「다양한 토크의 엔진에 대한 대응을 전제로 하고 토크 양에 대응하여 클러치 매수를 변화시키기 위함」이다.

이 내장형 로크 업 클러치보다도 바깥 둘레 방향에 댐퍼가 설치되어 있다. 로크 업 영역을 증가시켰을 때의 문제는 「소음 및 진동」이며, 특히 시속 100km 부근에서 발생하기 쉬운 구동 계통의 공진이 가장 크다. 이것을 효과적으로 감쇠시키기 위한 튜닝이 시행되었지만, 로크 업 클러치와 댐퍼를 수용하여도 하우징 외경과 두께가 확대되지 않도록 하였다.

로크 업 영역의 확대를 위한 가장 중요한 부분은 「20rpm 슬립」으로 불리는 기술이다. 개발팀에 의하면 「20rpm의 회전속도차로 로크 업하는 것이 아니라 이 정도의 미소한 슬립 양을 허용하는 유압으로 컨트롤한다고 하는 의미」라고 한다.

토크 컨버터와 엔진을 직결로 함으로써 연비를 향상시키는 것이 로크 업이지만 통상은 회전속도차이의 정보로부터 피드백 제어를 하며, 회전속도 차가 적으면 적을수록 좋다고 한다. 그러나 닛산/쟈트코는 회전속도 차를 허용하는 제어를 도입하였다.

20rpm 정도의 차이를 유지하려면 제어의 정밀도가 필요하고, 슬립이 발생하면 클러치가 타버린다. 그러나 제어를 위해서 엔진으로부터 받는 토크 신호에도 응답의 지연이 있어, 이것을 기초로 피드백 제어를 하여도 결과적으로 정확하게 슬립을 멈출 수 있는지는 「그때그때의 상태」에 좌우된다. 그렇다면 미미한 「슬립」은 그대로 두고 회전속도 차를 허용하는 정도의 제어를 하는 것이 좋지 않나 하는 발상이다. 일정 시간 축 상에서 입력 정보를 필터링하여 「긴 안목으로 보아 거의 같다면 OK」라고 하는 제어를 하고 있다.

실제로는 엔진 내부의 연소 불안에 의해서도 로크 업의 회전속도차가 발생하며, 그 회전속도차도 방치한다고 한다. 운전자가 미세하게 가속 페달의 ON/OFF를 했을 경우에도 마찬가지다. 외란에 대해서 여유가 있는 제어라고 말할 수 있으며, 일부러 S/N비를 나쁘게 하여 외란에 지치지 않는 「평균 제어」를 한다. 다만 구동계통의 공진 기준은 포함시켰다. 이 제어 덕분에 로크 업 영역을 넓히면서 엔진 회전속도를 보조하

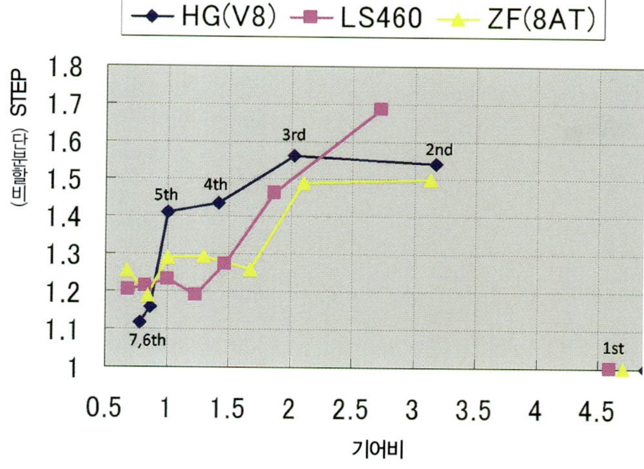

| | GH(7AT) | | HG(7AT) | | 도요타(8AT) | | ZF(AT) | |
STEP	V8		V8		4.596	STEP	4.70	STEP
1단	4.886	STEP	4.923	STEP	2.724	1.687	3.13	1.50
2단	3.169	1.541	3.193	1.541	1.863	1.462	2.10	1.49
3단	2.027	1.563	2.042	1.563	1.464	1.273	1.67	1.26
4단	1.411	1.435	1.411	1.447	1.231	1.189	1.29	1.29
5단	1.000	1.411	1.000	1.411	1.000	1.231	1.00	1.29
6단	0.864	1.157	0.862	1.160	0.824	1.213	0.84	1.19
7단	0.774	1.115	0.771	1.118	0.685	1.203	0.67	1.25
8단	–	–	–	–				
*변속비 폭	6.31	–	6.38	–	6.71		7.01	

다판식 유단AT의 대표작인 도요타 및 ZF의 8단과 닛산/자트코의 V8/V6용을 단 분할비와 기어비로 비교하였다. 엔진의 토크 특성에도 따르지만 최저속과 최고속 기어비 설정과 단 분할비에는 각각의 특징이 나타나고 있어 흥미롭다. ZF는 다단화를 위한 기어비 설정 시뮬레이션 소프트까지 만들고 있다. 7단으로 말하자면 다임러의 7G 트로닉이 닛산/자트코에 있어서는 직접적인 라이벌이 된다. 유럽에서도 AT의 다단화는 진행될 것 같다.

***변속비 폭**

GH(7AT)에서의 예

7단 변속비 (0.774) × step(1.115) = 6단 변속비(0.864)

변속비폭(6.31) = 1단 변속비(4.886) ÷ 7단 변속비(0.774)

여 소음 및 진동의 문제로부터도 어느 정도 벗어나고 있다고 한다. 덧붙여서 저속 기어측에서의 변속 충격을 흡수하는 원웨이 클러치는 1→2단과 2→3단의 변속 시에만 사용된다.

또한 로크 업 영역을 확대시킴으로써 변속의 빈번함도 피할 수 있었으며, 운전자가 느슨한 가속을 시도했을 경우에도 로크 업을 해제하지 않고, 우선은 엔진의 토크로 대응하는 주행 방법이 가능하다.

유럽류의 토크 컨버터식 AT에 가깝다. 이렇게 하려면 엔진측의 토크 반응도 튜닝해야 하지만 실제 자동차에 탑재된 상태로 어떠한 주행을 할 것인지 등장이 매우 기다려진다.

연비를 위한 저마찰화에서는 현재 유행하고 있는 오일의 진보를 거론할 수 있다. 오일의 기능은 「내구 열화 방지」이며, 점도유지가 목적이다.

이전에 연비 성능을 중시한 오일에서는 변속 충격이 커지는 일이 있거나 내구성에도 영향이 있었다고 하지만 이것을 보충하여 종합 성능면에서 긴 수명을 도모하고 있다. 물론 오일의 설계는 전문 공급회사에서 담당하고 있다.

또한 마찰재로서의 전체적인 성능은 물론이고 「클러치의 슬립을 감소시키는」 일에 중점을 두고 있다. 이것은 기구 설계보다는 윤활 효과를 얻기 위한 것으로 클러치를 포함하는 드럼에 많은 구멍을 뚫어 거기에 오일을 통과시켜 미끄러지고 있는 클러치에 적극적으로 오일을 공급하면 점성이 낮아져 슬립 저항을 줄일 수 있다고 하는 아이디어다.

이러한 연구 결과, 닛산/자트코의 7단 AT의 연비 데이터는 파이널 기어비를 같다고 가정했을 경우에 5단 AT 대비 7%의 연비 향상이 실현되었다는 것이다. 내역은 고속 기어화로 3.5%, 저마찰화로 3.5%이다. 실연비에서는 로크 업이 효과를 가져다 줄 것이다.

전체를 분석해보면 변속기 하우징의 길이는 거의 같으며, 유압 제어용의 리니어 밸브는 5AT와 공통의 부품을 유용하고 밸브의 갯수만 증가되고 있다. 오일펌프도 공급유압도 같으며, 기어열은 5AT의 프런트측 언더드라이브에 1개의 기어세트를 추가했을 뿐이다. 이러한 기존 부품을 가능한 한 이용하는 설계 때문에 비용도 낮출 수 있었다.

그럼 「운전성」의 부분은 어떨까. 로크 업 영역의 확대도 운전의 편리성과 연결되어 있다고 생각되지만, 닛산/자트코는 「매뉴얼 모드 시의 반응」에 집착하였다. 특히 하향변속으로 운전자의 「가속하고 싶다」라고 하는 의지에 대해서, 얼마나 신속하게 반응하느냐에 관해서였다.

이것에는 유압 제어계통의 튜닝이 효과가 있었다. 엔진의 회전으로부터 유압을 얻는다면 원압(즉 엔진 회전)의 영향이 어떤 것인지를 안 다음 튜닝을 하면 된다. 솔레노이드의 특성과 엔진 회전속도의 상승에 따라 신속하게 유압을 발생키는데 성공하였다.

또한, 이미 스카이라인이나 푸가에 도입되고 있는 ASC(Adaptive Shift Control) 기능의 향상이다. 이것은 제어 로직측면이다. 예를 들어 굴곡이 많은 넓은 도로를 주행할 때는 코너에서의 브레이크 작동 회수/브레이크 G를 보면서 무의미한 상향변속을 피하고 기어 홀드도 이용하면서 주행한다. 이 프로그램을 한층 더 업그레이드 시켰다.

또 변속 중인 운전자의 변속 의지에 대한 대응이다. 「가속하기 위해서 가속 페달을 밟는다」「그렇지만 앞에 자동차가 있었기 때문에 가속을 그만두고 브레이크 페달을 밟았다」라고 하는 운전자의 변속 의지를 제어가 잘 흡수할 수 있도록 하였다. 「가속 페달을 밟았다」에 대응하고 있던 중에 돌연 「브레이크」의 신호가 들어오면 제어가 혼동된다. 이때 취소 제어를 넣어 변속을 제어하는 방법을 채택하였다. 변속의지가 없어진 후에 토크가 상승되면 「운전자에게 방해되는 제어」를 해제한

다. 제어 시간은 0.2초이며, 이렇게 단시간에 응답할 수 있는 것은 유압계통의 설정에 반응을 튜닝한 결과이기도 하다.

이러한 제어상의 설정에 대해서는 모든 현상을 「깔끔」하고 「깊이」가 있다는 두 가지 말로 바꿔서 추구하였다. 「헤매고 있을 때에 엔지니어가 초심으로 돌아올 수 있는 말」이다. 「깔끔」하다는 예민함, 재빠름, 상쾌감, 운전자를 방해 하지 않는 등의 의미이며, 「깊이」란 끈기가 있는 주행, 조용하고 고급스러운 승차감 등의 의미이다. 매우 개념적이지만 제어를 구성할 때의 공통 인식으로서 많은 도움이 되었다고 한다.

전체적으로 보면, 닛산/자트코의 7단 AT는 하이테크 변속기에 있을 수 있는 「제어 과다」의 경향과는 정반대의 것이다. 끝수가 딱 떨어지는 뺄셈과 같은 제품의 인상이다. 그 뺄셈을 하기 위해 과거의 경험과 지식을 총동원하여 새로운 가설을 세워 그 가설을 검증하는 개발 작업이다. 기계 부분도 제어 논리도 「뺄셈」으로 만들어졌다.

밑바탕의 발상은 「AT의 우수한 분야를 최대한으로 증가시킨다」는 것이며, 그러기 위한 「깔끔」과 「깊이」이다. 「운전자를 방해하지 않는 제어」로서 분할비를 가진 변속기이기 때문에 할 수 있는 것을 더 찾아내 거기에 철저하게 집착한, 간결한 설계에 주로 주목하고 있다.

또, 닛산/자트코는 AT의 장래 목표도 여러 가지 정하고 있는 것 같다. 예를 들어 아이들링 스톱. 외부에 부착하는 다른 축의 오일펌프를 사용할까, 전동펌프인가, 혹은 축압식인가 등……. 구체적인 구상은 들을 수 없었지만 준비를 하고 있는 것 같다. 또 저온시에 오일 점성을 낮추는 오일 히터. 이것은 냉간시에 유효하지만, 이미 시야에 들어와 있는 듯 하다. 토크 컨버터식 AT의 진화는 멈추지 않을 것이다. 적어도 자트코는 그렇게 생각하고 있다.

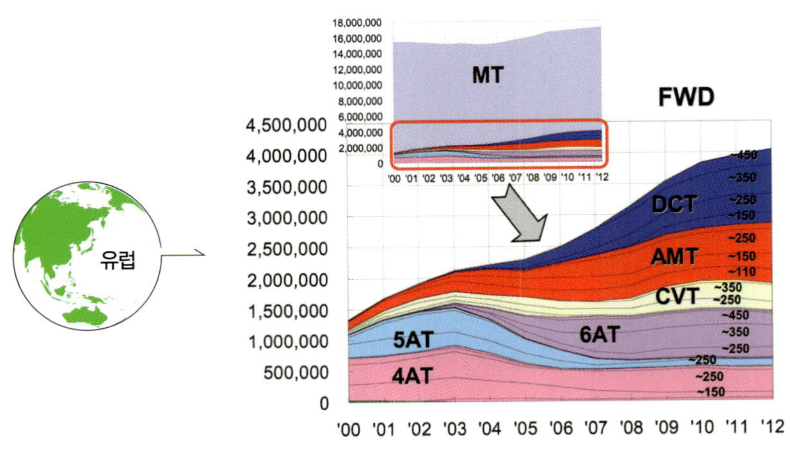

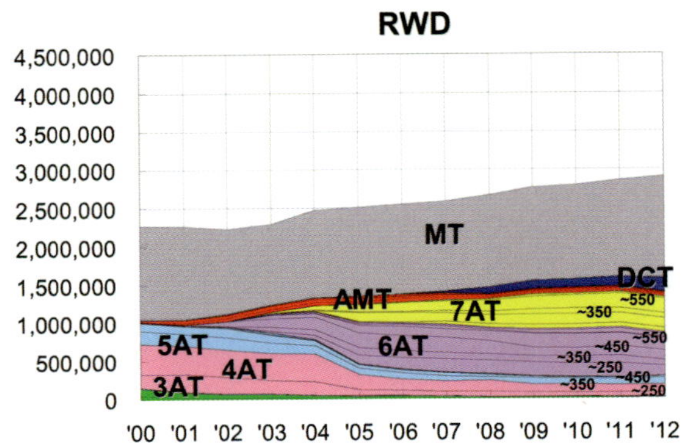

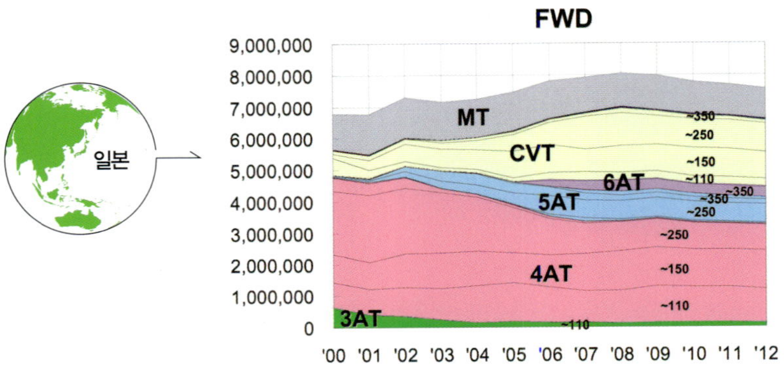

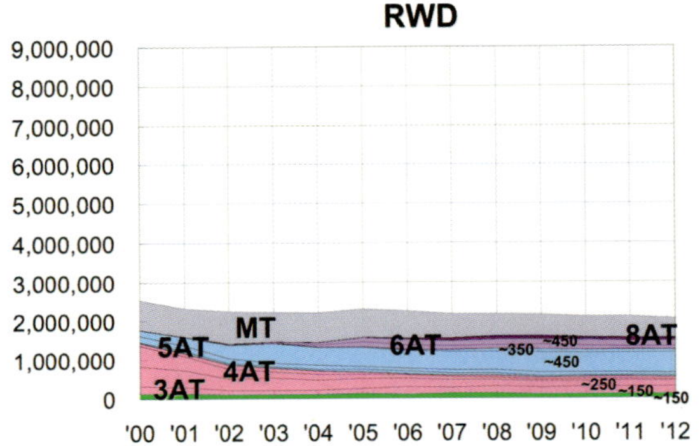

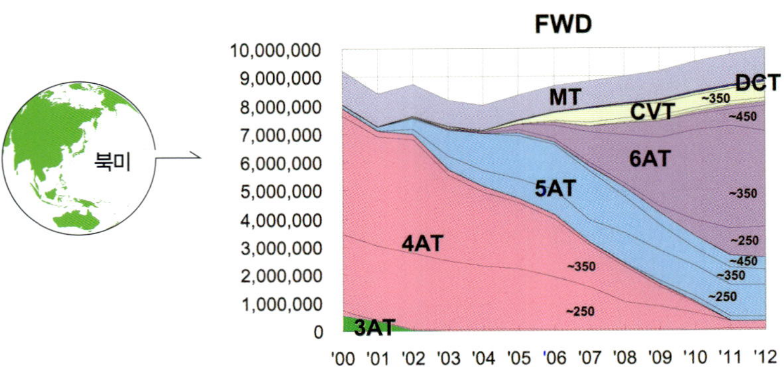

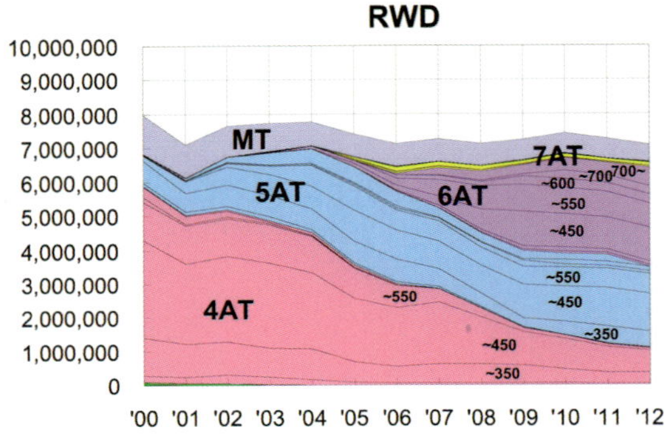

DATA source : CSM Worldwide / Jatco for CTI-Symposium June 12-14, 2007, Detroit(MI), USA

 New Generation 7-8 speed Automatic Transmission

AT의 성격은 시장이 결정한다

유럽에서는 함부로 변속을 반복하는 AT의 「빈번한 자동변속」을 싫어한다. 그러나 북미 시장에서는 오히려 「빈번한 자동변속」이 환영을 받고 있으며 토크 컨버터의 「슬립」을 싫어하지도 않는다. 변속기는 시장마다 좋고 싫음이 분명한 장치라고 말할 수 있다.

글: 마키노 시게오 · 사진: BMW/ZF/Jatco

운전자가 자동차에 대해 갖는 「생각」과 자동차에 대한 「요구」는 사람에 따라 다르다. 동시에 같은 지역에 사는 사람들의 감각의 최대공약수로서 지역마다의 특징이 존재한다.

일본에서는 미니 밴이 팔리고 세단은 팔리지 않는다. 유럽에서는 세단 계통의 차종이 중심이며, 픽업 트럭이나 SUV가 많을 것 같이 생각되는 북미에서도 세단 계통의 수요가 절반 가까이 차지하고 있다. 또한 일본에서는 AT 자동차가 압도적 다수를 차지한다. 유럽에서는 MT가 중심이며, 미국과 일본의 승용차 시장은 가솔린 차가 지배하고 유럽에서는 디젤차가 절반 이상을 차지한다는 통계들도 지역마다의 특징이다.

변속기에 대해서도 경향이 있다. 위의 그래프 마케팅이나 컨설팅을 세계 규모로 하는 CSM 월드 와이드사의 조사를 기초로 구미와 일본의 시장에서 어떠한 변속기를 가진 자동차가 팔리고 있을까, 하는 데이터를 2001년부터 2006년까지의 실적과 2007년 이후의 예측으로 표시한 것이다. 자트코가 2007년 6월에 CTI(Car Training Institute)로 공개한 논문으로부터의 발췌이다. FWD(전륜구동차)와 RWD(후륜구동차) 각각의 그래프 상의 숫자는 엔진의 최대 토크(단위 = N)를 나타낸다. 세 지역을 비교하면 몇 가지의 경향을 읽어낼 수 있다.

우선 유럽은 압도적으로 MT가 많다. 최근에 증가된

◉ 유럽의 AT도 "다음 단계"로

Mercedes Benz SL63AMG

AMG 스피드 시프트 MCT

습식 다판 클러치+7AT

메르세데스 벤츠 SL의 대대적인 외형 변경에 맞추어 SL AMG도 스타일을 새롭게 바꿨다. 그 중에서도 무과급 V8 엔진 부류에서 최대급의 파워 및 토크를 자랑하는 SL 63 AMG에는 신개발 변속기가 탑재되었다. MCT는 Multi Clutch Technology의 약어. 변속기구는 유성기어를 이용한 7단의 AT이지만, 발진 장치를 토크 컨버터로부터 습식 다판 클러치로 변경한 것이 새롭다. 발진 시 및 변속시의 직결감을 목표로 한 것에는 의심의 여지가 없으며, 6.3ℓ V8 엔진(525ps/630Nm)은 저속 회전영역에서 큰 토크를 발생시키기 때문에 특별한 유체로 토크를 증폭시킬 필요 없이 습식 다판 클러치를 기초로 하였다. 3개의 자동 변속 모드와 수동 모드를 갖추고 있으며, 수동 모드시의 변속 시간(정의는 불명)은 0.1초이다.

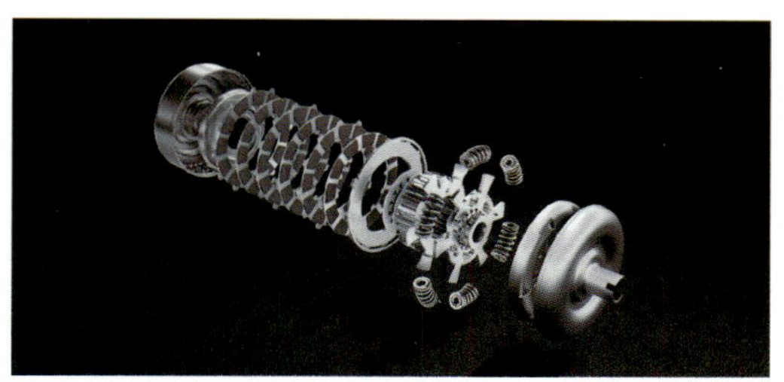

자동변속 모드는 C(Comfort) /S (Sports) /S+ (Sports +)의 3종. 모드를 바꿀 때마다 20%씩 변속시간이 짧아진다. 2단계의 비틀림 댐퍼가 충격을 효율적으로 흡수하는 구조.

기어	기어비	스텝비
1단	4.38	1.53
2단	2.86	1.49
3단	1.92	1.49
4단	1.37	1.37
5단	1.00	1.22
6단	0.82	1.23
7단	0.73	
후진	3.42	

기어비 범위 6.0

토크 컨버터도 새롭게 설계. 클러치의 작동 속도를 높임으로써, 컨버터의 슬립을 저감하고 전달 효율을 높이고 있다. 또, 효율과 쾌적성을 높이기 위해 가솔린/디젤 각각 전용의 비틀림 댐퍼를 개발하였다.

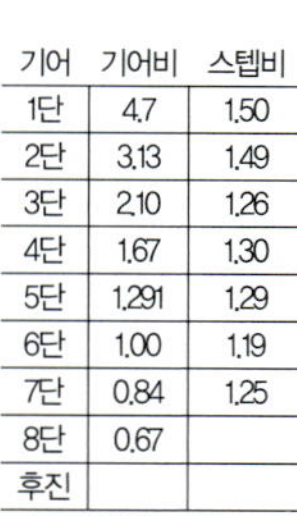

기어	기어비	스텝비
1단	4.7	1.50
2단	3.13	1.49
3단	2.10	1.26
4단	1.67	1.30
5단	1.291	1.29
6단	1.00	1.19
7단	0.84	1.25
8단	0.67	
후진		

기어비 범위 7.01

BMW Vision Efficient Dynamics

ZF 8단 AT

유럽형 토크 컨버터 8단 AT

2008년의 제네바 모터쇼에 BMW가 출전시킨 X5 베이스의 콘셉트 카는, 2ℓ 직렬 4기통 디젤에 15kW/210Nm의 어시스트용 모터를 추가한 하이브리드 자동차에 ZF제 8단 AT가 탑재되었다. 「연비와 배기가스의 성능 향상을 위해서」라고 BMW가 8단 AT 채택의 이유를 설명하면 ZF측도 「기어의 수에 우선순위를 둔 것은 아니다」라고 강조. 발표에 의하면 일반적인 5단 AT에 비해 약 14%의 연비 향상을 실현. 같은 회사의 기존 6단 AT 대비 6%의 연비 향상을 가져온다고 한다. 효율 향상의 열쇠를 쥔 것은 유성기어 세트의 설계(세트 수는 4). 기어 부근의 클러치/브레이크 수를 줄임으로써 내부 저항의 저감을 도모하고 있다. 당연히 기존 6단 비로 기어비 범위도 넓어지고 연비 향상에 효과가 있다. 도요타의 8단 AT와 비교하면 1~2단 정도 단분할(step)비가 작다(라고 하기보다 도요타가 크다).

DCT(Dual Clutch Transmission)와 AMT(Auto Mated MT)는 양쪽 모두 유성기어 열을 사용하지 않는 MT를 기본으로 한 것이며, 이것을 넓은 의미에서 MT라고 생각하면 FWD차에 채택되는 변속기의 경향은 2012년까지는 거의 변하지 않는다. 고급차와 스포츠카가 대세를 차지하는 RWD에서는 AT의 다단화가 진행되지만 MT의 총 숫자 그 자체는 변하지 않는다.

일본에서는 FWD차의 CVT 비율이 서서히 높아지고 있지만 AT의 다단화는 RWD에서만 진행되는 경향이다. 한편 북미에서는 FWD차에서도 RWD차에서도 AT의 다단화가 뚜렷해지는 경향이며, CVT와 DCT는 상당히 소수인 점이 특징이다. 현재의 개발 수주나 수년 후까지의 생산계획을 가지고 있는 변속기의 메이커가 이러한 전망을 나타내고 있는 점에 주목했으면 한다.

나아가 시장에서 선호하는 「운전감각」도 다르다. 가속 페달의 조작에 대하여 어떤 반응을 AT에 기대하느냐 하면 유럽에서는 「우선 엔진의 토크만으로 주행한다」는 것이고, 가속 페달을 밟을 때 빨리 변속되는 AT는 좋아하지 않는다. MT에 익숙한 시장이란 것을 잘 알 수 있다.

북미에서는 가속 페달을 밟을 때 곧바로 변속기가 반응하여 구동력이 발생하는 경향이 선호된다. 토크 컨버터의 「슬립」에 의한 토크 증폭은 특히 배기량이 큰 RWD차에서 선호된다. 일본은 북미와 닮은 경향이지만, 한층 더 소음과 변속 충격을 줄이자는 요구가 강하다.

이러한 시장마다의 특징은 자동차 메이커와 변속기 메이커가 숙지하고 있어 각각의 시장을 향한 최적의 튜닝을 실시하고 있다. 이 부분에서 특히 섬세한 것이 일본의 특징이며, 그 결과로서 세계 시장에서의 점유율을 높일 수 있었다고 볼 수 있다.

같은 자동차 이름의 일본 브랜드 AT차인데 일본 전용은 유럽용과는 달리는 특징이 완전히 다르다. 이것은 당연한 일이다. 기어비와 단 분할비를 고정시켜도 변속 프로그램 등의 제어 부분은 바꿀 수 있다. AT의 특징은 「시장이 요구하는 대로」라는 것이다.

도요타/아이신 AW가 개발한
세계 최초의 8단 AT 개발 스토리

토크 컨버터 AT로 어디까지 가능할까. 미래의 창을 연 도요타의 도전

엔진과 변속기를 동시에 탈바꿈할 기회가 찾아왔다. 또한 렉서스 브랜드의 최상급 모델이며, 엔진 토크는 500Nm 급이다.
천재일우의 기회를 앞에 두고 엔지니어들이 생각한 것은, 머릿속의 계획을 모두 집어넣는 것이었다.
완성된 AA80E형은 그야말로 미래의 태동이라고 할 수 있는 AT이다.

글: 마키노 시게오 · 사진: TOYOTA · 일러스트: 쿠마가이 토시나오

왼쪽이 더블 피니언형 프런트 유성기어, 오른쪽은 라비뇨 기어세트의 리어 유성기어. 리어측 2개의 기어가 겹쳐진 롱 피니언은 일체로 되어 있으며 기어 열 만 나눠져 있다. 프런트와 리어의 모든 기어 중, 어느 부분을 「고정」하느냐에 따라 각각의 기어에 2가지 사용법이 생긴다.

렉서스 LS의 전체 모델 교체는 도요타/아이신AW의 변속기 개발팀에 있어서 천재일우의 기회였다. 완전히 새로운 모델에 새 엔진과 변속기를 탑재한다는 것이었다. 게다가 고급 자동차이므로 비용도 많이 투자할 수 있었다. 모든 가능성에 도전할 수 있는 기회였다. 세계 최초의 8단 AT 「AA80E」형의 상세한 취재를 위해 도요타 본사를 방문하여 기계 부분을 담당한 다나카 마사하루와 제어 부분을 담당한 하세가와 요시오를 만났다. 직책은 두명 모두 「파워트레인 본부 제2드라이브트레인기술부 제1AT기술실 그룹 대표」이다.

「8AT 개발은 현재 시판되고 있는 FR용 6AT(A761E)의 개발 단계 때부터 구상하였으며, 구체적인 설계의 구상에 착수한 것은 A761E가 시판 자동차에 탑재된 2003년 경이었다」라고 다나카는 말하기 시작했다.

「차기 LS는 엔진, 차량, 변속기의 새로운 설계를 대담하게 추진할 수 있다. 처음부터 6단 이상의 다단 AT로 할 상각이었지만 연비 성능과 토크 성능을 최적화하기에는 기어비 폭을 어떻게 하면 좋을지가 완전히 미지의 영역이었다. 저속 기어측은 타이어의 점착마찰 한계에서 본 최대 구동력으로 정하고 고속 기어측은 낮은 기어비로 주행이 가능한 여유 구동력을 어디까지 가질 수 있느냐로 정해진다. 그러면 그 사이를 몇 단계로 나누면 좋을까. 단계가 너무 작으면 변속 단수가 많아져 변속이 빈번하게 이루어지며, 단계가 크면 구동력의 단차가 생겨 주행하기 어렵다」

A761E는 유성기어를 2세트 사용해 6단에 대응하고 있으며, 엔진에 가까운 프런트측은 통상의 단순 유성기어이지만 엔진으로부터 먼 리어측은 지름이 다른 선 기어가 세로 방향에 맞대어 그 주위에 길고(기어가 2개 연결된 형상) 짧은 피니언 기어를 각각 3개씩 배치하고 링 기어 가장 바깥쪽 둘레에는 짧은 피니언과 접촉하는 「라비뇨 기어세트」이었다. 라비뇨 기어세트는 2개의 유성기어를 조합한 것이라는 견해도 가능하므로 프런트/ 미들/ 리어와 3개의 유성기어를 갖는다고 생각해도 좋다. 통상 1개의 유성기어는 2단의 전진과 1단의 후진을 만들 수 있다. 중심 축이 되는 선 기어의 주위에 3개 이상의 유성기어, 제일 바깥쪽에 링 기어라고 하는 편성에서 선 기어와 링 기어는 서로 반대 방향으로 회전한다.

렉서스 LS460용의 4608cc 엔진. 실린더 마다 포트 분사와 실린더 내 분사라고 하는 2개의 연료 분사장치를 갖춘, 이른바 가솔린 직접분사형 엔진이다. 최고 출력 283kw(385ps)/6400rpm, 최대 토크 500Nm(51.0kg—m) /4100rpm가 발생된다.

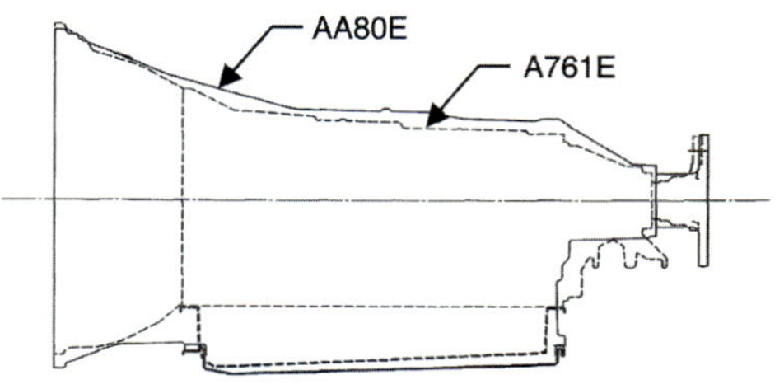

6단의 A761E형과 8단의 AA80E형을 외경 치수로 비교한 측시도. 크기는 AA80E형이 전체 길이에서 16mm 길고 외경은 10mm 굵다. 그러나 토크 용량이 20% 증가한 것을 생각하면 소형으로 정리된 인상이다.

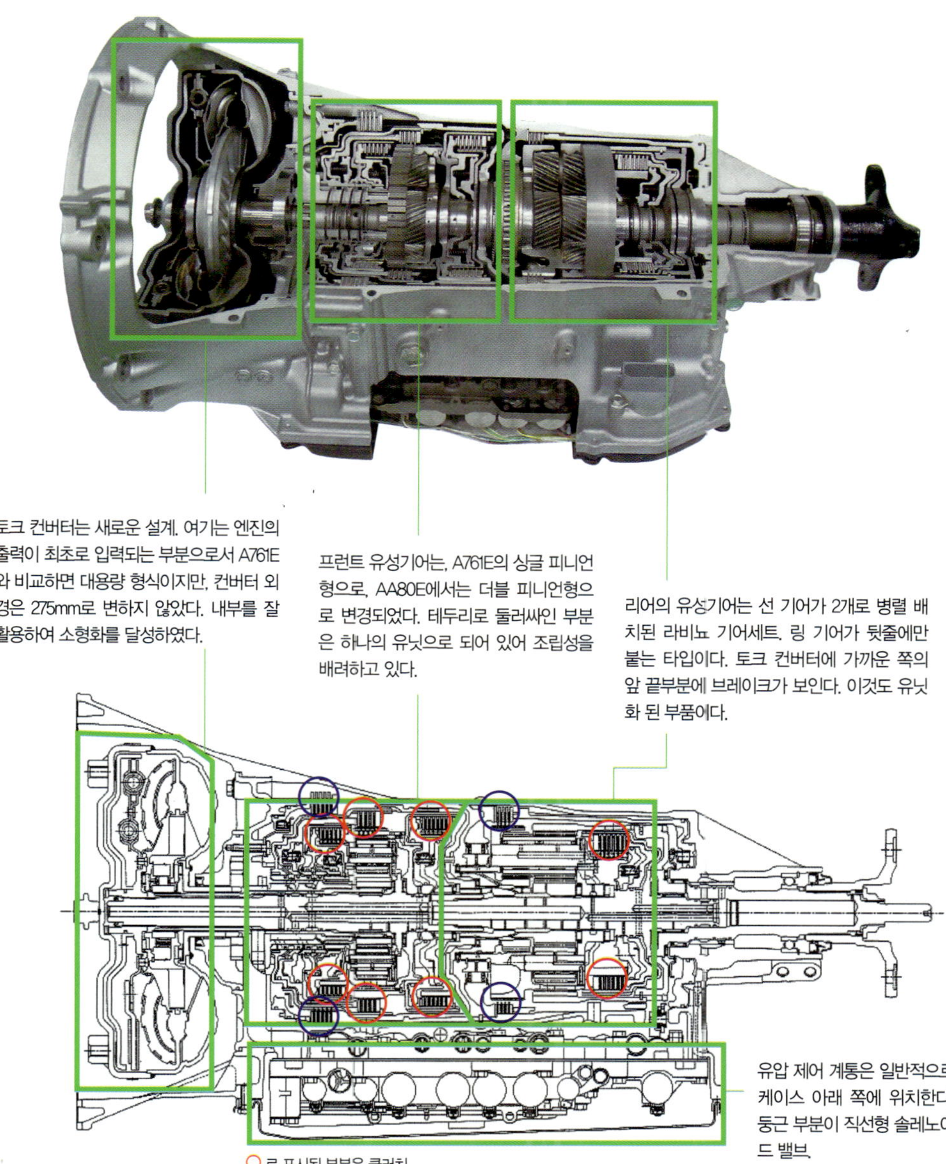

토크 컨버터는 새로운 설계. 여기는 엔진의 출력이 최초로 입력되는 부분으로서 A761E와 비교하면 대용량 형식이지만, 컨버터 외경은 275mm로 변하지 않았다. 내부를 잘 활용하여 소형화를 달성하였다.

프런트 유성기어는, A761E의 싱글 피니언형으로, AA80E에서는 더블 피니언형으로 변경되었다. 테두리로 둘러싸인 부분은 하나의 유닛으로 되어 있어 조립성을 배려하고 있다.

리어의 유성기어는 선 기어가 2개로 병렬 배치된 라비뇨 기어세트. 링 기어가 뒷줄에만 붙는 타입이다. 토크 컨버터에 가까운 쪽의 앞 끝부분에 브레이크가 보인다. 이것도 유닛화 된 부품이다.

유압 제어 계통은 일반적으로 케이스 아래 쪽에 위치한다. 둥근 부분이 직선형 솔레노이드 밸브.

그러나 이빨 수가 다른 유성기어를 매개로 회전 속도가 변화한다. 유성기어가 자전하면서 공전할 때에 「고정」「감속」「증속」「입력」의 기어를 바꿈으로써 변속이 이루어지는 기구이다. 덧붙여서 통상의 3세트의 유성기어에서는 2×2×2=8가지의 전진 기어비를 설정할 수 있으며, 2 세트라면 2×2=4가지이다.

「단 분할비는 고속측에서 1.2보다 작으면 변속이 빈번하게 이루어지고 저속측에서는 1.5~1.7보다 크면 토크의 단차가 커진다. 여러 가지 기어비를 시뮬레이션한 결과 8단이라면 이런 조건들을 충족시키고 우리들이 생각한 대로의 성능도 얻을 수 있게 되었다. 2003년에 6AT의 생산이 시작되었을 무렵에는 8단을 위한 기어 트레인이 대체적으로 정해졌다」

여기서부터 AA80E의 개발이 본격적으로 시작되었으며 엔진도 새롭게 설계한다는 이야기를 들은 다나카는 이 정도의 기회는 흔하지 않기 때문에 「과감하게 여러 가지 기능을 적용시킨다」는 방향으로 결정하였다. 다만, 차량 패키지 쪽의 요구는 「현재 상태의 6AT와 같은 정도의 크기로 하면 좋겠다」라는 요청에 의해 소형 경량의 기어 트레인과 소형의 제어 계통으로 만들게 되었다.

「엔진의 최대 토크는 500N(A76lE는 430N이었다). 입력 토크가 20% 증가하며, 유럽용으로 출하되기 때문에 대략적인 최고속은 시속 270km로 보람이 있는 작업이다」

기어비는 최종적으로 1단=4.596/ 2단=2.724/ 3단=1.863/ 4단=1.464/ 5단=1.231/ 6단=1.000/ 7단=0.824/ 8단=0.685로 정해졌다. 단 분할(step)비는 1/2단이 1.7로 가장 크고, 2/3단은 1.5, 3/4단이 1.3으로 그 이후는 모두 1.20이다. 최종 감속기어의 조합으로 약 2에서 13.40이고 기어비 범위는 6.70이다.

6단의 A761E와 비교해서 저속 측에 9%, 고속 측에 8% 확대되었다. 이 설정에 대해 다나카는 이렇게 말하고 있다.

「8단의 장점은 무엇인가. 이것을 상당히 고민했다. 정말로 8단이나 필요한가 하고…… 좀처럼 사용하지 않는 고속 기어를 가져도 의미가 없으며, 연비를 향상시킬 수 있는 고속기어가 필요하였다. 시뮬레이션의 단계에서도, 이점이 논의 대상이었고 최종적으로 디퍼렌셜의 기어비 2.9370이라면 8단=0.685로 전체기어비 2.012, 예상한 차량 중량으로 도로 부하(Road Load = 평탄로를 일정 속도로 주행할 때의 주행 저항)를 계산하면 시속 70km에서 8단으로 변속이 가능하다는 사실

때문에 이 기어비로 정했다. 무조건 8단이 되지 않으면 안 된다는 것은 아니었다」

이렇게 하여 조금씩 AA80E의 윤곽이 정해졌지만 중요한 엔진은 개발 중이었으며, 차량의 제원도 결정되지 않았다. 연비 목표를 세우고 싶었지만 그 계산의 기본이 되는 요소가 아무것도 없었다.

「어쨌든 유닛의 단품어 철저해졌으며, 6AT를 탑재했을 경우에 비해 4~5%는 상향시키고 싶었다. 6단에서 8단으로 다단화시키면 기어가 증가되어 어떠한 대책이 없으면 전달효율은 떨어진다. 최고속도에서도 현재의 6AT를 상회하는 연비로 하는 것을 팀의 목표로 정하였다」

시판 상태의 제원부터 조사하고 최고속도인 시속 270km는 6단으로 얻을 수 있으며 7/8단은 주행연비를 향상시키는 기어이다. 430N에서 500N (최종적으로는 허용 입력 550N)으로 증가한 엔진 토크를 받아 들이면서 6단 내에서 승부를 낼 셈이었을 것이다.

Technical data of AA80E

토크 컨버터 로크 업	클러치식 275mm 지름
제어계통	전자제어 유압
기어비(기어 스텝)	1단 4,596 (1.7) 2단 2,724 (1.5) 3단 1,863 (1.3) 4단 1,464 (1.2) 5단 1,231 (1.2) (6.7) 6단 1,000 (1.2) 7단 0,824 (1.2) 8단 0,685 (1.2) 후진 2,176
후진 변속 요소	4 습식 다판 클러치 2 브레이크 1 원웨이
클러치 최대 허용입력	550Nm(엔진 토크)
질량	질량

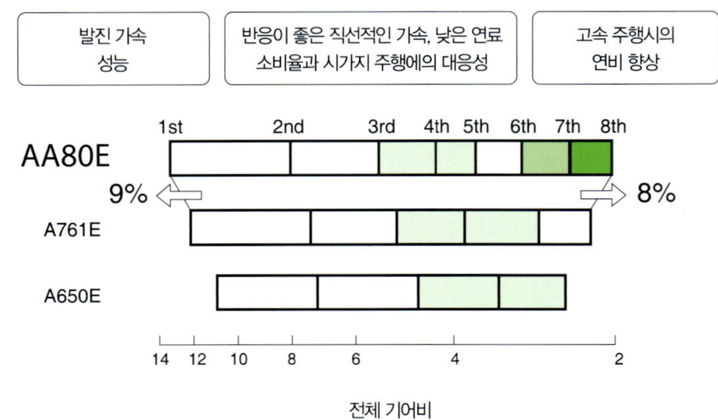

오버 드라이브 영역에서의 구동력

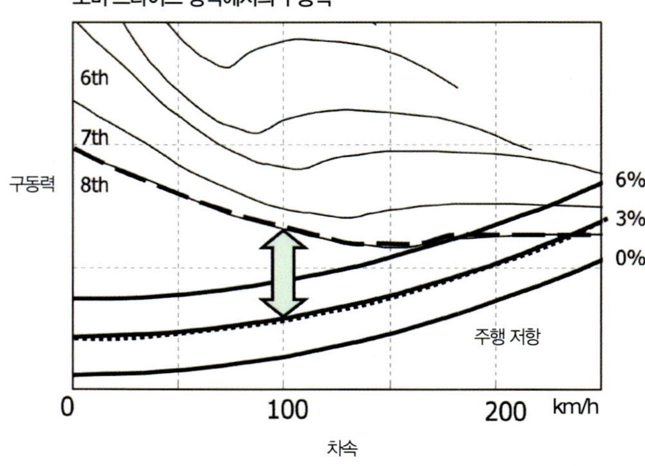

왼쪽 위는 AA80E의 사양으로 각 단의 기어비에 주목. 괄호 안의 단 분할비는, 시뮬레이션의 결과로부터 얻은 것이다. 기어비 범위는 6.7. 위는 도요타의 5단 및 6단 AT와의 전체 기어비의 비교. 8단화함으로써 저속 기어측과 고속 기어측 모두 영역이 넓어졌다. 6단이 기어비 1,000이고 3단에서 6단까지는 손실이 많다. 7단과 8단이 오버 드라이브이다. 왼쪽의 그래프는 6~8단에서의 구동력과 차속의 관계를 나타내고 있다. 평탄로의 주행 저항 0%의 곡선을 연장하여 8단의 파선과의 교차점이 최고속도가 된다. 도요타에 의하면, 6단으로 평지를 주행할 경우, 속도는 270km/h에 달한다고 한다. 일반 공공 도로에서는 체험 불가능한 속도이지만 그 정도의 실력을 가지고 있는 것이다. 즉 여유 구동력이 충분하다는 것은 최고속 부근이 아니어도 체감할 수 있다. 70km/h에서도 8단으로 상향변속 되기 때문에, 7/8단의 혜택은 일본에서도 받을 수 있다.

기어 열은, A761E의 구성을 유용하였다. 원래 「새로운 다단화」라고 하는 주제가 숨겨져 있던 변속기로서 6단을 얻는 기어 열에 추가로 2단의 요소를 추가하면 된다. 앞쪽 유성기어를 더블 피니언화하면 변속기 전체의 치수 확대를 막을 수 있다. AA80E의 완성품을 관찰하면, 이것이 개발상의 포인트였다는 것을 알 수 있다. 다만, 기어의 맞물림이 하나의 유성기어에 비해서 두 배가 되는 더블 피니언 유형은 전달효율 면에서 불리해진다. 이 대책은 나중에 서술하겠다.

「캐리어 안에 피니언 기어가 2세트 들어가는 더블 유성기어는 동일 회전방향의 감속을 시키면서 동력을 전달할 수 있다. 뒤쪽의 라비뇨 기어세트의 출력경로를 2계통으로 나누어 입력 가변의 기어 트레인으로 하면 8단이 된다.」

즉 뒤쪽의 라비뇨 기어세트는 2×2로 거기에 앞쪽으로부터 2계통 출력으로 토크를 전달하여 2×2×2로 한다는 것이다. 선 기어/링 기어/피니언 기어 가운데 어떤 것을 고정시켜 각각 2가지 방법의 용도를 얻을 수 있는 유성기어 세트는 그야말로 보물이다.

다만 입력 토크의 문제가 있다. 20%가 증가되면서 변속기 전체의 강성을 확보해야 한다.

「인풋 샤프트부터 기어까지 강화시켜도 전체의 중량은 유지하여야 하기 때문에 바깥 쪽 케이스를 가볍게 할 수 없을까 생각하였으며, 일반적으로 3분할되고 있는 토크 컨버터 하우징/ 트랜스미션 케이스/ 익스텐션 하우징을 모두 일체화한다고 하는 아이디어이다. 일체형이라면 결합 강성이 필요 없기 때문에 케이스 자체로 강성을 높일 수 있고 중량뿐만이 아니라 정숙성에도 효과가 있다」

완성품을 보면 멋지게 일체화된 주조 케이스로서 생각보다 얇다. 분명히 주조는 매우 어려운 작업이었을 것이다. 「6AT용의 3분할 케이스를 기초로 필요한 보강을 하였을 경우, 시뮬레이션에 비해 약 10% 가벼워졌다」라고 다나카는 말하지만, 이러한 케이스의 일체 주조를 주문 받은 현장은 힘들었을 것이다. 그러나 그것을 어떻게든 넘어서는 것이 부품 제조업자이다.

「주물 형성시 쇳물의 흐름과 탈거의 해석을 철저히 하였다. 이 정도로 형상이 복잡하면 주형 전체에 균일하게 같은 타이밍에 녹은 금속을 충전시키기는 어렵다. 또한 크기도 큰 편이다.

또한 그 이상으로 힘든 것은 이전에는 3분할 구조로 만들기 때문에 교묘하게 처리되었던 부분을 이제는 적당히 넘어가지 못하게 된 것이다. 다나카는 「아이신이 훌륭하게 해 주었다」라며 미소 짓는다. 도요타 그룹의 강점이란 여기에 있을 것이다.

하지만 조립은 어떻게 할 것인가. 차례로 케이스 안에 유닛을 집어넣을 것인가……

「앞/뒤의 유성기어 세트는 각각 카세트식으로 되어 있어 커팅 모델을 보면 알겠지만 완전하게 독립된 유닛 구조다. 또한 브레이크를 2개로 줄였으므로 케이스 안에 뒤쪽 유성기어를 넣고, 브레이크를 넣은 후 앞쪽의 기어, 브레이크와 조합시키면 완성되기 때문에 케이스 조립 공정도 필요없다. 샤프트도 앞쪽의 인풋 샤프트와 중간 샤프트로 분할되어 있어 6AT에 비하면 약간 굵어진 샤프트지만 조립성은 좋다」.

분명히 브레이크가 2개 밖에 없다. 앞쪽의 토크 컨버터 가까이에 위치한 유성기어 세트와 뒤쪽의 라비뇨 기어세트의 앞. 변속 충격을 방지하기 위해서 사용되는 원웨이 클러치는 겨우 1개. 잘 보면 대담한 설계다. A761E에서는 브레이크가 3개였다. 원웨이 클러치는 앞쪽 유성기어 세트의 전체 고정 및 피니언 기어 고정을 위해서 2개, 뒤쪽의 라비뇨 기어세트의 링 기어 고정을 위해서 1개, 합계 3개가 조립되어 있으며, 1단에서 5단까지의 모든 단에서 원웨이 클러치를 사용하고 있었다.

그러나 이 8단에서는 1—2단의 부분에만 충당하고 있으며 그 이외의 변속은, 모두 클러치 대 클러치의 유압 제어만으로 되어 있다. AT 내부의 이런 마찰 요소를 줄이면 그것은 마찰 저항의 감소로 연결된다.

마찰요소의 접속 차트

	클러치				브레이크	O.W.C.	
	C1	C2	C3	C4	B1	B2	F1
1단	●					△	○
2단	●				○		
3단	●		○				
4단	●			○			
5단	●	●					
6단		●		○			
7단		●	○				
8단		●			○		
후진				○		○	

○ : 작동   △ : S1 레인지에 작동

유압 솔레노이드 작동요소

	솔레노이드									
	ON/OFF		리니어							
시프트			SL1	SL2	SL3	sL4	SL5		SLU	SLT
	SR	SL	C1	C2	C3	C4	B1	B2	로크 업	라인업
1단	●		●						●	●
(L레인지)			●					●		●
2단	●		●				●		●	●
3단	●		●		●				●	●
4단	●		●			●			●	●
5단	●		●	●					●	●
6단	●			●		●			●	●
7단	●			●	●				●	●
8단	●			●			●		●	●
후진	●	●				●			●	●

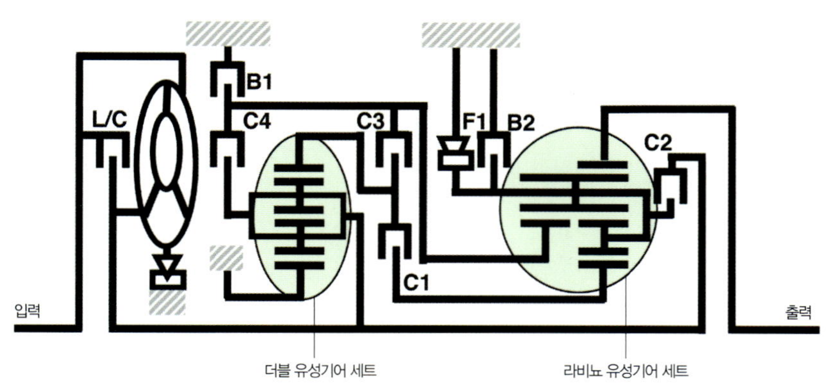

좌측 위의 표는 각 기어 단에서 어느 클러치/브레이크를 사용하고 있는지를 나타낸다. C1(클러치1)열과 C2열의 ○은 제각각 작동하고 있는 것을 나타낸다. S1 레인지란 C1과 B2(브레이크 2)를 결합시키는 레인지, 또 각 기어로 어느 유압 솔레노이드가 작동하고 있는지를 나타낸 것이 위 오른쪽의 표 변속시에 작동하는 것은 SL1에서 SL5까지의 5개의 솔레노이드이다. 글 중의 표기를 대비해 보길 바란다. 왼쪽의 모식도는 AA80E의 전체구성. L/C (로크 업 클러치) B1/B2의 2개의 브레이크, C1에서 C4까지 4개의 클러치, 그리고 F1(원웨이 클러치)이 기어와의 사이에서 작용한다. 71페이지의 일러스트는 이 중에서 기어 열만을 나타낸 것이다. 또 71페이지의 선도 및 사진과 이 양식도를 대비시키면 기어의 주위에 겹겹이 겹쳐진 캐리어 중 어떤 것이 작동하는지를 알 수 있다. 유압 제어 계통의 작동은 위의 표를 참조해 주시길 바란다.

앞쪽의 유성기어에 더블 피니언을 추가함으로써 기계적 손실은 늘어나고 있다.

또한 20% 증가한 입력 토크에 대응하기 위해 기어도 캐리어도 강화되었다. 그러나 전달효율의 목표, 최종적인 연비의 목표치는 절대로 낮출 수 없다. 다나카는 이렇게 말한다. 「할 수 있는 한 철저하게 마찰 부분을 감소시키도록 설계를 하였으며, 마찰재 그 자체의 연구를 하는 것과 동시에 마찰재 자체도 과감하게 줄이려고 하였다」 그러나 각각의 클러치를 유압만으로 제어하게 되면 유압계의 설계가 어렵다. 제어부분을 담당한 하세가와 요시오는 말한다.

「큰 유량의 리니어 솔레노이드 밸브의 사용으로 요구하는 유압을 확보할 수 있는 것인가. 4개의 클러치에 공급하는 유압을 직접 제어하는 방법은 생각해본 적이 없었다. 6AT에서는 파일럿식 유압 밸브의 움직임을 컨트롤하고 있었지만 피스톤에 보내는 유량을 솔레노이드 밸브로 직접 제어한다면 분명히 정밀도가 높은 컨트롤이 가능하게 된다」

유압을 사용하는 것은 토크 컨버터식 AT의 결점이라고 한다. 출력축과 같은 축상에 있는 펌프는 분명히 엔진의 토크를 조금 소비하지만 「유압이 필요하다면 양껏 유압을 사용한다. 그러므로 대용량의 솔레노이드를 선택하였다」라고 다나카는 단언한다. 높은 유압

을 사용하고 그 대신 마찰재의 장 수를 줄임으로써 조금이라도 전달효율을 높이려는 생각이다. 6AT에서는 0.8〜1.2MPa(메가 파스칼)이었던 유압을 AA80E에서는 1.6MPa로 사용하고 있다.

「오일펌프에는 이미 6AT부터 크레센트가 없는 것을 채택하고 있어 토출 손실은 줄었다」라고 한다. 펌프의 기어 폭을 물으니 11.7mm로 그다지 대용량은 아니었으며, 「펌프 용량을 크게하는 것이 아니라 손실을 줄이는 지혜를 짰다. 6AT에서는 21개였던 밸브 개수를 16개로 줄여 누유되는 양을 줄임으로써 유압을 확보하고 있다」라는 말을 듣고 수긍하였다.

그것과 「장 수를 줄였다」고 하는 마찰재. 현재의 AT 내부에서 사용되고 있는 마찰재는 거의 모두가 「종이」로서 여러 가지 특징을 가진 마찰재를 입수할 수 있다. AA80E에서는 종이 그 자체의 질을 높인 특수 주문 생산품을 3사로부터 구입하고 있으며, 「사용하는 장소에 따라 구입처가 다르다」라고 다나카는 말한다. 「열 부하 면에서의 내구성 확보가 특기인 메이커, 결합 특성이 중요한 곳에 사용할 수 있도록 제조하는 메이커, 정적 용량을 꾀할 수 있는 종이를 만드는 메이커 등, 부품 제조업체마다 특징이 있다」라고 한다.

민감한 곳이지만 마찰재는 세그먼트(segment) 처리 제품으로 수익율과 생산성 및 클러치판 1장의 중량을

파워트레인 본부 제2드라이브 트레인 기술부 제1AT기술실 그룹장·타나카 마사 하루가 기계 부분의 컨셉트 입안과 설계를 담당했다.

조금이라도 줄일 수 있기 때문이다. 물론 「슬립을 줄이기 위한 홈의 형상을 생각하였다. 홈이 너무 많으면 내열성 유지가 어려우며, 마찰의 특성과 내열성에서는 이율배반적인 요소가 많다. 밸런스를 잘 취하였다」는 말. 참고로 토크 컨버터의 로크 업에 사용하는 클러치는 마찰재 용량을 최적화한 500N의 토크에 대응한다고 한다.

토크 컨버터도 새로운 설계이다. 기본적으로는 유체 손실을 줄이는 방향이었지만 AA80E의 구상을 묻자 「토크 컨버터로 토크를 전달하고 부족한 것은 로크 업으로 보충한다」라는 대답이었다. 즉, 토크 컨버터는 발진만을 위한 장치가 아니고 슬립을 잘 이용하여 충격을 차단함으로써 조용하고 강력한 주행을 운전자에게 제공한다고 하는 생각이라고 다나카는 말한다.

정상으로부터 지나치게 벗어난다기보다는 발진과 가속시의 유체 손실을 줄이기 위한 것으로 가속 시에는 로크 업을 제외하기 때문에 여기에서 효율이 나쁘면 연비에 악영향을 미친다. 가속 중의 터빈 회전속도를 조금이라도 낮추고 싶었다.

그 때문에 용량 계수를 높여 슬립 손실을 줄이는 설계가 되었다. 렉서스 LS는 미국과 일본의 고급 자동차 시장이 대상이었으므로 토크 컨버터 나름대로의 토크감을 중시했을 것이다. 물론 실제의 가속은 엔진 특성과의 공동 작업이므로 엔진측의 연소 제어 디자인과 토크 컨버터 형상의 디자인은 연결된다.

「토크 컨버터의 치수는 275mm. 즉 6AT와 같다. 축방향의 치수도 최대한 억제하였고 최고 효율도 6AT용과 동등하거나 그 이상. 토크비는 떨어지지 않는다. 블레이드 형상의 수정만으로 500N에 대응하였다」

컷 모델에서 블레이드 형상을 관찰하면, 3차원 곡면이며, 블레이드와 블레이드 간의 오버랩도 크다. 크기를 바꾸지 않고 토크 용량을 20% 증가시키기 위한 설계다.

일본과 유럽의 토크 컨버터 설계는 매우 다르다. 일본의 토크 컨버터는 오일 통로가 출력축 방향으로 눌린 형상의 편평한 스타일이 많다. 엔진을 가로배치하는 FF의 소형차를 AT화하기 위해 두껍지 않은 토크 컨버터가 요구되었기 때문일 것이다. 그 기술이 FR용에도 적용되고 유체 해석도 두껍지 않은 형태를 기초로 하고 있다.

유럽제 FR차의 AT에서는 옛날의 도너츠 형상을 한 둥근 단면의 토크 컨버터가 대부분이며, 효율만으로 생각하면 둥근 단면쪽이 좋을 것이다. 다만, 둥근 단면으로 하면 충격을 흡수하는 스프링 댐퍼를 안쪽 둘레에 설치하게 되며, 바깥 둘레에는 공간이 없다. 반대로, 일본의 AT에서는 바깥 둘레의 댐퍼와 안 둘레의 댐퍼를 확보할 목적도 있어 점점 얇은 형태로 변해 왔다.

과연 어느 쪽이 좋을까. 유럽의 어느 변속기 메이커에서는 「바깥 둘레에 댐퍼를 설치할 공간을 양쪽 모두 만들어 보았지만, 진동 흡수 성능에 한해서 말하자면 바깥둘레 쪽이 우위였다」라고 들었다. 그러나 「충격보다 유체 손실을 우선하여 둥근 단면으로 하고 있다」 그 외는 「지금까지의 설계를 답습하고 있을 뿐이며, 익숙해진 설계에서는 좀처럼 벗어날 수 없다」라는 것이었다.

한편 일본의 토크 컨버터 메이커에서는 「토크 컨버터를 위한 공간 그 자체가 점점 줄어들고 있으며, 결과적으로 「몇 mm의 공간에 넣었으면 좋겠다」는 주문을 받는다. 단면을 둥글게 하고, 댐퍼도 바깥 둘레에 두면 좋겠지만 그 정도까지 토크 컨버터를 중시하지 않는다」라고 들었다.

즉 유럽풍에서도 일본풍에서도 각각의 이유와 장점이 있다는 것이다. 예를 들어 지극히 편평한 단면이라도 소정의 성능을 가지고 있는 것이 일본제 토크 컨버터이다.

이야기를 원점으로 되돌리자. AA80E용의 토크 컨버터는 모든 운전영역에서 용량계수를 약 20% 높이는데 성공하였으며, 기어 열은 A761E 기반의 설계. 그리고 브레이크 치수를 억제하여 원웨이 클러치를 1개로 줄

였다. 이러한 결과로서 전체 길이는 A761E와 비교하여 불과 16mm의 확대, 기어부의 외경은 약 10mm 크게, 중량도 약 10kg 증가하였다. 토크 용량에서 중량과 체적을 보면 「가벼워지고」, 「작아지고」 있다. 그래서 렉서스 GS에 탑재할 수 있었다. 이 AA80E는 아이신AW의 오카자키 공장에서 생산되고 있다.

한편 제어 계통에는 완전히 새로운 장치가 있는데 바로 DRAMS(Driving Response And Escalation Management System)이다. 오른쪽 페이지에 그 개요가 있다. 이른바 PTM(Power Train Management System)이지만 운전자의 가속 페달의 조작을 「스로틀 밸브의 개도」로서가 아니고 「요구 구동력」으로 바꿔서 PTM에 입력하고 그 요구에 맞는 구동력을 얻을 수 있는 시프트 프로그램을 지시하는 것이다.

또 Active Steering EPS(전동 파워 스티어링) / ABS 및 TRC(트랙션 컨트롤) /ECB(전자유압제어 브레이크)를 통합한 VDIM(Vehicle Dynamic Intelligent Management)으로부터의 정보도 받아 고도의 통합 제어를 하고 있다. 제어계통의 설계자인 하세가와는 말한다.

「한마디로 말해서 구동력을 요구하면 가속 페달의 조작에 대해서 최적인 구동력을 낸다. 이전의 통합 제어 시스템에서는 스로틀 밸브 개도 정보를 입력하고 있었지만 이러한 기어 단에 따라 토크를 산출하는 방법에서 토크는 마음대로 정해진다. 구동력으로 변환하는 스로틀 입력에 대해서 「다음은 어느 기어를 선택하면 좋은지」를 모든 바퀴축에서 컨트롤할 수 있다」

아마 이 배경에는 실린더 내 직접분사 인젝터를 가진 엔진이 앞으로는 주류가 된다고 하는 요건이 들어가 있을 것이다. 공기 양만으로 출력제어를 하고 있던 가솔린엔진이 연료를 실린더 내에 직접분사함으로써 스로틀 밸브 개도=토크라고 하는 등식이 성립되지 않게 되었다. 공기 양뿐만이 아니고 연료 분사량과 분사시기도 고려해야 한다. 그러므로 「요구 구동력」으로 바꾼다. 「변속시에는 엔진에 대해서 변속기 측으로부터 구동력을 요구하면 엔진은 그에 따른다」고 하는 제어이다.

다만 차량의 주행 상황도 고려할 필요가 있으므로 ABS/TRC 등으로부터의 정보도 참고값으로 받아들여 변속시켜서는 안 된다고 판단하면 기어를 유지시킨다. 「VDIM으로부터의 정보는 브레이크 제어가 우선」이다. 한 쪽 바퀴라도 슬립하고 있으면 변속 조작은 이루어지지 않으며, 동시에 엔진은 구동력을 낮춘다. 무엇보다 새로운 ABS/TRC계통은 운전자가 브레이크 페달을 밟고 있지 않아도 1바퀴만의 브레이크 제어를 할 수 있는 브레이크 압력의 액티브 증압 회로를 가지고 있으며, 이러한 장치를 이용할 수 있는 제어에 변속기측도 연동되고 있다. 매우 정교한 제어가 DRAMS 내에서 이루어지고 있는 것이다.

하세가와는 「6단에서 8단으로 증가되었을 때 빈번한 변속은 없애고 싶었다」라고 한다. 기본적으로는 큰 토크의 엔진과 유연한 토크 컨버터와의 편성으로 부드럽게 주행한다는 생각이다. 토크 컨버터 성능에 집착한

다나카의 생각을 하세가와가 받아들였다.

다만 과도 영역의 제어는 「정적을 기준으로 하였다」라는 것. 주행 중의 구동력의 증감을 변속 조작으로 바꾸었을 때 어느 기어 단으로부터 다음의 기어 단으로 변속을 부드럽게 하기 위함이다. 연결이 너무 빠르면 운전자는 「튀어나가는 느낌」을, 반대로 너무 늦으면 지연되는 느낌을 받게 된다. 다음 단계에서는 이 부분도 동적인 기준이 되는 것일까? 그렇다면 더욱 정교한 제어가 필요하게 된다. 6단에서 8단으로 기어가 증가되었다고 하는 것만으로도 하향변속의 패턴은 증가되고 있다. 동적 영역의 제어를 확대한다고 하면 어떨까?

「역시 대용량 솔레노이드의 효과는 크다. 원웨이 클러치를 폐지함으로써 변속 충격을 흡수하기 위한 제어 유압의 정밀도를 높일 필요가 있었지만, 이 솔레노이드의 혜택은 건너뛰는 변속에서도 나타나고 있다. 이것이 무슨 일인가?」

「예를 들어 8단으로 주행 중에 2단으로의 하향변속이 필요하게 되었을 경우에도 솔레노이드의 변환은 1회로 끝난다. 8단에서는 SL(솔레노이드) 2/SL5를 사용하고 있지만, 2단은 SL1/SL5다. 하향변속 요구가 나오면 SL2를 SL1으로 전환하면 된다. 완전히 다른 조합인 2개의 솔레노이드로 전환시킬 때는 2회의 변환이 되지만 용량이 크기 때문에 시간적인 지연은 거의 문제가 되지 않는다. 파워 온(power on) 상태에서 하향변속이 가능하며, 가속 페달의 급조작의 경우에서도 응답성은 좋다」

솔레노이드의 구조에 대해서는 기업적 비밀이 많다고 한다. 특히 「코일의 형상이 극비다」. 밸브와 외측 슬리브 홈 형상과 코일 형상을 연구하여 응답성을 확보하고 있다. 다나카는 「가볍게 움직여 알맞은 위치에 멈춘다. 오버 슛 하지 않는 솔레노이드다」라고 말한다. 전자제어뿐만 아니라 구조에서도 철저히 성능을 추구하고 있다는 점에서 엔지니어의 마음가짐을 느낀다.

「건너뛰는 변속」을 실현시킨 배경에는, 뒤쪽의 라비뇨 기어세트의 중간 선 기어에 회전 센서를 내장시킨 것도 들 수 있다. AA80E에서는, 앞쪽 유성기어의 캐리어 인풋 샤프트와 뒤쪽 라비뇨 기어세트의 링 기어 아웃풋만이 아닌, 뒤쪽 중간 선 기어에 센서가 설치되어 있다. 이것을 대용량 솔레노이드의 파워를 병용하여 「건너뛰는 변속」의 패턴을 증가시키고 있다.

「상향변속은 측은 1단씩 변속되지만 하향변속은 구동력의 요구와 현 속도에 따라 뛰어넘는 방법으로 바꾸고 있다. 차속이 높은 영역에서는 연료를 차단시키기 때문에 너무 급격하게 단수를 뛰어넘으면 감속도가 커지므로 1단씩 낮추고 있으며, 일정 속도영역 이하에서는 앞에 서술한 8단에서 2단이라고 하는 패턴도 있다면, 5단에서 3단으로, 3단에서 1단으로, 라는 패턴도 있다」

즉 낮은 곳으로 내려 오는 곳은 천천히, 가속 페달을 밟는 파워 온 다운(power-on down)에서는 구동력 제어로 「건너뛰기 변속」을 한다는 것이다. 머지않아 상향변속도 「건너뛰기」가 들어갈 것인가. 그것을 실현시킬 수 있는 장치는 이미 준비되고 있다.

다나카와 하세가와에게 다음의 목표를 물어 보았다.

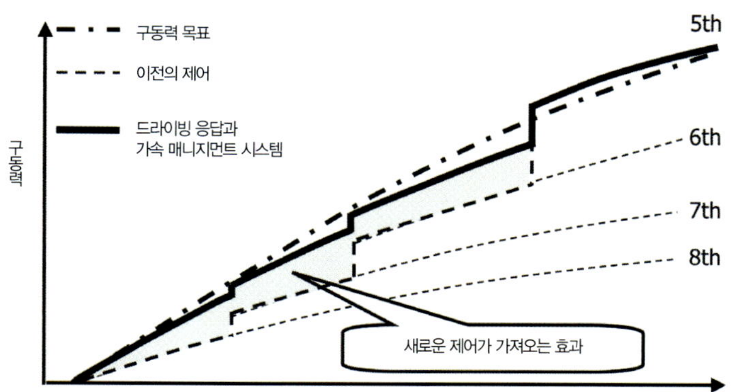

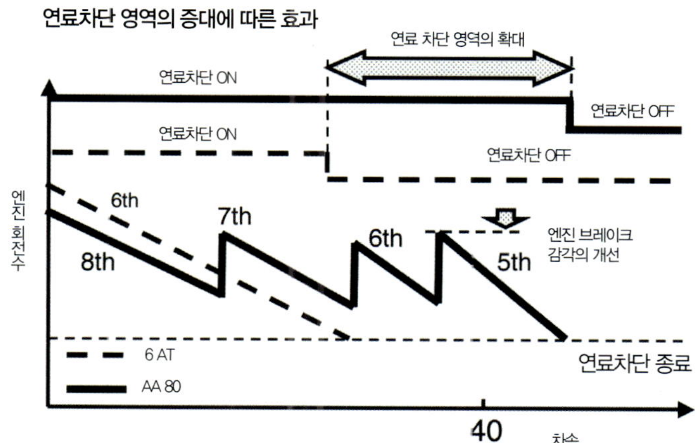

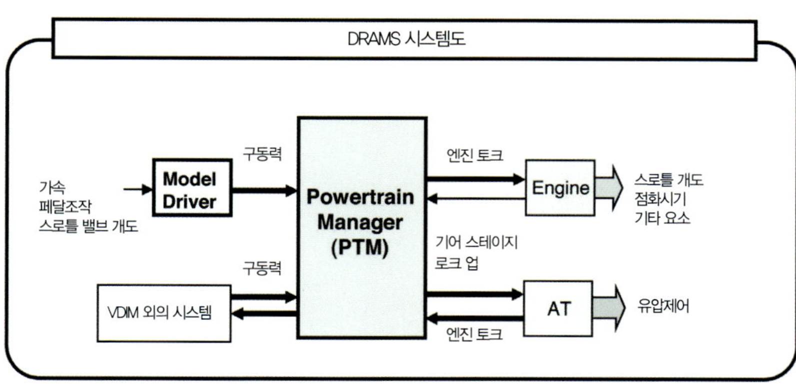

파워트레인본부 제2드라이브 트레인기술부 제1AT기술실 그룹장 하세가와 요시오는 제어계 설계 담당. 이번부터 도입된 D RAMS의 개발에 중심적 역할을 완수하였다.

「8단의 개발로 얻을 수 있는 것은 다른 AT에도 전개할 수 있으며, 요소의 개발에는 앞서가는 개발의 의미도 있어 과감히 도전해 보았다. 클러치, 마찰재, 리니어 솔레노이드 등은 당장이라도 전용할 수 있다」

「엔진이 양호한 상태로 회전하고 연비도 좋다. 그것을 지지하는 것이 변속기의 역할이며, 물론 시장이 요구하는 튜닝을 하고 있지만 너무 변속기가 거론되지 않는 편이 좋다」

조금 짓궂은 질문도 해 보았다. 사실 필자는 현재의 렉서스 LS에서도 빈번하게 변속이 이루어지는 것을 느낀다. 더 자세히 얘기하자면 운전자가 원하는 토크는 엔진이 만들었으면 한다.

「기어 단을 바꾸지 않고 엔진의 토크로 주행하는 것도 방법이다. 다만, 가속 페달의 움직임과 운전자가 원하는 토크의 관계는 정량화하기 어렵다. 현재 상태로서는 고르게 요구를 받고 있다」

분명히 그럴 것이다. 시장의 요구에 응답하는 것은 비즈니스의 기본이다. 4.6ℓ의 V8 엔진을 탑재한 고가의 세단에는 그만한 성능이 요구되며, 복잡하고 정밀한 제어도 시장의 요구에 따르기 위한 수단이다.

요구라고 하면 이것은 렉서스 L5의 이용자이기 때문에 더할 수도 있다고 생각하지만 AA80E의 「정숙성」은 보통이 아니다. 엔진 룸이나 바닥 밑의 소음의 차단이 이루어지고 있으며, 혹시 변속기에서 소리가 날까, 라고 생각했지만 가청 주파수대에서는 최대가 되지 않도록 되어 있다. 일체로 주조된 트랜스미션 케이스의 효과일까.

「기어의 소음이 억제되고 있는 유성기어의 이는 맞물림 손실의 저감과 기어 소음의 대책을 위한 기어로 연삭을 하고 있다. 깎은 기어를 연삭기에 걸어 하나씩 연마한다. 기어는 미끄럼 접촉으로 맞물리기 때문에 마찰 손실을 줄이면 불필요한 소리도 나지 않게 된다. 지금까지는 엔진 소리에 섞여서 변속기의 소음은 두드러지지 않았지만 엔진이 조용해지면 소음이 나타나기 때문에 AA80E는 A761E에 대해서 유닛 단체로 소음을 10dB 저감시켰다. 이 수치는 모든 주파수대의 평균이다」

10dB는 대단하다!

깎은 기어를 그대로 사용하는 것이 보통이지만 렉서스 품질은 거기까지 요구되는가, 하고 물어보니 아이신AW 오카자키 공장 내의 생산 라인에 기어 연삭기를 갖추었다고 한다. 다나카는 「변속기의 기본 성능을 높이려면 부품의 정밀도도 포함하여 기계로서의 특성을 향상시키는 것이 필요하다. 기어는 단순하지만 내면이 깊다」라고 말한다. 노력을 꾸준히 거듭하는 사람이 기계 엔지니어이며, 그 모습이 바로 여기에 있다.

더 먼 장래의 이야기를 듣고 싶다. 예를 들어 동력원이 전동 모터가 된다고 하면, 변속기의 역할은 끝나 버리는 것인가.

「자동차를 작동시킬 단한 토크를 발생시키려면 모터는 커진다. 감속 시스템이라고 하는 생각으로 변속기를 조합하면 모터는 작아질 수 있으며, 변속기를 사용함으로써 효율을 추구할 수 있지 않을까, 라고도 생각한다. 무엇보다 엔진, 모터, 변속기는 같은 토크 발생장치이다. 토크만 주어진다면 모터라도 상관없다」

더 묻겠다. 하이브리드 시스템은 변속기의 라이벌이 아닌가? 같은 공간을 이용하면서 모터의 힘도 빌릴 수 있다.

「분명히 그렇지만 하이브리드 시스템을 뛰어넘는 성능을 변속기가 계속 가지 않으면 안 된다」

그 말은 무엇인가 앞의 일도 생각하고 있다는 의미일 것이다. 세계 최초의 8단 AT를 완성시킨 엔지니어는 벌써 다음의 단계를 생각하고 있다. 그런 인상을 받았다.(본문 중 존칭 생략)

듀얼 클러치 분야에서 기선을 잡은 폭스바겐(VW)은, 2003년 골프 R32에 VW의 DCT · DSG를 탑재하여 데뷔시킨 이래, 100만 대 이상의 DSG 탑재차를 판매해 왔다. 그 노하우를 살려 진화시킨 것이 이번 7월부터 골프에 탑재되어 일본으로 도입되는 「DQ200」이다. 최대의 특징은 지금까지의 6단에서 7단으로 단수를 증가시키고 클러치를 유압 다판식에서 건식 단판식으로 변경한 점이다. 그 결과 전달효율이 이전의 6단 DSG의 85%에서 91%로 향상되었다. 연비는 운전자의 숙련도에 따라서 차이가 나지만 MT를 100%로 했을 경우에 비해 88~93%까지 연료 소비량을 저감할 수 있다고 한다.

구조를 해설하기 전에 이전의 유압 다판식 DSG 「DQ250」에 대해 조금 해설을 하고자 한다. 보르그워너제의 클러치가 2세트 갖추어져 2/4/6의 짝수단에 연결되는 입력축 1에는 클러치 1, 1/3/5의 홀수단으로 연결되는 입력축 2에는 클러치 2가 연결되어 있다. VW의 엔진은 가로배치 FF 레이아웃에 대응하기 위해 입력축 1에 입력축 2를 덮어씌운 것 같은 구조를 채택함으로써 소형화를 도모하고 있다.

이에 비해서 건식 단판식이 되는 7단 DSG에서는 LuK사의 건식 클러치를 채택하여 클러치 조작이나 변속을 이전의 유압식에서 전동 유압식으로 바꿈으로써 오일펌프를 없앴다. 오일 안에 클러치가 잠기고 있는 형태의 6단 DSG에서는 오일의 점성으로 인한 슬립 토크에 의해서, 특히 저 토크 영역에서의 효율이 저하되었다. 건식으로 바꾸면 이 저항이 없어져 손실이 감소

DQ200(건식 7단 DSG)

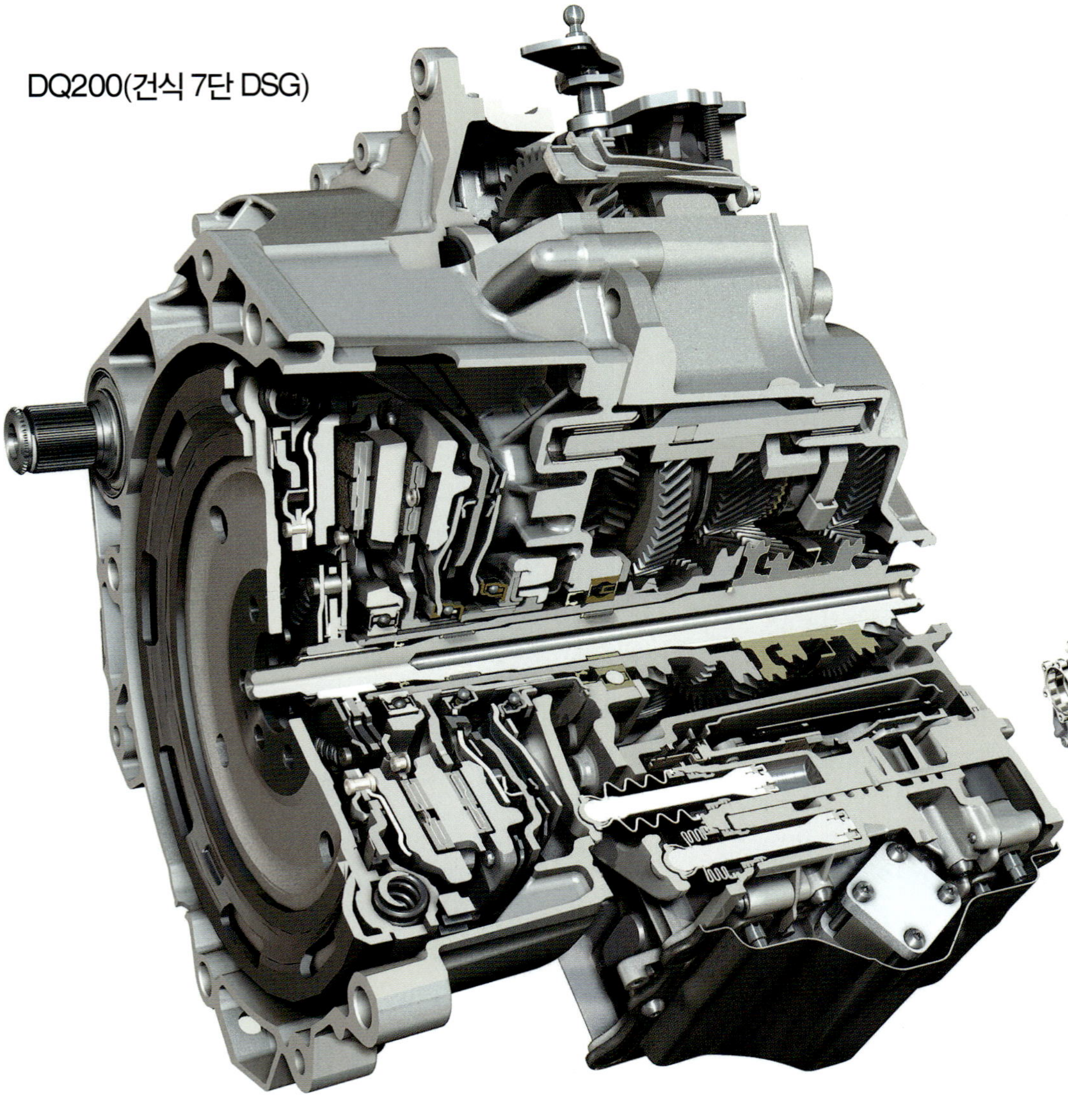

DQ200 변속비(Overall Ratio)

클러치	건식 듀얼 클러치
1단	16.71
2단	10.09
3단	6.79
4단	4.96
5단	3.8
6단	3.07
7단	2.57
후진	17.41
최종감속비	변속1/ 변속2
기어비 범위	6.50

※ 최종감속 cc 미공표로 총기어비로 표기

DQ250(습식 6단DSG)

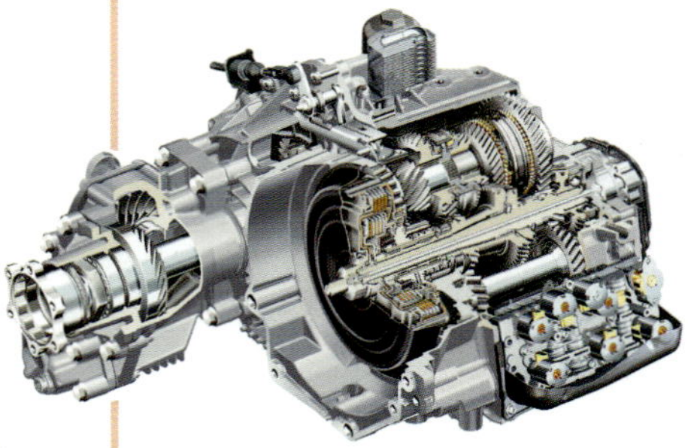

DQ250 기어비

클러치	습식 다판 클러치
1단	3.46
2단	2.15
3단	1.46
4단	1.08
5단	1.09
6단	0.92
7단	–
후진	3.99
최종감속비	4.12(변속1)/ 3.04(변속2)
기어비 범위	3.76

03

Dual Clutch Transmission

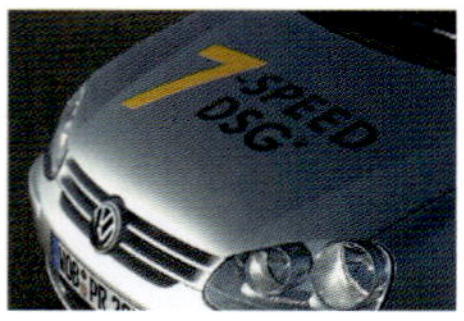

DCT – 보다 나은 효율을 찾아서

VW 건식 클러치로 효율을 더욱 향상시킨 신형 7단 DSG

DCT 분야에서 정상을 달려온 VW도 다음 단계의 전진을 보이기 시작하였다.
새로운 효율의 증진을 도모하고, 건식 클러치를 이용한 새로운 7단 DSG를 개발하였다.

글: 카와바타 유미 · 사진 & 그림: VW/AUDI/세프라 재팬

된다. 또, 요구하는 유압의 발생을 위해 항상 펌프를 작동시키는 6단 DSG보다 효율이 높다. 자동유압식으로 바꾼 결과, 사용되는 오일의 양도 이전의 6.5ℓ에서 1.7ℓ로 감소되었으며, 액추에이터를 작동시키는 오일과 변속기의 윤활유를 공용하지 않기 때문에 변속기 내에서 발생하는 마모 입자의 혼입을 방지할 수 있고, 작동유의 최적화도 가능하다.

그 반면 오일에 의한 냉각을 할 수 없게 되므로 6단 DSG에서는 토크의 최대용량이 350Nm였는데 비해 7단 DSG에서는 최대 토크가 250Nm으로 제한되고 있다. 다만 250Nm이란 대부분의 4기통 엔진을 커버하는 수치라는 것을 알아 두자. 중량도 「DQ250」는 93kg인데 비해 「DQ200」는 70kg까지 경감되었다. 기본 구조는 MT와 같지만 안전 기준(fail-safe)의 관점에서 보면 통상은 클러치를 끊은 상태인 것도 독자적인 기구다.

두 클러치는 10~15rpm이라고 하는 저속 회전으로 슬립시키기 때문에 마모가 발생할 뿐만 아니라, 유럽에서는 25만km까지의 내구성이 필요하다. 7단 DSG에서는 마모에 대응하여 클러치 사이의 거리를 자동적으로 조정하는 셀프 어저스팅 기구를 갖추고 있다.

최종적으로 신형 TSI 유닛과 DQ200를 조합한 골프의 연비는 이전의 6.3ℓ/100km로부터 5.9ℓ/100km로 20%나 향상(신 EU모드). CO_2 배출량은 139kg/km. 유럽에서 에코 카로 불리는 기준, 즉 EU 위원회와 EU 자동차공업협회가 체결한 「2008년까지 메이커들의 CO_2 배출량을 140g/km까지 낮춘다」라고 하는 약속을 충분히 의식한 수치이다.

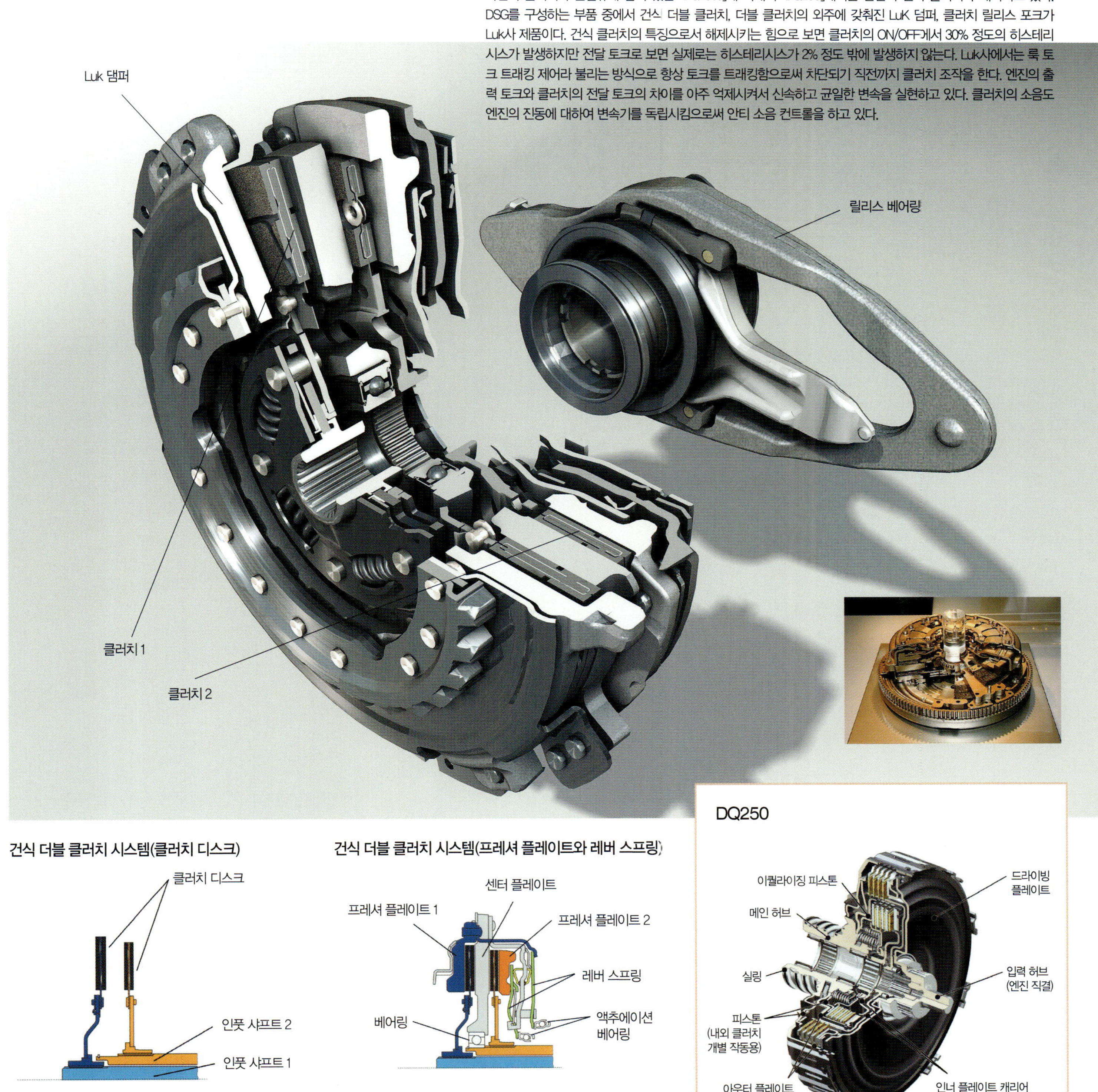

건식 더블 클러치 시스템(클러치 디스크)

입력축 1에 클러치 1이, 입력축 2에 클러치 2가 연결되고 나아가 각각의 홀수단과 짝수단에 연결되어 있다. 6단 DSG에서는 오일 펌프도 구동하고 있지만 7단에서는 생략된다.

건식 더블 클러치 시스템(프레셔 플레이트와 레버 스프링)

만일의 고장시에 두 개의 변속기가 서로 엉키는 것을 방지하기 위해 액추에이터에 힘이 가해지지 않을 때는 상시 개방하는 시스템. 레버가 접촉되는 곳에는 편마모 보정기구가 설치된다.

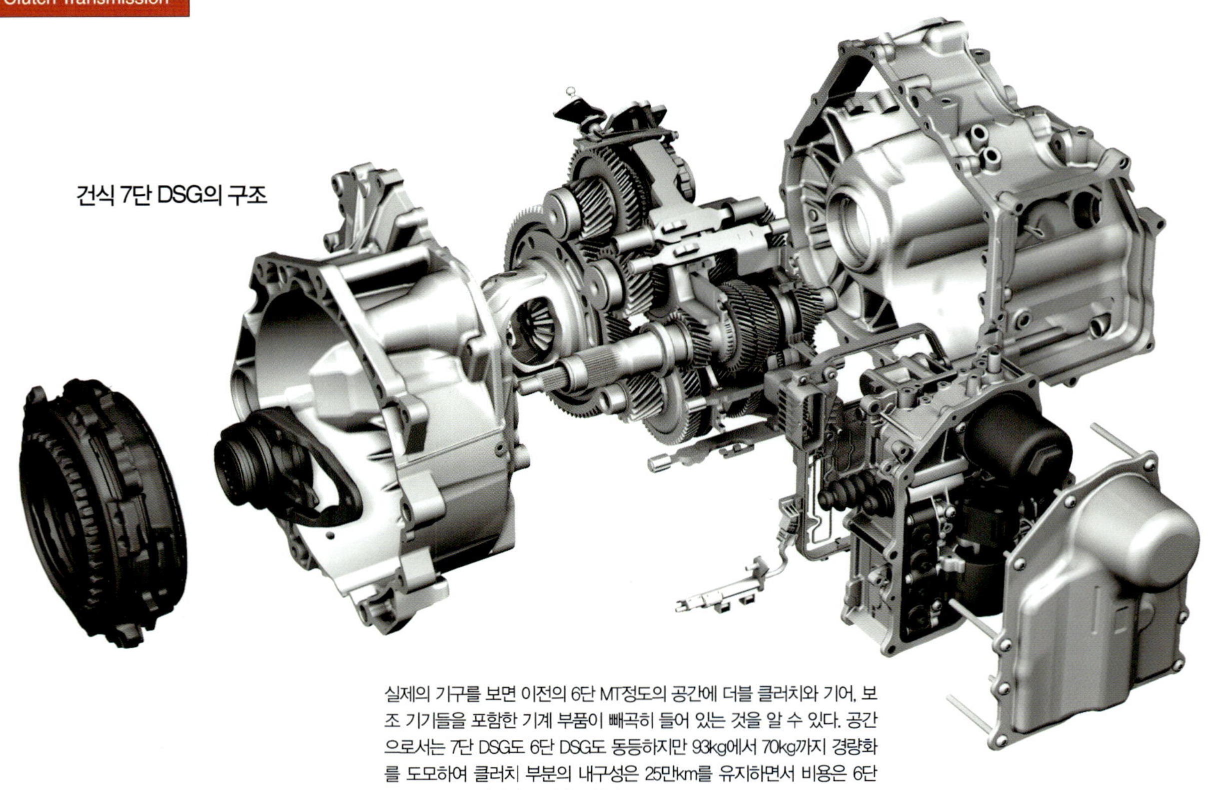

건식 7단 DSG의 구조

실제의 기구를 보면 이전의 6단 MT정도의 공간에 더블 클러치와 기어, 보조 기기들을 포함한 기계 부품이 빼곡히 들어 있는 것을 알 수 있다. 공간으로서는 7단 DSG도 6단 DSG도 동등하지만 93kg에서 70kg까지 경량화를 도모하여 클러치 부분의 내구성은 25만km를 유지하면서 비용은 6단 MT 수준으로 억제하고 있다고 한다.

건식 7단 DSG의 기본구성(전개도)

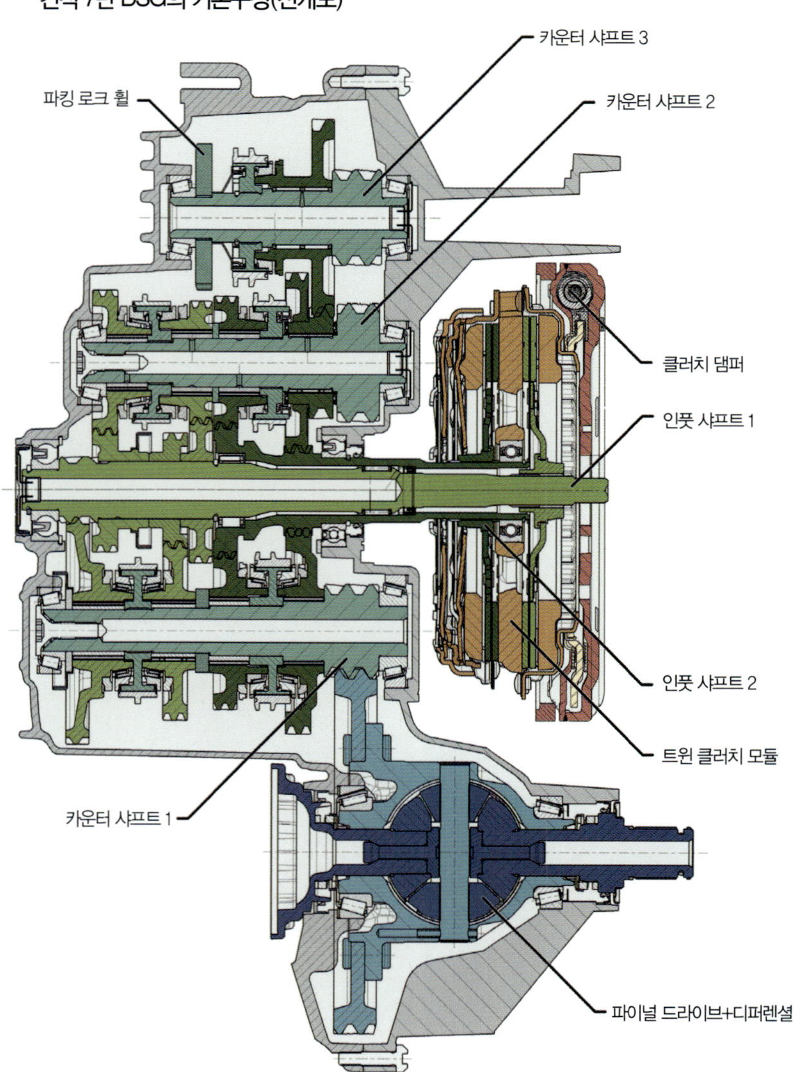

축 방향의 길이를 단축할 수 있도록 출력축을 두개로 나누기 때문에, 입력축 1, 2말고도 후진용과 합하여 4축 구조를 채택함. 이전의 6단 DSG와 기본적으로는 유사한 구조이지만 입력축 2에 의해서 구동되고 있던 오일펌프가 액추에이터의 전동 유압화에 의해 불필요해지고 있다. 클러치 부분은 7단이 몸집이 커진 인상이지만 유압 관련 부품을 큰 폭으로 생략함으로써 전체적으로는 소형화와 경량화에 성공하고 있다. 또 6단 DSG에서는 축방향의 길이를 단축할 수 있도록 2조의 클러치가 내외주에 조립되어 있으나, 7단 DSG에서는 2장의 단판식 클러치가 전후로 나열된 구조이다. 오일량도 이전의 6.5 ℓ 로부터 1.7 ℓ 까지 줄인 다음 액추에이터 전용으로 함으로써 장기 수명화도 도모하였다.

습식 6단 DSG의 기본구성(전개도)

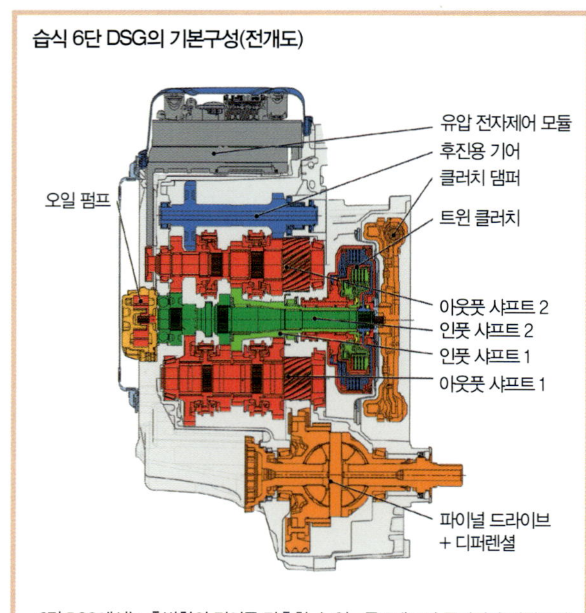

6단 DSG에서는 축방향의 길이를 단축할 수 있도록 2세트의 클러치가 내외주에 조립된다. 7단화로 생략된 오일펌프의 존재도 축방향의 길이를 증가시키는 요인이었다.

- 건식 7단 DSG(DQ200)의 기본 개념

변속기 스케치도

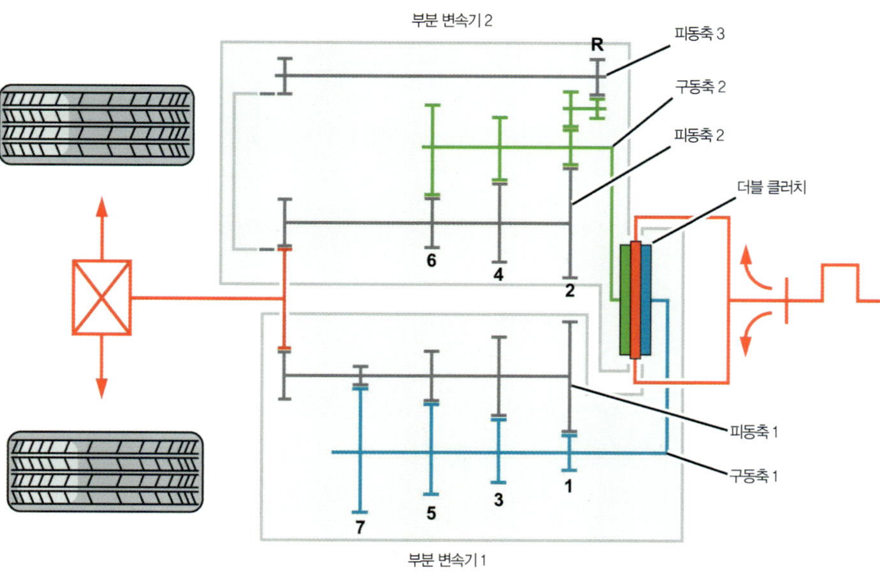

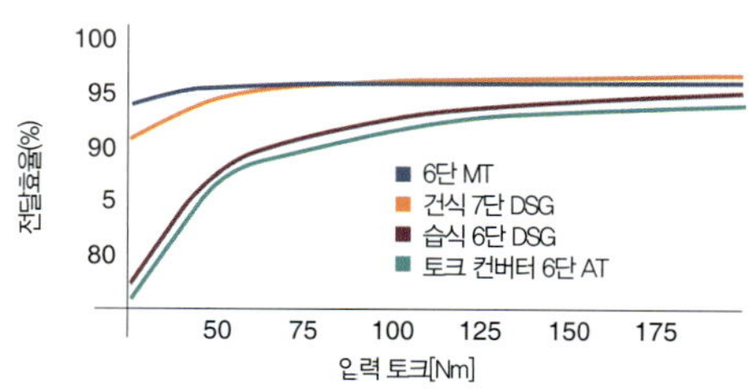

입력 토크의 전달효율을 비교하면 이전의 6단 DSG는 이전의 6단 AT보다 어느 정도 전달효율이 높기는 하지만, 저 토크 영역의 효율이 큰 폭으로 저하되고 있다. 7단 DSG에서는 6단 MT 같은 수준으로 효율이 높을 뿐만 아니라 저 토크 영역에서의 효율이 높아 도시에서는 특히 유리하다.

7단 DSG의 기본 개념을 간략화하여 표시하면 이와 같은 그림이 된다. 우선 빨간색으로 나타낸 부분은 엔진에서 발생한 토크가 크랭크 샤프트를 통해 더블 클러치 부분에 전달된다. 클러치 2가 닫히면 1/3/5/7의 홀수단으로, 클러치 1이 닫히면 2/4/6의 짝수단 또는 후진으로 각각 토크가 전달된다. 그림에는 나타나지 않았지만 모터 구동 펌프로 어큐뮬레이터 내의 유압을 높여 그 유압으로 액추에이터를 작동시킴으로써 클러치의 변환이나 변속을 한다. 6단 DSG에서는 유압 다판 클러치 내의 윤활유와 메커트로닉스 내의 작동유를 공용하기 때문에 필요했던 오일필터나 대량의 오일을 냉각하기 위해서 사용되고 있던 오일쿨러도 생략된다.

습식 6단 DSG(DQ250)의 기본개념

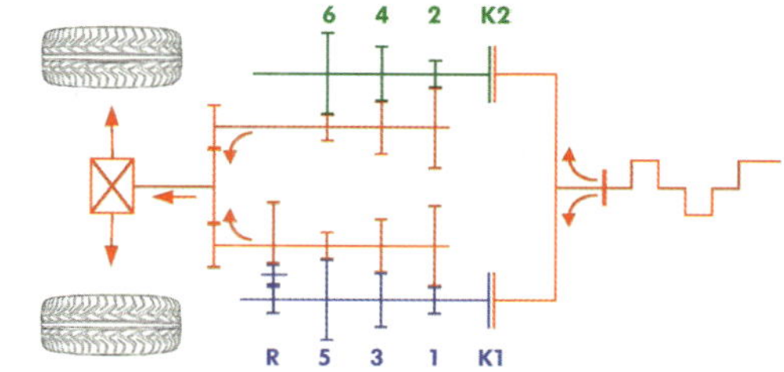

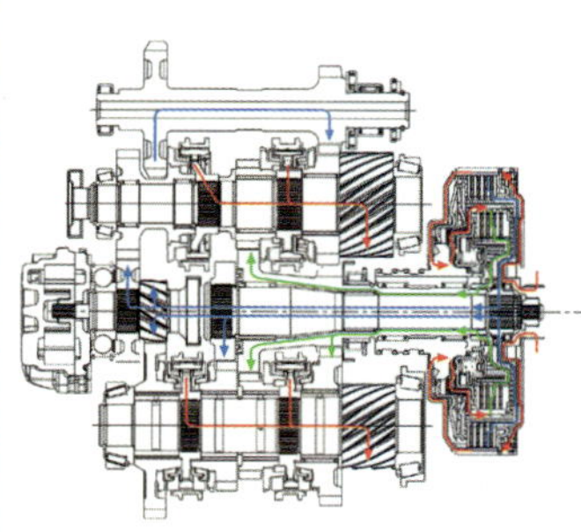

토크 전달의 기본은 같지만 6단에서는 클러치가 안 둘레와 바깥 둘레로 나뉘어 있어 안쪽의 클러치에 대응하는 입력축에 연결되어 짝수 단에 토크를 전달한다. 마찬가지로 외측의 클러치에 대응하는 입력축을 매개로 홀수 단으로 토크를 전달한다. 축방향으로 소형화한 설계를 하기 위해서, 축을 분할하고 있지만, 사고 방식은 일단 단순하다.

4단 주행

4단에서 5단으로의 상향변속을 해설하겠다. 우선 4단을 사용하여 주행하고 있을 때는 기어측에 가까운 안쪽의 클러치가 입력 축에 연결되어 짝수단 중 4단의 기어에 맞물려 토크를 전달하고 있다. 이 때 홀수단에 대응하는 클러치도 트래킹을 하고 있어 부드러운 변속에 대비하고 있다.

4단→5단 상향변속

5단 주행

4단에서 5단으로 상향변속할 때에는 안쪽의 클러치가 개방되고 액추에이터에 의해 엔진측에 있는 외측의 클러치가 작동되어 대응하는 안쪽의 입력축으로 순식간에 전환시킬 수 있다. 그 결과 엔진으로부터 클러치를 매개로 입력 축과 5단기어가 맞물려 토크가 전달됨으로서 변속이 완료된다.

AUDI S-tronic

4WD용 세로배치 7단 DSG가 등장

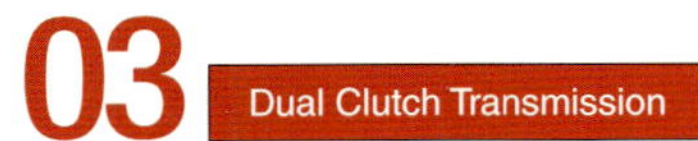

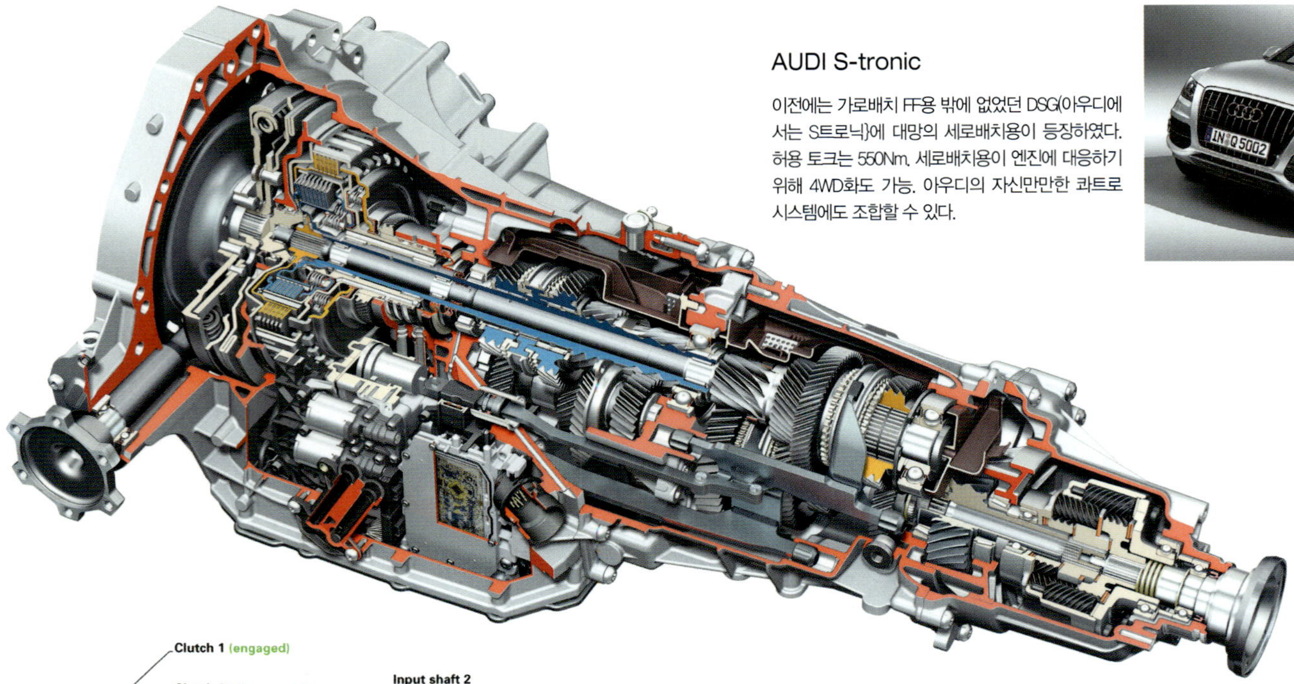

AUDI S-tronic

이전에는 가로배치 FF용 밖에 없었던 DSG(아우디에서는 S트로닉)에 대망의 세로배치용이 등장하였다. 허용 토크는 550Nm. 세로배치용이 엔진에 대응하기 위해 4WD화도 가능. 아우디의 자신만한한 콰트로 시스템에도 조합할 수 있다.

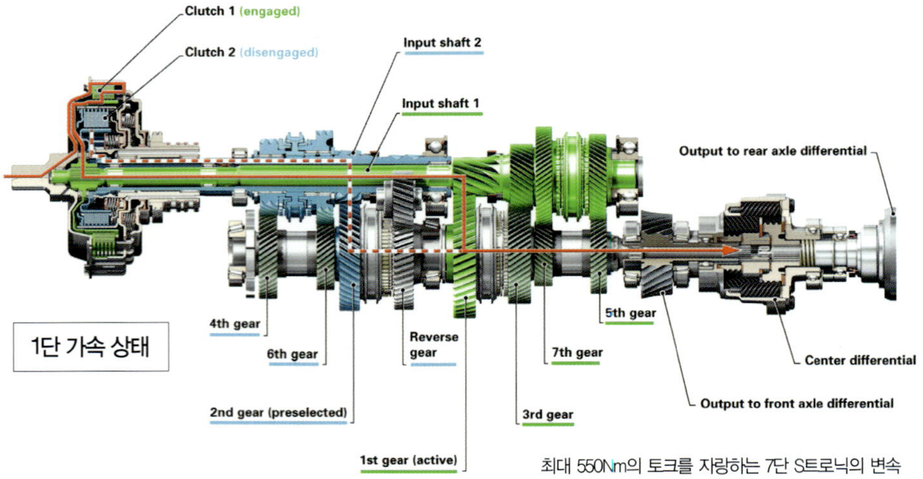

1단 가속 상태

최대 550Nm의 토크를 자랑하는 7단 S트로닉의 변속을 1단에서 2단으로의 상향변속을 예로 해설해보겠다. 1단을 선택하면 바깥쪽의 클러치 1을 연결할 수 있어 안쪽의 입력축 1에 토크가 전달되고, 이어서 출력축 상에 배치된 1단기어로 전달된다.

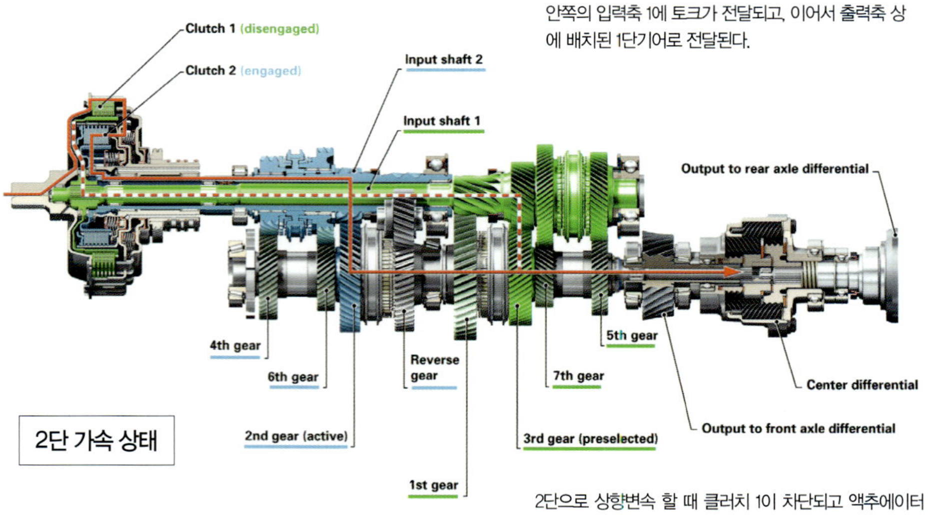

2단 가속 상태

2단으로 상향변속 할 때 클러치 1이 차단되고 액추에이터에 의해서 안쪽의 클러치 2가 작동된다. 그 결과, 바깥쪽의 입력축 2를 매개로 출력축 상에 배치된 2단기어로 토크가 전달된다.

같은 그룹 내의 아우디에서는 더블 클러치 시스템을 「S트로닉」이라 하며, A3 스포츠 팩이나 TT쿠페/로드스타와 같은 가로배치 엔진에 탑재해 왔지만 2008년 4월에 북경에서 개최된 오토 차이나에 등장한 신형 SUV 「Q5」에 처음으로 세로배치 엔진용 7단 「S트로닉」을 탑재하였다. Q5 시리즈 중 신형 S트로닉이 탑재되는 것은 3ℓ 디젤 엔진의 「3.0TDI」와 2ℓ 직접분사식 가솔린 엔진의 「2.0TFSI」 2종이었지만 이론상은 550Nm까지 대응된다고 한다.

7단화가 되면서 그 구조는 폭스바겐의 6단 DSG와 같은 유압 다판식을 채택하고 있다. 6단 DSG에서는 엔진을 가로배치로 하여 앞쪽에 탑재하기 위해서는 축방향의 공간에 한계가 있었지만 7단 S트로닉은 엔진을 세로로 배치하기 때문에 드라이브 트레인을 세로 길이로 설치할 수 있다. 이전의 6단 DSG는 입력축 외에 출력축을 둘로 나누어 후진까지 포함하면 4축이었지만 7단 S트로닉은 2축으로 집약시키고 있다. 구체적으로는 안쪽의 입력축으로부터 직접 출력축 상에 있는 홀수 단을 구동시켜 바깥쪽의 입력축으로부터 직접 출력축 상에 배치된 짝수 단에 토크를 전달한다. 출력축의 후방에는 4WD 시스템이 조합되어 있다.

Q5는 A4/A5의 플랫폼이 기초가 됨으로써 앞으로 다른 세로배치 유닛에도 S트로닉이 탑재될 가능성이 높다. 또, 최대토크가 550Nm으로 크기 때문에 가솔린이라면 V10 그룹, 디젤이라도 V6 그룹까지 대응이 가능해진다.

폭스바겐 그룹으로서는 같은 보르그워너사 제품의 더블 클러치 시스템으로 2005년에 부가티 베이런에 1250Nm에 대응하는 더블 클러치 시스템을 탑재한 실적도 가지고 있으며 앞으로 기술적으로는 더 진보된 대용량화도 가능할 것이다.

DCT, 지금부터의 진화의 방향성

사진 : 세프라 재팬

현 상태에서의 DSG의 미래는 용량이 한정되어 있지만 비용과 생산성이 우수한 건식 단판클러치와 토크의 대용량화에 대응하는 습식 다판 클러치라고 하는 두 가지의 방향성이 보인다. 기어 박스 자체는 어느 쪽의 구조이든 크게 다르지 않지만 건식 단판 클러치와 액추에이터 부분을 생산하는 LuK사에서 액추에이터 부분을 건식과 습식에도 공용할 수 있는 장치를 개발하여 건식 혹은 습식을 모듈화하는 것을 시야에 넣고 있다. 현재 습식 다판 클러치는 유압으로 액추에이터 피스톤을 작동시킴으로서 윤활유 속에 있는 클러치를 개방 또는 접속한다. 현재, LuK사에서는 클러치 부분만을 윤활유 안에 담고 액추에이터는 외부에 설치하여 실(Seal)의 외부로부터 레버 스프링으로 클러치를 개방 및 접속하는 모듈을 테스트 하는 데까지 도달하고 있다.

또 현재의 7단 건식 DSG는 모터로 유압을 높여 액추에이터를 조작하는 전동 유압식을 채택하지만, 모터로 직접 클러치를 움직이는 일렉트로 메커니컬 액추에이션도 개발 중이며, 유압 대신에 모터로 직접 작동시키면 두개의 클러치나 기어 선택시마다 작동 모터가 필요하게 된다. 또 큰 힘을 필요로 하기 때문에 토크가 큰 모터를 사용해야하지만 감속기를 이용하게 된다. 그 때문에 7단 건식 DSG는 공간 절약화를 위해서 전동 유압식을 채택하였지만 LuK가 개발한 방법에서 모터는 지지점을 움직일 뿐이므로 그렇게 크지 않아도 되는 것이다. 이미 미쓰비시 등에 더블 클러치 시스템을 공급하는 게트락제의 건식 클러치에 탑재되고 있다.

더욱이 하이브리드화에 대해서도, 클러치가 두 개 있는 DSG만이 가능한 해결책이 개발되고 있다. LuK사의 CSA(크랭크 샤프트 스타터 알터네이터)라는 시스템은 출발시에 토크를 입력할 때 클러치를 매개로 하는 것으로, 알터네이터를 매개로 브레이크시에 회생되는 이른바 마이크로 하이브리드화 시킴으로서 연비를 향상시킬 수 있다. 동사의 데이터에 의하면 아이들링 스톱만으로도 5% 정도 연비가 향상되지만 회생을 조합하면 12%나 효율을 증가시킬 수 있다.

또한 브레이크시에 회생되는 에너지를 출력축을 경유하여 회수하고 기어로부터 직접 모터를 구동시키면 마일드 하이브리드도 가능하다. LuK사의 실험적인 계산에서는 10kW 정도의 소형 모터를 한쪽의 기어 세트에 장착시키고 아이들링 스톱과 회생을 하는 것만으로 하이브리드 장점의 80% 정도를 소화할 수 있다고 하며, 더욱이 배터리를 탑재하면 회생한 에너지를 축적할 수도 있다. 폭스바겐에서는 소배기량의 3기통 디젤 엔진과 7단 건식 DSG를 조합하면 CO_2 배출량을 89g/km까지 감소시키는 것도 가능하다고도 발표하고 있다. 스트롱 하이브리드를 탑재한 프리우스의 CO_2 배출량이 104g/km라고 생각하면 기존의 시스템에 10kW의 모터를 추가시키는 것만으로 이 값을 달성시킨다는 것이 얼마나 우수한지를 알 수 있을 것이다.

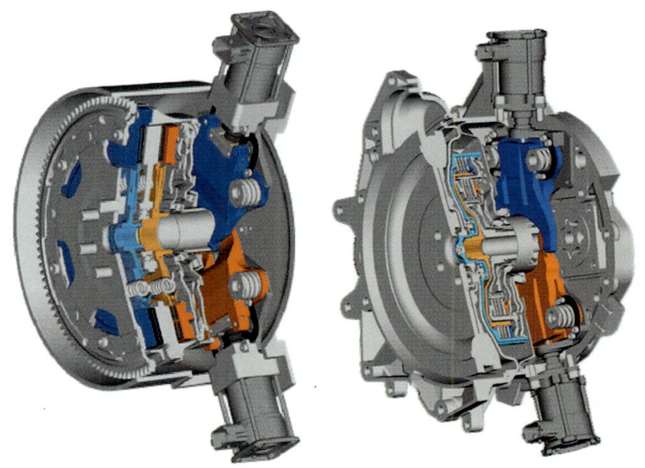

● 건식과 습식 클러치의 모듈화

왼쪽이 건식 단판 더블 클러치, 오른쪽이 습식 다판 더블 클러치의 모듈화된 시작품. 액추에이터 부분의 기본 구조는 닮았지만, 왼쪽의 건식은 클러치를 그대로 배치하고 있는데 반해 오른쪽의 습식에서는 클러치 부분만 실(Seal) 내에 배치되어 있다.

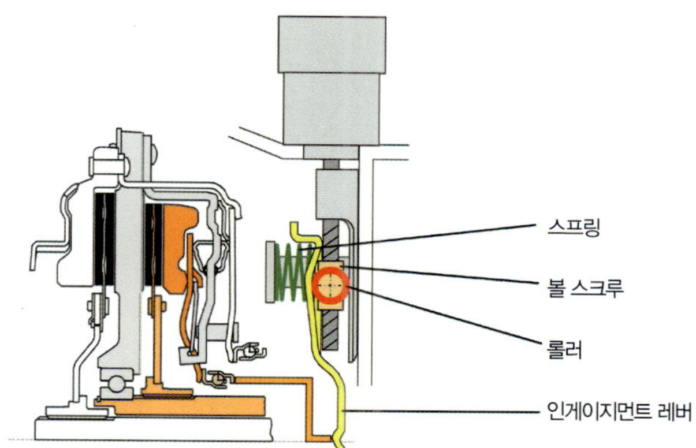

● 일렉트로 매커니컬 클러치 액추에이션

유압을 사용하지 않고 모터로 직접 액추에이터를 구동시키는 「일렉트로 매커니컬 클러치 액추에이션」 모터는 볼 스크루만을 움직여 롤러가 회전함으로써 지지점이 움직이는 구조이므로, 모터의 출력이 작아도 충분하다.

DCT 하이브리드에 응용

● CSA/H(크랭크 샤프트 스타터 알터네이터 & 하이브리드 클러치)

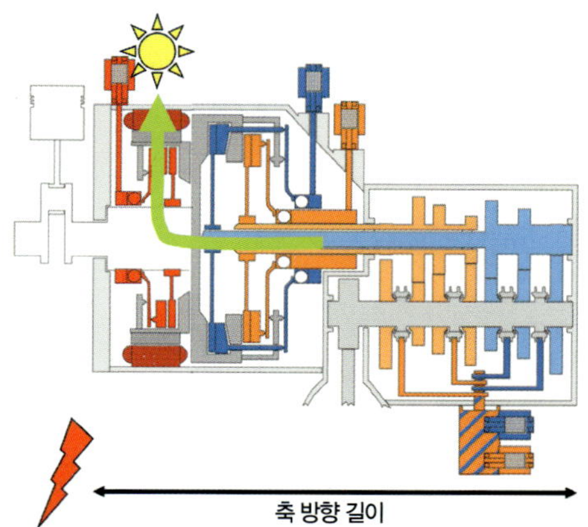

기존의 클러치를 활용하고 스타터와 알터네이터를 통합시켜 아이들링 스톱 & 스타트 기구에 대응시켜 알터네이터에 의해서 회생을 하는 마이크로하이브리드로 만든 「CSA/H」.

● ESG
(일렉트릭 샤프트 기어박스)

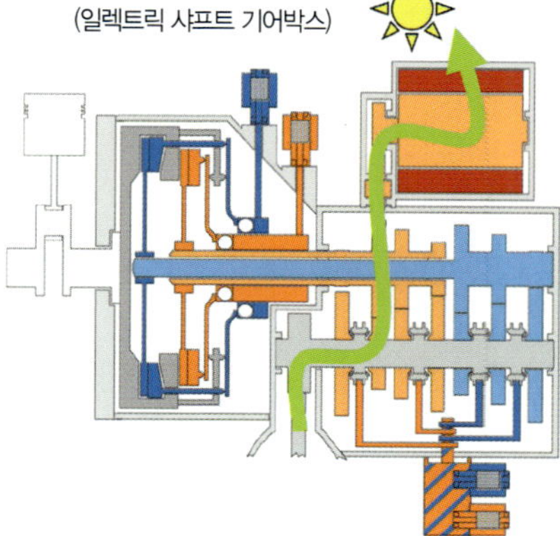

기존의 더블 클러치를 잘 활용하여 작은 모터를 하나 추가하는 것만으로 마이크로 하이브리드화하고 있는 「ESG」 구체적으로는 브레이크시에 몇 개의 클러치를 연결시킴으로써 출력축을 경유하여 모터로 토크를 받아들여 회생한다.

● ESG+AC at Standstill

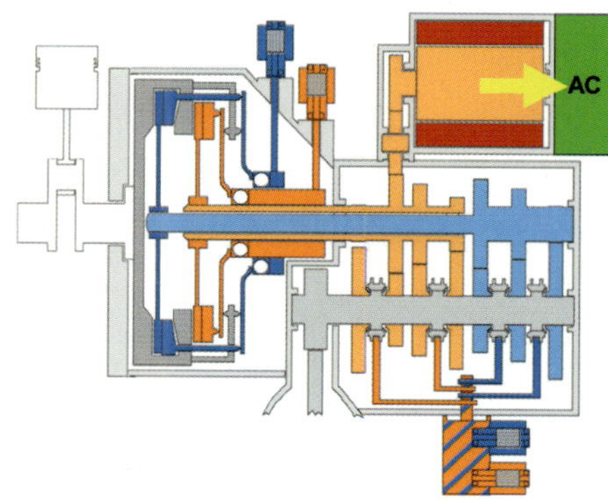

스탠드 스타일 즉 정차시에 모터를 경유하여 출력을 방출시킴으로써 엔진의 효율 저하 영역을 모터 구동으로 보완하는 구조. 이에 의해 1 모터식의 하이브리드에서도 엔진을 정지한 상태로 주행하는 이른바 EV모드를 설정할 수 있다.

FF 가로배치 엔진을 기반으로 한 4WD이므로 축방향의 치수를 한계까지 압축한 게트락 포드제의 변속기. 하지만 2세트의 클러치는 VW의 습식 DSG의 「동심 형상의 외륜과 내륜」이라고 하는 구성이 아닌, 같은 축상의 앞뒤에 배치하는 탠덤 배치이다. 고토크 고속회전시 클러치의 윤활성이나 외경을 억제하여 회전 관성을 저감시키기 위함이다. 이러한 영향도 있어 축의 배치는 복잡하다.

03 Dual Clutch Transmission

미쓰비시와 닛산의 DCT

일제 슈퍼 스포츠와 듀얼 클러치 트랜스미션

유럽의 듀얼 클러치 방식이 일본 자동차에도 채택되었다.
스포츠성으로 상당히 특화된 미쓰비시의 랜서 에볼루션 X와 닛산 GT-R의 두 모델이 바로 그 차이다.
그러한 기구의 특징을 지켜보면서, 다시금 이 트랜스미션 형식의 장점과 단점을 검증해보자.

글: 츠지 츠카사 · 사진: 스미요시 미치히토/미쓰비시자동차공업/닛산자동차

미국과 같이 일본에서도 토크 컨버터+유성기어의 AT=오토매틱 트랜스미션의 적용이 오래 유지되고 있다. 그 아날로그의 대략적인 감각이나 쉬운 주행 특성이 매력적이기 때문일 것이다.

또 그러한 기호에 맞추어 트랜스미션의 제조회사 등의 기업이 설비 투자에 막대한 비용을 쏟아 붓고 있어 그렇게 간단하게 방침을 전환할 수 없다는 내부 사정도 있는 것 같다.

한편 유럽은 역사적으로 토크 컨버터계 AT를 별로 좋아하지 않는다. 고속 주행의 비율이 많은 주행 패턴 때문에 AT가 갖는 장점이 적어 동력전달 효율이 낮고 중량이 무겁기 때문에 연비가 나쁘며, 이런 물리적인 이유 외에도 직접적인 주행 감각을 즐기는 기호 때문일 것이다. 그래서 MT=수동 변속기가 거의 주류를 이루고 있었다. 벨트식 CVT도 같은 이유로 선호되지 않으며 시가지 중심의 소형자동차에서도 클러치 조작만 자동인 「AMT(오토 메이티드 MT)」나 「2 페달 MT」등으로 불리는 로보타이즈드 MT가 보급되고 있었다.

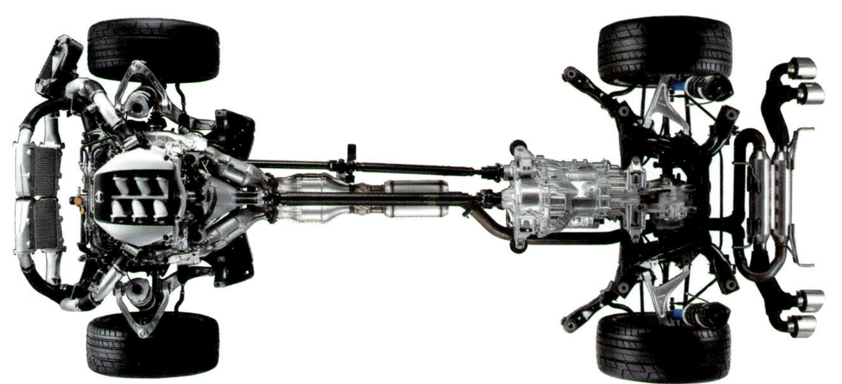

형식	W6DGA	GR6
동력전달 구성	클러치(건식 다판×2)	
	422Nm	588Nm
1st	3.655(18.848)	4.056(15.0074)
2nd	2.368(9.621)	2.301(8.514)
3nd	1.754(7.127)	1.595(5.902)
4th	1.322(5.372)	1.248(4.618)
5th	1.008(4.097)	1.001(3.704)
6th	0.775(3.148)	0.796(2.945)
최종감속비	4.062	3.7
오일종류	전용 ATF	전용 기어오일
비고	공랭식 오일쿨러 탑재	힛 익스체인저 탑재

닛산자동차

GR6

프리미엄 미드십 패키지의 개념으로부터, 디퍼렌셜 기어뿐만 아니라 클러치나 4WD 기구도 포함하여 1 유닛으로 후륜측에 배치하는 트랜스액슬방식이 GT–R의 특징. 세로배치이므로 축의 길이는 길지만, 카운터 축을 오른쪽으로 60° 가까이 올려 전체를 편평하게 함으로써 무게 중심을 낮추고 있다. 2세트의 습식 다판 클러치는 탠덤 배치. 트랜스미션은 아이치 기계공업 제품이다.

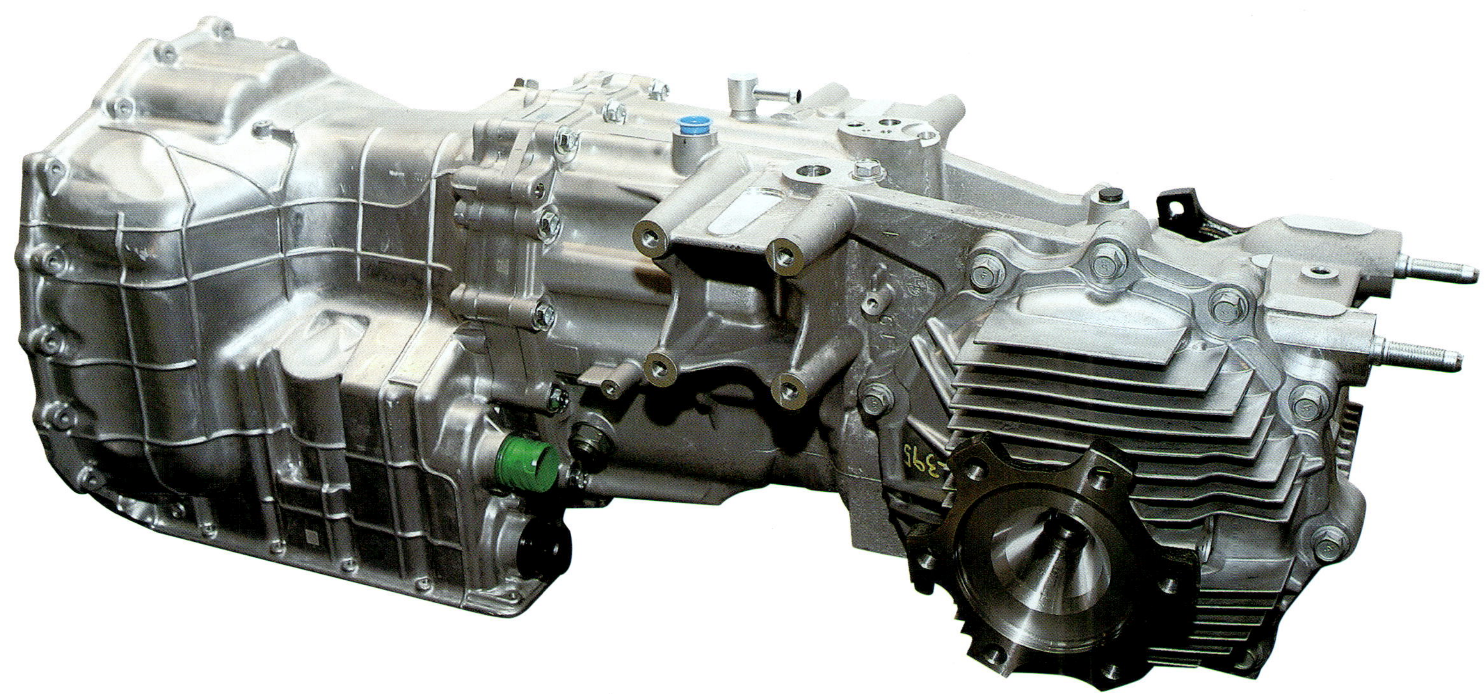

이러한 배경을 갖는 유럽에서 자동 변속의 쾌적함을 추구하여 탄생한 것이 폭스바겐의 DSG를 필두로 하는 DCT=듀얼 클러치 트랜스미션으로, 급속히 보급되고 있으며 그 개량 및 진화도 진보를 거듭하고 있다.

일본 시장에서는 먼저 말한 상황처럼 DCT가 한번에 보급되고 있지는 않다. 그러나 새로운 기술의 흐름은 적극적으로 도입해야 한다고 닛산과 미쓰비시는 생각한다. 그래서 그 스포츠적인 면에서 장점을 최대한 발휘하여 가격도 높게 설정할 수 있는 플래그십에 탑재했으며, GT–R(R3S)와 랜서 에볼루션 X가 바로 그것이다. 즉, 장점은 변속 시간의 단축에 의한 빠르기이다.

변속 시간의 정의는 각 사가 전부 다르지만 GT–R의 경우로 말하자면 가속시에 운전자가 변속을 할 생각을 하고 나서 다음의 기어로 가속할때 가속도(G)를 느낄 때까지가 0.2초. 일반 운전자로서는 도저히 불가능한 빠르기지만 누구라도 한결같이 실현할 수 있다.

또한 나중에 서술하겠지만 구동 토크가 완전히 없는 상태는 존재하지 않기 때문에 그 의미에서는 변속 시간이 제로. 토크 단절이 없는 상태에서 구동력은 항상 노면에 전달될 수 있으며 트랜스미션 기어 자체는 MT와 같지만 전달 효율도 좋다.

랜서 에볼루션은 MT와 비교해서 중량이 20kg 증가된 면은 있지만, 변속 효율이 좋기 때문에 연비가 20% 향상된다고 하는 데이터도 있다. 그렇다고 해도 최대의 주제는 속도의 추구에 있다는 사실에는 변함

이 없다. 이러한 채택 이유로 변속시에 2세트의 클러치가 슬립되는 시간은 짧다. 적어도 매뉴얼 시프트 모드에서는 DSG보다 반클러치 정도 시간이 짧고, 부드러움보다 주행 효율을 우선한다. 클러치는 랜서 에볼루션의 W6DGA형 트랜스미션에서, 그리고 GT–R의 GR6도 모두 보르그워너제. 일본에서는 아직 대항할 수 있는 제조회사가 없다. 하지만 이 2기종이나 DCT를 채택한 수입차의 보급에 의해 일본 시장에서도 이 기구가 인지된다면 일본의 기술력이 정식 무대에 나올 가능성이 생길 것이다. 게다가 1기종 전용설계인 GR6는 차치하고 미쓰비시의 경우는 다른 모델에 전용도 생각할 수 있다.

미쓰비시 W6DGA의 축 구성

6개의 축이 오른쪽 그림과 같이 원형 상태로 배치되어 있다. 제일 왼쪽 아래가 센터 디퍼렌셜에 연결되는 출력축. 그것을 평면으로 전개한 것이 왼쪽 그림으로 맨 위의 짝수단용 카운터 축 오른쪽 끝의 기어가 실제로는 출력축의 드리븐 기어에 접속한다. 인풋축은 2중으로 바깥쪽의 회전은 트랜스퍼 축을 경유하여 홀수단 & 후진용 드라이브(통상의 인풋) 축으로 전달된다.

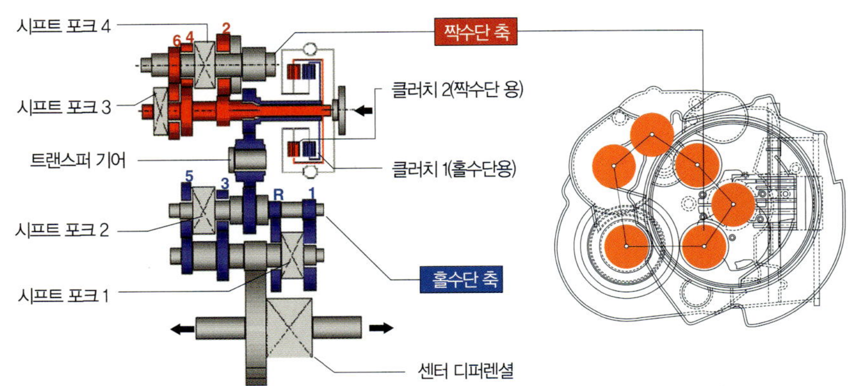

W6DGA의 변속제어

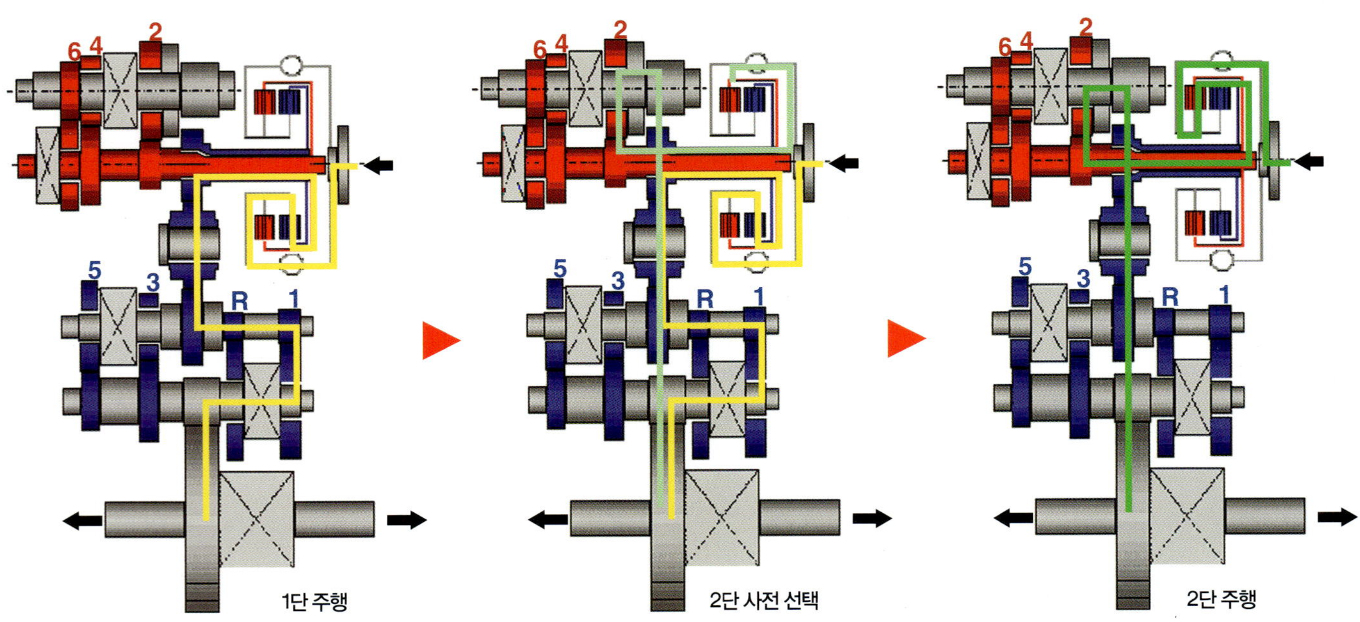

가속시 1단에서 2단으로의 변속의 흐름. 기어의 변속 상태는 모두 같으며 차이점은 어느 쪽의 클러치가 접속되고 있느냐이다. 2단 주행시의 그림에서 카운터 축 오른쪽 끝 기어로부터 앞의 녹색 선이 홀수 축의 위를 지나고 있지만 실제의 회전력은 직접 출력 축으로 들어가는 데에 유의. 또한 프리 세트기어는 오토 모드 시에는 킥다운을 중시하여 아래쪽(일정의 엔진 회전속도까지), 매뉴얼 모드 시는 가속을 중시하여 위쪽을 기본으로 한다.

오른쪽 페이지에 있는 GT-R용의 GR6형 트랜스미션은 588Nm이나 되는 큰 토크를 받아들인다고는 해도 부피가 약간 크지만 그 구조는 DCT로서는 상당히 단순하다. 기본적으로는 2축 병렬인 MT와 같고, 설계의 개념적으로도 MT를 기본으로 하고 있다. 인풋 샤프트가 이중 축으로 안쪽의 축에 홀수단과 후진, 바깥쪽의 축에 짝수단의 드라이브 기어가 접속하고 있는 것만이라도 파악한다면 이해하는 것은 어렵지 않다.

텐덤 배치의 2세트 클러치가, 홀수단용과 짝수단용의 인풋 샤프트에 구동력을 각각 독립적으로 단속한다. 구동 중의 기어 단 외, 그 전후(예를 들어 3단 주행시라면 2단이나 4단은 이미 변속이 해제된 상태. 해제된 기어는 시프트 모드나 주행 상태에 따라서 다르며, 변속은 유압 액추에이터에 의해서 이루어진다.

그리고 운전자의 변속 조작 또는 차속 등이 일정 조건에 이르렀을 때 주행 중인 기어측의 클러치가 차단되기 시작하여 다음 단의 기어측 클러치가 연결되기 시작한다. 쌍방이 동시에 진행된다. 최초의 기어 구동 토크와 다음의 기어 구동 토크가 서로 중복되어 변경됨으로 토크의 끊김이 없다.

클러치 차단은 비교적 스위치적이지만, 접속 쪽은 유사 아날로그적으로 섬세한 제어가 이루어지고 있다. DCT는 기구 자체는 물론이고, 이러한 제어 프로그램이 중요하다고 말할 수 있으며, 또한 습식 다판 클러치의 압착력은 유압에 의한 것으로 금속 스프링은 클러치의 차단을 좋게 하는 해제용만이 존재한다.

이러한 기본적인 이유는 트윈 클러치 SST로 불리는 이상 랜서 에볼루션용 W6GDA에서도 같다. 그러나 가로배치 엔진용이므로 축의 길이를 단축할 목적으로 축 수가 많아진다. 추가로 고성능 스포츠카 이상 복잡해지고 있는 면도 있다. VW의 DSG에서는 클러치의 내외 배치나 4단 & 6단 및 2단 & 후진으로 드라이브 기어를 공유함으로써 소형화되고 있으며 2중축 인풋 샤프트를 1개로 설정하여 최종 출력축을 배치하여도 4축으로 구성된다. 한편 W6DGA에서는 각단의 기어비를 최적으로 설정하기 위하여 기어는 모두 독립이며, 422Nm의 토크를 지지하기 위해 기어 폭도 크게 설정하였다. 또한 이미 서술한 바와 같이 클러치는 탠덤 배치이고 그 상태에서 축 길이를 단축시키기 위해 6축으로 구성되었다. 우선하는 것이 DSG와는 다르다.

무엇을 우선할지에 따라 다르지만 어떻게 설계하여도 DCT는 MT와 비교하면 부피가 커지고 비용도 많이 소요된다는 면이 있지만 그것들은 앞으로 개선될 것이다. 그리고 주행 기능은 이전의 AT보다 확실히 우위이다.

니산 GR6의 축 구성

전방의 클러치가 홀수단&후진용이고 안쪽의 인풋 샤프트로 구동력을 단속한다. 카운터 샤프트는 MT의 6단과 완전히 똑같은, 간단한 구조이지만, 그 후단쪽이 접속되는 짧은 출력축이나 후륜측 디퍼렌셜도 트랜스미션과 일체의 유닛으로 되어 있다. 또 앞단에는 전륜으로 토크 배분량을 제어하는 ATTESA(Advanced Total Traction Engineering System for All Electronic – Torque Split) E-TS에 접속한다.

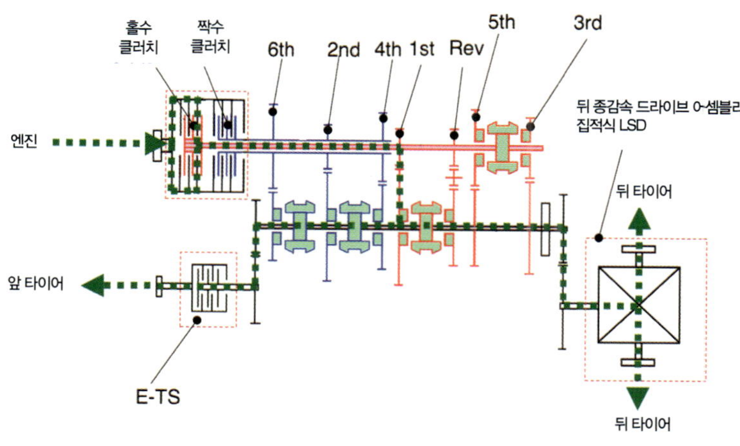

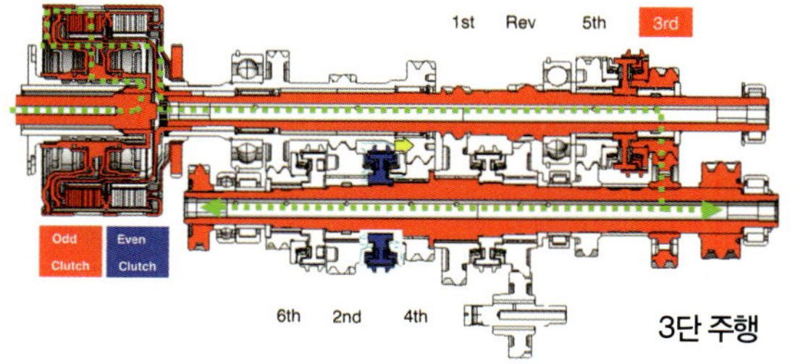

3단 주행

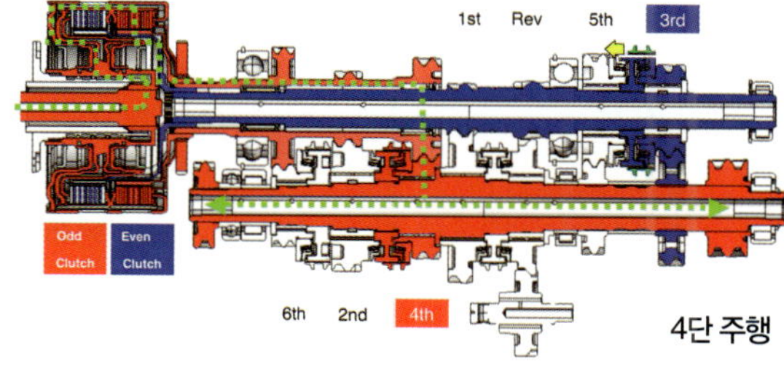

4단 주행

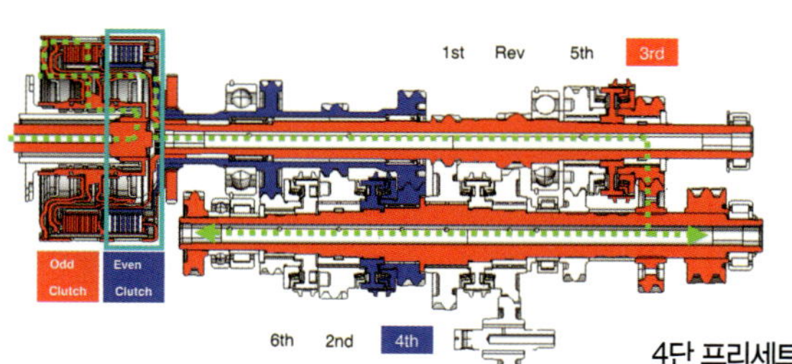

4단 프리세트

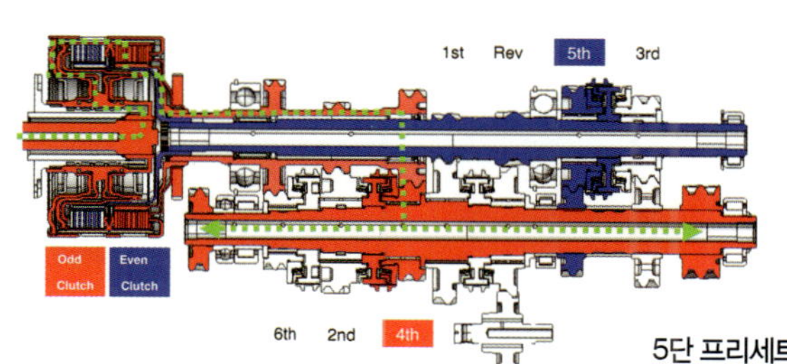

5단 프리세트

좌측 위는 3단의 가속 상태로 이미 4단의 변속을 시작하고 있으며, 좌측 아래는 변속이 완료되고 있지만 아직 홀수단용 클러치가 접속되어 있는 상태이다. 우측 위는 클러치가 절환되어 4단 주행이 된 순간이지만 3단을 고정하고 있던 싱크로나이저 슬리브는 이미 5단의 변속으로 향하고 있으며, 우측 아래는 5단의 변속이 완료된 상태이다. 이와 같이 GR6에서는 시프트 업 축으로 변속하는 것을 기본으로 하지만 R 모드는 다르다. 가속이나 감속의 상황에서는 상하 어느 쪽의 기어에 맞물리도록 하여 변속을 한다.

▶ 듀얼 클러치 트랜스미션의 변속시간과 구동력 변화

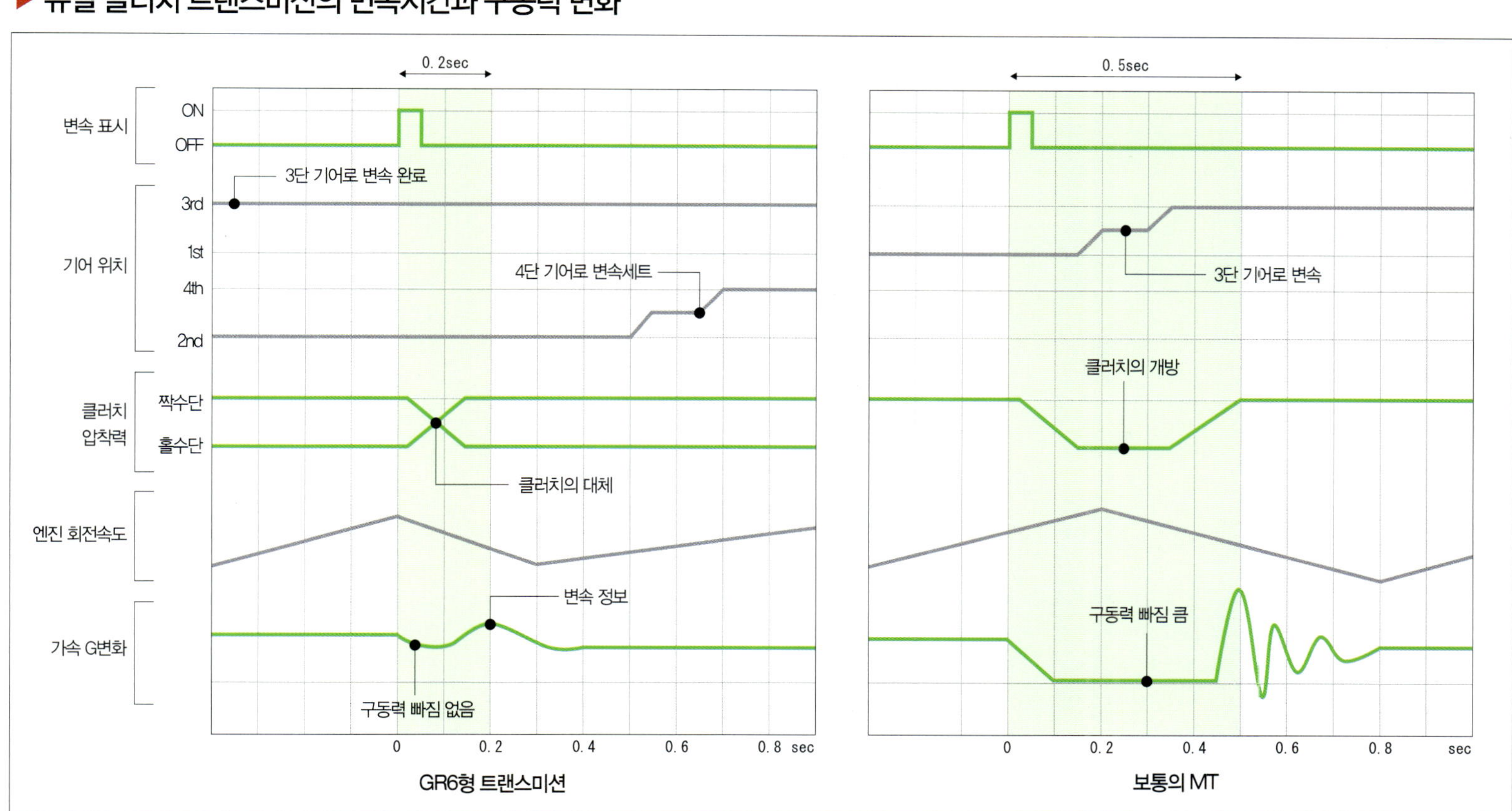

이 그래프는 GT-R의 변속양상을 보통의 MT와 비교한 것이지만, DCT가 얼마나 빠른 변속을 하고 있는지를 알 수 있다. 더욱이 주목하고 싶은 것이 구동력 변화. DCT에서는 짝수단용과 홀수단용의 클러치 작동이 동시에 진행되므로, 구동력의 빠짐이나 토크 끊김은 제로이다. MT에서는 완전한 토크 끊김이 있고 또 시간이 길다. 또한 클러치 접속시의 토크 변동도 커서 이것이 트랙션 성능 저하 등의 원인이다. 즉 보통 주행에서의 유연성에서도 DCT는 우수하다.

상용차용 클러치리스 MT「스무서」개발 스토리

NAVI5로 시작하는 이스즈의 재산을 최신 트랙용 트랜스미션으로

클러치리스 MT「NAVI5」가 이스즈 아스카에 채택된 것은 1984년의 일이다. MT의 기어 열을 사용하면서 운전자를 클러치 조작으로부터 해방시키는 획기적인 시스템이었다. 그 이후 이스즈는 MT의 자동제어화, 즉 2페달식 MT의 개발을 계속해 왔다. 트럭에 채택되고 있는 스무서(Smoother)는 그야말로「계속」이 낳은 성과라고 말할 수 있다.

글: 마키노 시게오 · 사진 & 그림: 세야 마사히로/스미요시 미치히토/ISUZU

보통 MT의 유체 커플링 유압 제어계, 변속 조작계를 추가하여 자동변속을 가능하게 한 이스즈의「스무서」시리즈 · 중량의 증대와 치수 확대를 억제시키면서 AT화를 도모하여 연비는 MT와 같은 수준이라고 하는 컨셉은 DCT를 닮았다. 신기하게도 DCT도 기초가 되는 포르쉐의 PDK로부터 약 20년을 거쳐 시판차에 채택된 변속기이다. 단순히 MT의 주행감을「유지하는」것이 아닌 MT의 효율을 살려 연비를 향상시키는 점에서도 공통적이다. 그러나 스무서는 일본 사용자의 지향성에 맞추어 치밀한 설계로 만들어지고 있다.

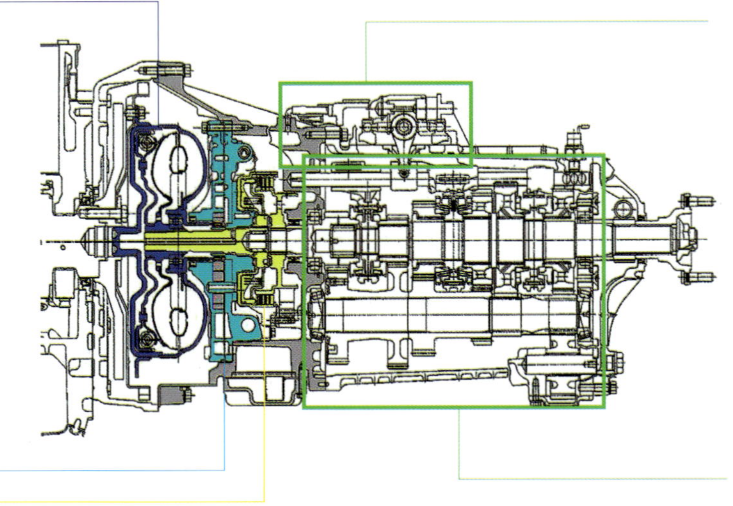

유체 커플링 유닛. 엔진으로부터 구동력이 전달되는 발진 장치이며, 토크 컨버터 AT와 같이 클리프 상태를 만드는 역할도 담당한다. 진동방지를 위한 스프링 댐퍼를 내장하고 로크 업 클러치도 갖추고 있다.

오일펌프 ASM. 알루미늄 다이캐스트제의 하우징에 외접식 기어 펌프/로크 업 밸브/클러치용 비례제어 밸브 등이 세팅되어 있다. 최신의 스무서 Ex/Fx의 실용화에는 필수인 중요한 장치이다.

습식 다판 클러치. 변속은 이 3장의 클러치를「끊고/ 연결하는」것으로 이루어진다. 완전하게 밀폐된 공간에 오일과 함께 봉입되어 무정비화되고 있다. 차량의 수명과 동등한 수명이 긴 설계가 포인트.

전자식 기어 변속 유닛. 인간의 손에 의한 변속 레버의 조작을 기계로 대신하기 위하여 두 방향에서 3개의 전자 솔레노이드가 사용되며, 전류로 제어된다. 유압 제어에 비해 염가이지만「움직이기 시작하면 멈추기 어렵다」라고 하는 결점을 극복하기 위해서는 연구가 필요하다.

이 부분은 보통의 MT. 따라서 윤활은 트랜스미션 오일로 이루어져 이 기어 열보다 전방에 있는 유압 유닛이나 유체 커플링과는 다른 계통으로 되어 있다. MT의 기어를 완전 유용할 수 있다는 점이 스무서의 큰 장점이다.

이전의 오일 펌프와 Smoother Ex 알루미늄제 오일 펌프 비교

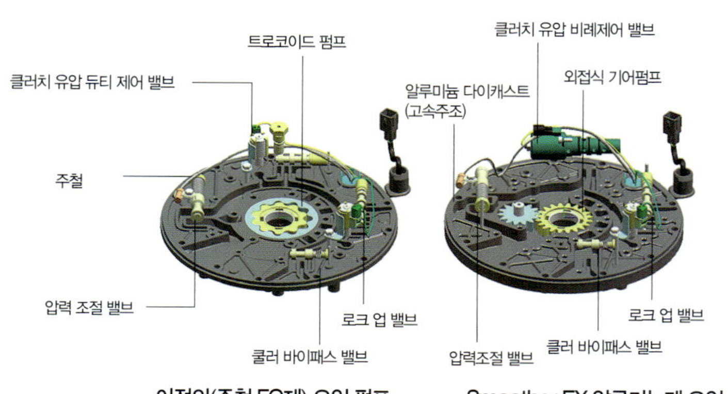

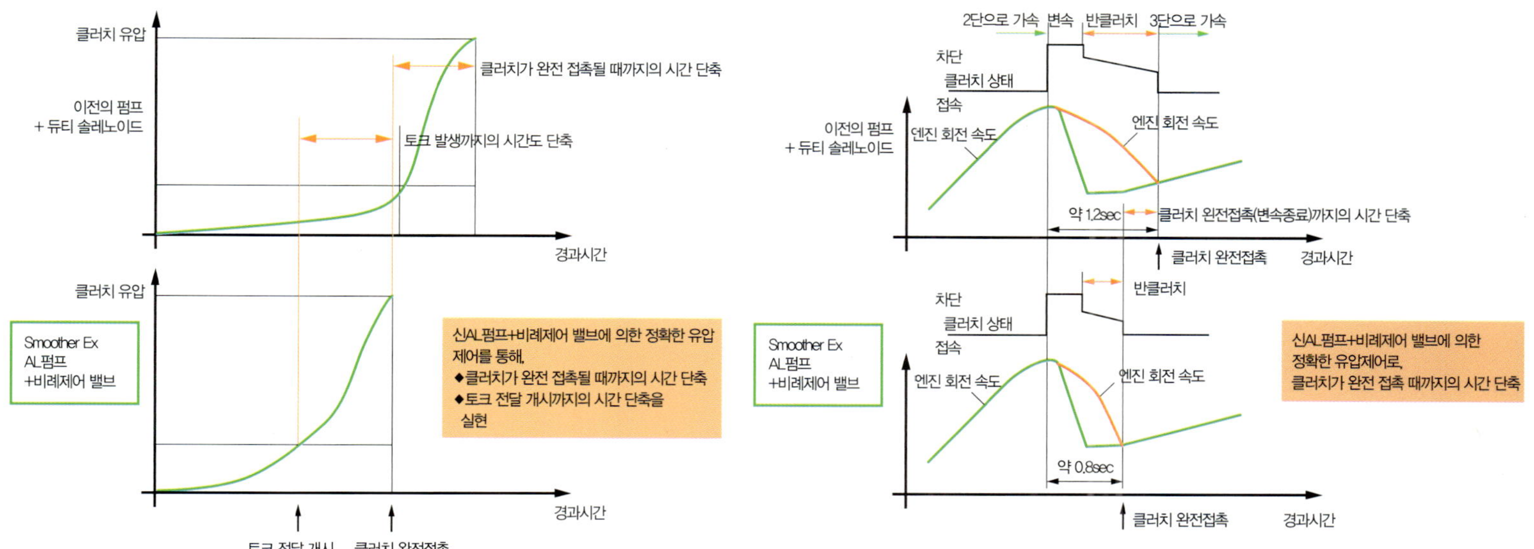

2006년 12월에 모든 모델을 바꾼 이스즈의 소형 트럭 「에르프」에 채택된 MT 기반의 자동변속기 「스무서 Ex」는 클러치 페달이 없는 2페달 방식의 트랜스미션이다. AT면허로 운전할 수 있을 뿐만 아니라 트럭에서는 필수인 클러치 교환이 불필요하게 되어 그만큼 수리비용이 절감된다. 실제 상황에서의 실용 연비는 MT와 거의 같지만 운전자의 기량에 의한 연비차가 적다고 하는 점도 장점이다.

4톤급 트럭 「포워드」에는 「스무서 Fx」가 채택되고 있어 이것도 기구나 제어의 방식은 엘프용의 「스무서 Ex」와 동등하며 대형트럭 「기가」용으로는 약간 방식이 다른 「스무서 Gx」가 준비되어 있다. 모두 MT의 기어가 기반이며 기어와 같은 부품은 그대로 유용할 수 있다. 대형트럭은 운용 환경이나 숙련 운전자의 「비결」을 활용할 수 있도록 클러치 페달을 폐지하는 데까지는 도달하지 못했지만 자동변속기의 효과로 운전 기술의 차이를 흡수하여 「누가 운전하더라도 연비를 일정범위에 유지되게 할 수 있다」라고 하는 효과는 얻을 수 있다. 바야흐로 이스즈의 트럭에서는 AMT기구인 스무서가 상품성의 일부분을 담당하고 있다.

개발을 담당해 온 고가 히데타카(구동상품기획설계부 선행개발그룹 시니어스페셜리스트)는 1979년의 입사 이래 변속기만 외곬으로 생각하는 사람이다. 또한 1984년에 「아스카」에 탑재된 세계 최초의 시판차 AMT 유닛인 「NAVI5」의 개발부터 쭉 오토매틱 계를 담당해 왔다. 한때 이스즈는 하프 트로이덜식 CVT의 개발도 하고 있었지만 그 프로젝트에도 고가가 관련하고 있었다.

옛날 이야기를 하자면, 필자가 신문기자로 활약하던 무렵 NAVI5 사양의 아스카가 등장하였을 때의 운전에는 몇 가지의 요령이 있어 시승시 그 설명을 받았던 기억이 있다. 가속 페달을 밟는 발을 멈추면 변속되거나 토크 컨버터식 AT와 같은 액셀 오프시의 「클리프」가 없는 것으로 미루어 보아 운전자에게는 어느 정도 기술을 요하는 기구였다. 현재의 유럽 차에 채택되는 것들이 증가된 AMT의 원조이며 평범하게 말하자면 현재의 피아트 계의 세레스피드와 같았다.

아스카 NAVI5 사양은 당시로서는 완전히 새로운 클러치였지만 2일 정도 타보면 그 감각에 익숙해질 수 있어 나는 매우 좋아하게 되었다. 그러나 이 세상이란 그렇지 않아 지금까지 친숙하게 지내 온 MT와도, 유행하기 시작한 토크 컨버터 AT와도 다른 「느낌」은 찬반양론 중 「반대」 쪽이 더 많았다.

그렇다고 하여 MT의 기어 열로 자동 변속시키기 위한 고생은 대단한 것으로 기화기 시대에 엔진과 변속기 사이의 협조 제어를 하거나 8비트의 마이크로컴퓨터를 사용해 불과 256단계로 모터를 움직는 제어는 그야말로 개발팀의 노력의 결정체였다. 사적인 결론을 말하자면 등장이 20년 빨랐다고 생각한다. 지금이라면 64비트의 컴퓨터와 CAN 통신을 사용해 엔진/변속기 간의 협조제어를 섬세하게 할 수 있고 MT의 연비처럼 주행할 수 있다는 큰 장점이 있다. 운전 중 운전자가 관리하고 있는 것은 자동차가 진행되어야 할 「방향」과 「차속」뿐이지만 차속 관리에 영향을 주는 변속을 자동제어하는 것은 현재로서도 어렵다. 그것을 이스즈는 80년대의 기술로 어떻게든 정리하고 있었으며, 되돌아 보면 위업이라 할 수 있다.

그 뒤 상용차에 응용된 NAVI5의 기술은 클러치 조작만을 자동화하는 1998년의 「듀얼 모드 MT」, MT의 기어 열에 유체 계수(유체 커플링)를 조합한 초대 스무서를

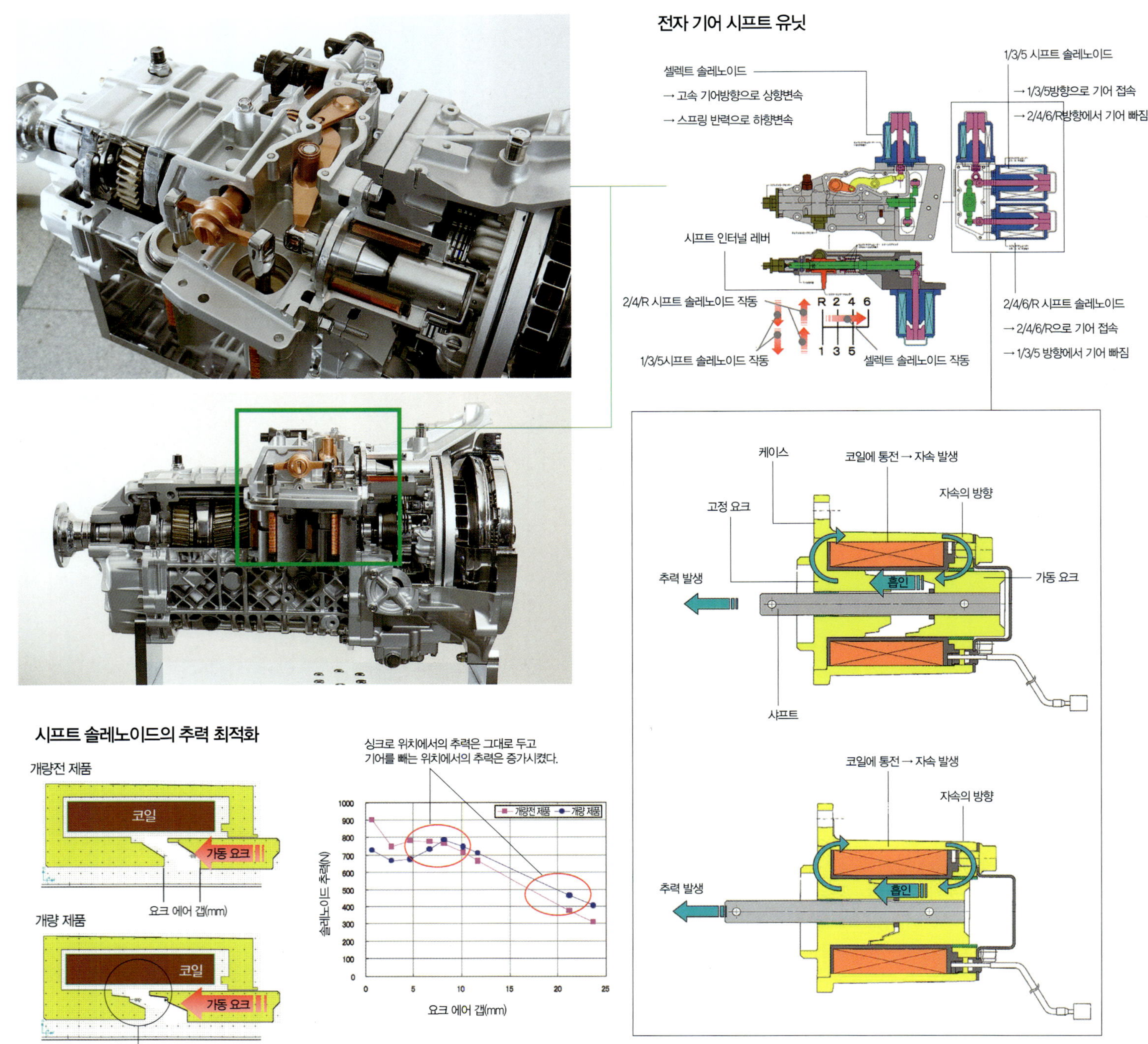

거쳐 현행 엘프에 탑재되고 있는 최신 버전 「스무서 Fx」에 이르렀다. 연구 개발을 충실히 계속하여 사내의 인재와 풍부한 데이터가 존재함으로써 거둘 수 있었던 성과이며 확실히 「계속」이야말로 힘이 된다, 라고 실감한다.

현재의 스무서 Fx/Ex는 기본적으로는 MT이다. MT 기어열의 앞쪽에 변속을 하기 위한 습식 다판 클러치가 있고 그 전방에는 엔진으로부터 구동력을 받는 유체 커플링(이하 F/C라고 함)이 있다. 이 유체 커플링과 습식 다판 클러치를 조작하기 위한 유압은 정확히 그 중간에 설치된 유압 제어 유닛(오일펌프 ASM)에서 발생된다. 실제의 변속 조작은 전자석 방식의 시프트 솔레노이드 3개로 하고 MT기어 케이스의 윗면과 우측면에 분할, 배치되어 있다. 또. 유체커플링(F/C) 전면의 바깥둘레 부근에는 보통의 토크 컨버터 AT와 같은 로크 업 클러치용 마찰재가 덧붙여져 있다.

「이러한 구성으로 안정되기까지 수많은 우여곡절이 있었다」라고 고가는 말한다. 「NAVI5를 엘프에 도입했을 때는 기계식 MT의 로봇 조작 방식이었다. 그러나 차량의 가격이 비교적 상승하기 때문에 수요가 거의 없었으며, 듀얼 모드 MT는 자동 클러치와 MT 클러치의 양쪽 모두를 가지고 있었지만 클러치 페달은 극히 일부의 운전자를 위해 남아 있던 것으로, 이것이 있기 때문에 AT 한정 면허로는 운전할 수 없었다. F/C를 사용한 2페달 시스템으로 전환한 것은 2002년 발매한 포워드용 유닛부터였지만 처음에는 건식 클러치와 F/C의 조합이었다. 이것을 클러치 교환이 불필요한 식 다판 클러치와 F/C의 편성으로 바꾼 것으로 클치판의 교환이라고 하는 수리를 위한 비용을 절감할 수 있었다. 스무서에 가격 경쟁력이 갖추어진 것은 시점이었다」

요점만 듣는다면 이 정도의 기술로 끝나지만 F/C 택에 이르기까지 1세대 NAVI5 발매로부터 18년이 경과되었다.

그렇다면 최신 스무서 Ex의 세일즈 핵심은 어딜까? 우선 고가는 「변속 조작의 액추에이터를 전기식 솔레노이드로 하는 점이다」라고 말했다.

「고압의 유압을 사용하면, 부품의 조립 현장에 이물질 혼입의 대책이 필요하기 때문에 클린 룸 내에서

시프트 솔레노이드 제어의 최적화

왼쪽 페이지의 그림에서도 알 수 있듯이 변속 조작은 서로 90°의 각도로 교차한 솔레노이드가 각각 2차원(직선) 방향의 움직임을 담당하고 그 움직임을 서로 겹쳐서 3차원의 움직임이 되는 방법이다. 솔레노이드 제어는 각각 최적화되어 복식으로 움직이는 시프트 솔레노이드는 중립 위치에서 순간 정지하고, 단독으로 움직이는 셀렉트 솔레노이드는 스프링(접시 용수철)의 반력을 이용하여 충격을 억제하면서 짧은 시간에 변속 조작을 하고 있다. 특히 셀렉트 솔레노이드는 「반드시 안쪽까지 가고 나서 돌아온다」라고 하는 움직임으로부터 직접 변속 위치에서 정지하는 움직임으로 바뀌어 변속 시간을 단축하고 있다.

셀렉트 솔레노이드 제어의 최적화

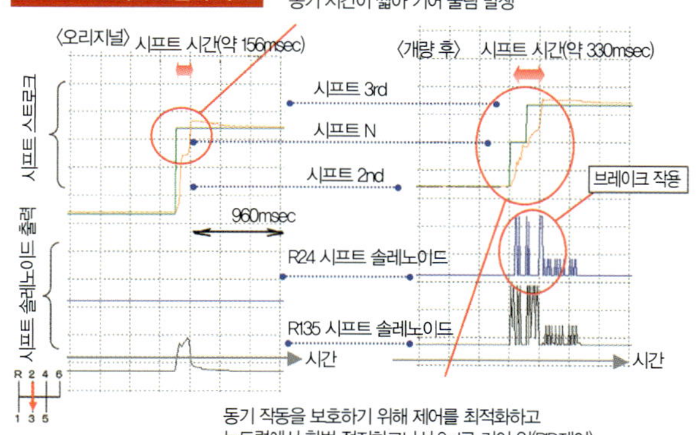

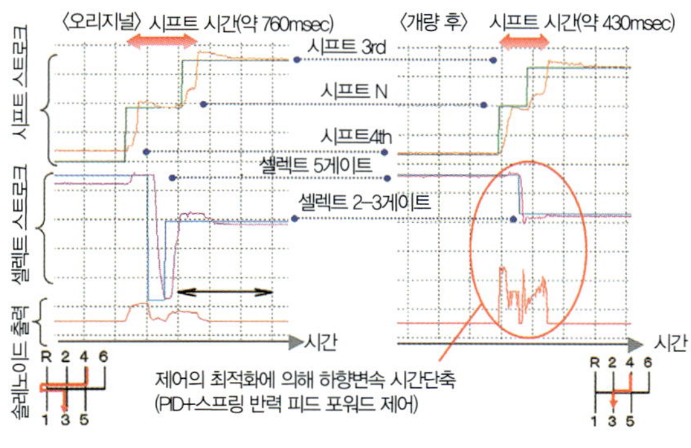

립하면 좋지만 그 외에도 유압의 어려움이 있다. 전기라면 그 점이 편하다. 실은 9년 전에 영구자석과 리니어 솔레노이드를 사용한 시스템을 도입하고 있었으며, 현재의 기술은 그 연장선상에 있다.

리니어 솔레노이드라면 저온 하에서 움직임이 둔하여 변속기 자체의 저항이 증가되는 결점이 있었다. 따라서 변속 조작을 위한 「밀기」「당기기」를 각각 독립적으로 하는 일방형 솔레노이드로 바꾸고 두 솔레노이드에 전류를 흘려 균형을 유지함으로써 리니어 솔레노이드와 같은 움직임을 만들어내는 시스템을 생각하였다. 전자석이기 때문에 전류값에 의해 부하를 바꾸어 [복귀시키는] 스프링으로 하는 방법이다.

이 솔레노이드는 엘프용으로 1개당 약 80kgf의 힘을 발생시키므로 변속 조작으로는 충분하다. 그러나 인간은 경험에서 나오는 힘의 가감과 타이밍을 무의식 중에 취하는 「변속」이라고 하는 작업을 전기로 바꾸기는 어렵다. 좋은 느낌의 변속 조작을 실현하기 위해서는 시행 착오가 필요했다.

「전자 솔레노이드는 내구성도, 추력도 우수하지만 움직이기 시작하면 정지하기 어렵기 때문에 제어성은 결코 좋지 않아 솔레노이드의 내부 구조를 연구하였다. 바깥둘레의 코일에 전류가 흐르면 자력이 발생하여 가동 요크가 움직이기 시작하지만 고정되어 있는 쪽의 요크와 가동 요크 사이의 거리와 하중은 반비례 관계에 있어 양자의 거리가 줄어들 때 문제가 된다. 기어를 뺄 때는 하중이 나오지 않는다. 거기서, 가동 요크의 선단의 형상을 연구하여 동기 위치에서의 추력을 유지한 상태로 기어를 빼는 위치에서의 추력을 얻었다.」

기어 시프트 유닛은 변속기의 우측 면에 있는 2측이 「1/3/5단 방향의 기어 인과 2/4/6/R로부터 기어 빼기」와 「2/4/6/R방향의 기어 인과 1/3/5로부터의 기어의 빼기」를 분담하여 이루어지지만, 그 상하의 움직임과 「셀렉트 UP/DOWN」을 하는 가로 이동과 링크시키지 않으면 안 된다. MT의 시프트 레버는 「H」형의 패턴으로 되어 있지만 그 「세로」「가로」는 각각 다른 솔레노이드가 담당한다. 솔레노이드의 추력이 충분하다고 해도 잘 링크시키면서 민첩한 변속을 행하기 위해서는 유압과의 협조가 필요하다.

「클러치를 전후로 움직이기 위한 유압은 엔진 회전으로 작동하는 트로코이드 펌프에서 발생되며, 듀티 제어 밸브로 작동시키고 있었다. 오일펌프 유닛은 주철제였다. 변속 속도를 올리려면 유량이 더 필요하기 때문에 외접식 기어(AL) 펌프로 바꾸어 토출양을 증가시키고 클러치 조작에는 비례 제어 밸브를 사용하기로 했다」

이러한 고가의 결단에는 비용과 중량의 저감이라고 하는 테마가 있다. 주철제의 오일펌프 하우징은 무겁기 때문에 가볍게 하기 위해서 알루미늄을 사용하면 좋지만 외주 측의 포켓으로부터 오일을 흡입하고 옆으로 토출시키는 구조이기 때문에 알루미늄 다이캐스트로 만들게 되면 포켓의 오일을 토출시키기 위한 중심 잡기가 어려워진다. 그 이상으로 알루미늄제의 하우징과 철제 기어의 펌프와는 열팽창 계수가 서로 다르기 때문에 효율을 유지하는 설계가 어렵다.

「AL 펌프는 유량을 확보할 수 있으므로 우선 유압이 확보된다. 그것을 포켓이 필요 없고 주조가 비교적

간단한 구조인 알루미늄 다이캐스트제 하우징과 조합하면 당연히 열팽창의 차이로 간격이 생기지만 미리 간격을 설정하는 설계로 하면 열팽창의 문제를 피하고 나머지는 펌프의 토출량 증가로 유압을 확보하는 방법이다. AL 펌프라면 포켓이 필요 없기 때문에 주조할 때 중심도 필요 없다. 토출량이 크기 때문에 아이들링 시에도 유량을 확보할 수 있으므로 일거양득의 방법이었다」

약점을 오히려 반전시키는 설계는 뛰어난 기계 설계를 보면 여러 군데에서 보이지만 이 스무서용 오일 펌프 ASM도 마찬가지다. 또한 트럭의 경우에는 다양한 사양의 장치가 추가되었다. 예를 들어 고소작업차와 같이 「정차시」에도 동력을 필요로 하는 사양이 당연하게 만들어진다. 아이들링 시에 유압을 확보할 수 있으면 PTO(파워 테이크 오프)에도 유리해진다.

이 새로운 오일펌프는 변속 성능에도 크게 영향을 주고 있으며, 대용량 AL펌프와 비례 제어 밸브에 의한 유압제어로 클러치 유압이 발생될 때까지의 시간이 단축되어 결과적으로 변속이 재빠르게 되었다. 물론 유압계 이외의 연구도 있었다.

「제어만으로 변속 속도를 높이는 것은 어렵다. 우선은 기계의 정밀도를 높여 가면, 변속 시에 갑자기 토크가 발생되어 변속 충격이 커진다. 이 문제를 기계적으로 해결하기 위해 다이어프램 스프링을 사용하여 연결될 때의 충격을 흡수하였다」

덧붙여 현재 스무서용 오일펌프 ASM은 이스즈의 후지사와 공장 내에서 가장 깨끗한 세미 클린 룸 내에서 제조되고 있으며, 토크 컨버터의 AT보다 약간 낮은 7.5Pa를 발생시키기 때문에 이물질 유입에 대한 대책이 필요하다. 실물을 들어올려 보면 중량이 가벼워 알루미늄화의 성과를 실감할 수 있다.

문제는 아직도 있었다. ㅌ/C와 기어단과의 결합을 건식 단판 클러치에서 습식 다판 클러치로 변경한 이유는 교환이 필요없기 때문에 정비로부터 자유로운 점이 가장 컸지만 오일에 잠기는 습식 다판 클러치는 저온 시에는 드레그 토크(끌림저항)를 발생시켜 연비에 악영향을 미친다. 고가 히데타카는 이렇게 말한다.

「클러치의 가장 큰 적은 온도다. 습식이라면 항상 오일로 강제 냉각되고 있기 때문에 클러치 판의 수명을 길게 할 수 있다. 끌림저항이 작은 마찰재를 사용하면 좋지만 이것은 마찰재의 표면 형상을 연구하거나 3장의 마찰재 사이의 간격을 바꾸어 보는 그야말로 시행 착오와 실험의 반복이었다. 보통의 토크 컨버터 AT라면 클러치는 복수이기 때문에 클러치 하나 당 작동 회수는 분산될 수 있지만 스무서에서는 클러치가 하나밖에 없기 때문에 여기에서 70~80만km의 주행에 견디려면 어쨌든 신뢰성을 연마할 수 밖에 없다. 더욱이 끌림 저항과의 싸움이었다.」

트럭용 디젤엔진의 큰 토크를 1개소의 3장의 습식 클러치로 받아들인다고 하는 기술도 아스카 NAVI5가 등장했던 시대에는 생각할 수도 없었던 일이다. 종이재질의 마찰재(클러치 페이싱)는 습식 AT에 의존한 일본의

자동차 업계에서 현저한 발전을 이루어 스무서 Ex에 채택되고 있는 3장의 NSK제 마찰재는 차량의 수명이 다할 때까지 교환할 필요가 없다. 마찬가지로 엔진과 MT 기어 열 사이를 직결로 하기 위한 로크 업 클러치도 매우 뛰어난 소재가 공급되고 있다. 참고로 엘프는 불과 1,000rpm으로 로크 업이 작동되어 발진 직후부터 연비를 향상시키는 제어다. 출발과 정지가 잦은 일본의 교통 사정에서는 로크 업 클러치의 내구성도 요구되기 때문에 이러한 소재의 진보를 제일선의 엔지니어들에게 물어보면 마찰재=윤활기술은 중요한 분야이라고 재차 인식시켜 준다.

「잊어 버린 기술도 있다」라고 말한다. 스무서의 개발에서는 F/C의 설계와 조달에 어려움이 있었으며, 2002년 발매한 스무서 F로부터 F/C가 채택되고 있지만, 그 개발이 하나의 난관이었다고 고가는 말한다.

「토크 컨버터는 일본 메이커의 특기였고 우리들도 익숙해져 있었지만 토크 증폭을 하지 않고 단지 토크 전달만을 하는 유체 커플링은 까맣게 잊고 있었다.」

문헌에 의하면 유체 커플링 그 자체는 선박용으로서 20세기 초반에 개발되었다고 한다. 함선(특히 군함)의 항속거리나 기동성을 개선하기 위해 증기 터빈과 내연기관을 병용하는 등 복수의 이종 동력원에 의한 하이브리드 시스템이 고안되었지만 그 동력을 혼합하기 위해서 유체 커플링이 이용되었다. 20세기 초 제1차세계대전이 발발되기 전이었다. 덧붙여서, 모터팬의 다카하시 마사야에 의하면 「일반적으로 말하는 풀 캔이란 플루이드 커플링의 약어가 아니고, 이것을 개발한 폴란드의 풀 캔 조선소(풀 캔식 계수)를 가리킨다」라는 것이다.

이것을 자동차의 변속기에 도입하기 위해서 다양한 개발을 한 것은 이전에 이스즈와 밀월의 파트너였던 미국의 GM였다. 클러치 조작을 없앤 변속기에 엔진 토크를 전달하기 위한 수단으로서 F/C가 주목받고 개발을 진행시켜 가던 중에 엔진 토크 그 자체를 증폭시켜주는 토크 컨버터로 진화했다. 그러나 21세기의 이스즈가 추구하고 있던 것은 토크를 증폭하지 않는 F/C였다.

「동력이 전달되는 쪽은 MT의 기어 열이니까 엔진 토크보다 큰 토크가 전달되면 동기의 부하가 증가하여 손상될 위험성이 있으며, 습식 다판 클러치도 증폭된 큰 토크를 받아 들이기 위해서는 크게 만들어야 한다. 시대를 거슬러 올라가 단순한 F/C의 설계를 기억하고 있는 엔지니어는 없다. 처음엔 토크 컨버터에서 토크를 증폭시키기 위한 스테이터를 떼어내 테스트하려고 했지만 곧바로 엔진이 정지되어 제조업체에 F/C를 만들었으면 좋겠다, 라고 말해도 거절당했다」

여기에서 고가는 전쟁 직후의 문헌을 수집하여 F/C를 원점에서부터 다시 설계하였다. 도너츠 형상의 반원형에 방사상의 날개가 배열되는 F/C는 우선 한쪽 편의 날개(임펠러 블레이드)가 엔진에 의해 회전하고 충전된 오일이 휘저어져 원심력으로 인해 바깥쪽으로 밀려나가 유속이 발생한다. 이 유속을 반대측의 날개(터빈 블레이드)가 받아들여 전체가 회전함으로서 토크가 전달되는 구조다.

그러나 현대의 토크 컨버터는 날개가 차례차례 겹치듯이 경사로 배치되어 날개 1장씩 3차곡면을 가지고 있다. 특히 일본제 AT에서는 토크 컨버터 자체의 두께를 얇게 하기 위해서 반원형이 아닌 편평형으로 만들어 날개의 형상은 복잡해졌다. 스테이터를 떼어냈을 뿐인 F/C가 회전하지 않았던 것은 토크를 증폭시키기 위해 회전하는 스테이터의 조합을 전제로 설계하고 있었기 때문이다.

「정말로 단순한 방사상 배치로 전혀 기울기도 없는 날개를 사용하여 시험 제작한 F/C는 정상적으로 회전하였다. 효율을 높이기 위해서 가이드 링을 설치하는 것은 문헌으로부터 배우고 그 위치와 형상을 연구하여 어떻게든 F/C를 완성시켰다.

가이드 링의 위치나 형상은 유체 시뮬레이션으로부터 산출했냐고 고가에게 물었지만 「시뮬레이션은 전혀 맞지 않았다」라고 대답했다. 분명히 F/C 내의 유체 해석 등이 이미 오래 전부터 자동차 분야에서는 불필요해졌기 때문에 해석 소프트웨어 자체가 존재하지 않았을 것이다. 참고로 엘프용의 F/C는 유타카기연 제품이다.

「낡은 기술도 소중히 보완해두지 않으면 안 된다는 것을 통감했다. 아이들링에서 변속시킬 때 유압이 발생되지 않으면 안 되지만 아이들링 시의 엔진 회전속도는 연비 대책을 위해 억제되고 있어 현재는 500rpm 밖에 되지 않는다. 그런데도 스무서 내의 F/C는 회전하고 있다」

F/C의 진동을 흡수하는 댐퍼도 물론 새로운 설계였다. 보통의 토크 컨버터와 마찬가지로 스프링 식의 댐퍼였지만 그 설치 장소나 형상은 시행착오로부터 태어났다. F/C 그 자체가 새로운 설계이기 때문에 현대 시장의 요구에 응하기 위한 댐퍼도 전혀 전례가 없다. 여기까지 기계 부분의 설계에 고생한 것은 예상 외였다고 한다.

이와 같이 하여 개발된 F/C 내장의 포워드용 스무서 E(2002년 발매)의 2년 후에는, 오토 시프트를 실현한 엘프용 스무서 E가 등장, 그리고 엘프의 풀 모델 교체에 맞추어 충분히 준비하여 투입된 시스템이 최신형의 「스무서 Ex」J이다. 2페달식 자동 변속에 일체화되어 실제의 기어 변속 시간은 전혀 스트레스가 발생하지 않는 수준까지 단축되었다.

「처음으로 오토 시프트를 넣었던 2004년의 시스템에서는 2단에서의 스타트로부터 3단으로의 변속 시간이 1.2초나 됐었다. 2단의 클러치가 끊어지고 변속이 진행되어 3단으로 연결이 되었을 때까지 시간이지만 이것을 다음 해에는 0.9초까지 단축시키고 엘프의 신형 스무서에서는 0.8초를 달성하였다. 무엇보다 이대로는 만족하지 않았다. 트럭이라고는 하지만 토크 끊김의 시간은 짧게 넘어가는 법이 없다. 닛산 GT-R의 0.2초에는 미치지 못해도 어쨌든 할 수 있는 한 줄였다」

주변 기술의 진보가 변속기의 진화를 가속시킨다고 하는 사실은 이 스무서의 개발 단계에서도 수없이 존재했었다고 한다. 04년 발매한 오토 시프트형 스무서

토로부터 채택한 엔진과 변속기의 협조제어도 커먼 레일 방식의 연료 제어가 엔진에 도입되었기 때문에 이론 성과다.

「변속할 때에는 엔진에 이런 연소로 하면 좋겠다고 하는 요구값을 생각하게 되었다. 정확한 연료 분사, 더욱이 1회의 연소를 위해서 연료를 분할 분사하는 커먼 레일 시스템은 변속기 측에서 봐도 고마운 시스템이다. 변속 중에만은 변속기로부터의 지시에 따라줄 수 있다면 충격의 흡수도 구동력의 유지도 쉬우며, 아이들링 시에도 엔진측 회전속도를 바꾸지 않고 출력을 제어해 준다」

제어라고 하는 점에서는 ABS와 스무서의 협조도 이루어지고 있으며, ABS 작동 중에는 클러치를 뗄 수 없다고 하는 안전을 위한 제어가 중심이다. 그러나 고가는 말하지 않았지만 ABS 등의 장치가 추가되면 그 만큼 제어가 번잡하게 되고 그 ABS로 해도 시속 10km 이하에서는 작동하지 않기 때문에 운전 상황에 따라서 ABS가 작동되지 않는 경우에는 변속기 측이 보충해주어야 하는 상황도 생각할 수 있을 것이다. 그렇게 되면 제어가 민감해지고 버그의 확률도 증가되는 악순환이 기다리고 있다.

무엇보다 나와 같은 초보자가 생각하는 것 등을 이미 고가는 알고 있다. 또한 고가의 머릿속에는 다가온 포스트 신 장기규제에 대한 스무서의 개량을 위한 수단이 떠오르고 있었다.

「연비를 더 좋게 하고 싶다. 기계 부분의 브러시 업이 필요하다. 연료 가격이 이대로 상승한다고 가정하면 다소의 비용은 들어도 예를 들어 기어를 드라이 섬프(Dry Sump)로 하여 오일의 교반저항을 줄인다든가, 부분마다의 재검토가 필요하며, 장래적으로는 다단화가 필요하다고 생각하고 있다.」

마지막으로 물어봤다. 2톤급의 트럭에서도 DCT가 되는지, 라고.

「현재의 스무서는 MT의 기어를 그대로 유용할 수 있는 것이 장점이다. DCT라고 하는 선택사항을 선택한다면, 한층 더 연비 향상을 실현시키지 않으면 의미가 없다고 생각한다. 습식이라면 작동되지 않는 쪽의 클러치는 드래그 토크를 발생시킨다. 분명한 장점이 없다면 이행할 수 없다」

하지만 고가는 이렇게도 말한다.

「유럽의 트럭은 잘 만들어졌다. 일본은 잔기술로 승부하고 있지만 유럽은 핵심을 뚫고 나온다. 기본에서는 유럽에게 지고 있다고 생각한다. MT에 있어서도 유럽의 것은 한 수 위이다.

기어의 설계나 정밀도, 공작기계, 지석…… 일본이 당해낼 수 없는 것이 아직도 있다」 고가는 적을 알고 있다. 그렇기 때문에 아직도 스무서를 정진시키지 않으면 안 된다고 말한다. 그렇다 하더라도 고가 뿐만이 아니라 이 세상에 어떠한 실적을 남긴 엔지니어들 모두에게 「유럽은 버겁다. GM도 만만치 않다」라고 하는 그 말을 과연 경영자는 이해하고 있는 것일까, 라고 나는 불안하게 생각한다. 비용의 저감의 그물을 바디/섀시 계로부터 엔진, 변속기, 의장품에 이르기까지 일률적으로

스무서 E 개량의 발자취

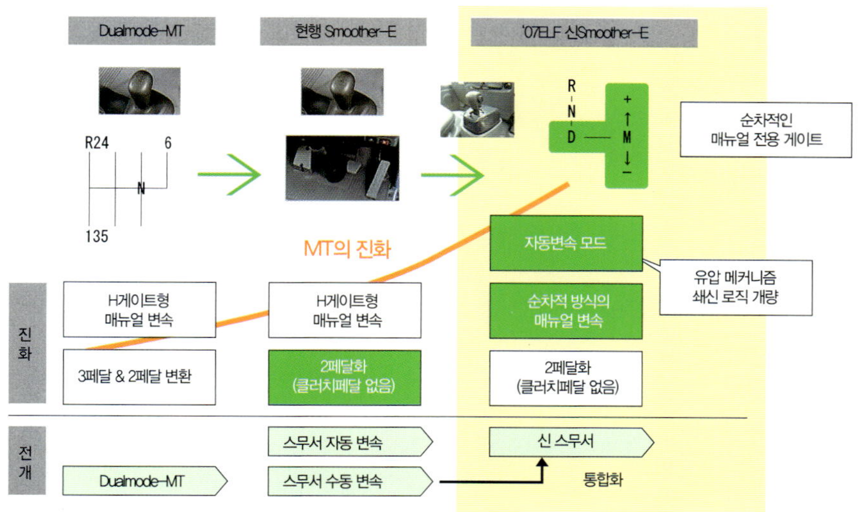

고가 히데타카와 그의 작품 「스무서 Ex」

포워드용 스무서 Fx(왼쪽)와 대형의 기가에 탑재된 스무서 G(오른쪽)도 완전 자동 시프트가 가능하다.
이스즈는 트럭용 AT를 거의 모든 라인에서 전개하고 있다.

로 적용하려 하는 예를 몇 번이고 들었다. 적의 실력을 알지 못하는 지휘관의 폭거라고 밖에 생각할 수 없다.

그것은 그렇다 치더라도 고가가 약 30년 동안의 엔지니어 인생을 모두 쏟아 부은 스무서식 엘프와 포워드는 서서히 시장에 침투하고 있다. 차량의 가격은 비교적 비싸지만 클러치의 교환이 필요없기 때문에 차량 수명까지의 총 비용을 줄일 수 있으며, 운전자는 「차선」과 「차속」의 관리에 의식을 집중할 수 있어 결과적으로 스트레스를 줄이고 사고 위험을 경감시킬 수 있다. 운전자의 역량에 의존해 온 부분이 연료 소비도 포함하여 해방된다고 하는 사회로의 파급 효과는 크다.

콕핏을 살펴보면 보통의 승용차용 AT와 같은 직선(I)형 변속 레버가 있어 R=후진 N=중립 D=드라이브의 3가지 포지션이 있다. P=주차의 포지션이 없는 것은 중량이 큰 트럭의 정지상태를 유지시키기 위함이고 주차 기어가 커지기 때문에 P위치에 기어를 설치하는 것이 힘든 일이라는 이유에서이다. 그 대신에 밴드 타입의 브레이크가 있어 정지상태를 유지하고 있다.

엔진 시동은 N위치에서 풋 브레이크를 밟아서 하며, R위치에서도 크리프는 발생하기 때문에 후진하여 차고에 넣기 쉽다. D에서 레버를 옆으로 이동시키면 M=매뉴얼 모드가 되어 레버를 앞으로 밀면 시프트 업(+), 당기면 시프트 다운(-)이 되는 수동변속이 가능하며, 이러한 조작계는 승용차와 같다. M모드에서도 클러치 조작은 필요없으며 엔진 브레이크도 MT차 같은 수준의 레벨로 효과가 있다.

한편 기가에 탑재되고 있는 스무서 G는 한 때의 NAVI5 대형용의 에어 액추에이터 방식을 전자 솔레노이드로 바꾼 진화 판이다. 발진부터 클러치 페달 조작이 필요없고 변속 조작의 감각도 큰 폭으로 개선되었다고 한다. 플랫폼식이나 트레일러의 카브라식인 경우에는 「베테랑만이 가능한 조작」으로 느린 속도 전용 클러치의 사용이 가능하도록 하였다.

이 모든 것들의 기반이 1984년 발매한 초대 NAVI5인 것이 재차 놀랍다. 끊임없는 연구개발에 상품화도 계속해 온 것에 대한 성과란 것을 적어 두고 싶다. 주목받

고 있는 DCT, VW의 DSG를 보더라도 80년대에 포르쉐가 그룹 C카 용으로 개발한 PDK가 근원이며, 이것도 DSG로서 햇빛을 보기까지 20년 가까이 걸렸다. 쌍방에서 공통점을 느끼는 것은 나 뿐만이 아닐 것이다.

마지막에 고가는 이렇게 이야기해 주었다.

「이스즈가 개발한 트럭용 하프 트로이덜 CVT가 GM의 연구센터에 보존되어 있으며, GM도 같은 방식으로 도전했던 과거가 있다. 결국은 이스즈도 GM도 채택하지 않았지만 성과로서 보존하고 있다. 놀라운 것은 GM에는 풀 트로이덜식의 토우 릭 시스템이 남아 있었다는 사실이다. 여러 가지 가능성에 도전하여 비록 제품화되지 않았어도 그것을 재산으로서 남겨 두는 자세에 놀랐다」

과거의 기술로서 버려졌던 F/C가 이스즈의 스무서로 재활용되었지만 일본 전체를 찾아봐도 실물 제품은 없었다 이것을 고가는 말하고 싶었던 것일까. 나에게는 묘하게 인상깊은 말이었다. (본문 중 경칭 생략)

미쓰비시 후소 INOMAT-II

이전의 공기압 액추에이터 시스템을 전동식으로 개량

미쓰비시 후소의 2 페달식 전자제어 기계식 자동 트랜스미션 「INOMAT-II」
MT 자동차의 연비가 운전자의 역량에 크게 좌우되는데 비해 INOMA-II 탑재 자동차는 모든 조건에서 저연비를 실현한다.
2007년에는 대형 카고 「슈퍼 그레이트」로 확대 적용되었으며, 트럭 라인업을 모두 커버했다.

글: MFi · 사진: 미쓰비시후소트럭 · 버스/VOLVO

미쓰비시후소의 「1NOMAT」는 1996년의 대형 카고용 7단 변속+3페달식이 처음. 탑재 차종이 중대형으로 직업 운전자에 의한 운전이 주류였던 것은 용도를 비롯하여 발진 빈도가 적은 것 등이 이유였다. 2004년에는 전동 액추에이터를 사용한 6단 변속+2페달식의 「INOMAT-II」를 중형 트럭 「파이터」에 탑재. INOMAT가 공기식 액추에이터에 의한 시스템인데 비해 공기압 시스템이 없는 중소형 트럭에 탑재할 수 있도록 하였다. 또, 중소형 트럭은 발진 빈도가 높은 시가지에서 사용되는 경우가 많아 운전자의 역량도 폭넓다는 점에서 2페달식이 되었다. 2007년에는 한층 더 나아가 INOMAT-II를 대형 트럭으로 적용범위를 확대. 중소형용 INOMAT-II를 기본으로 하여 7단 변속/12단 변속+2페달식을 갖추었다.

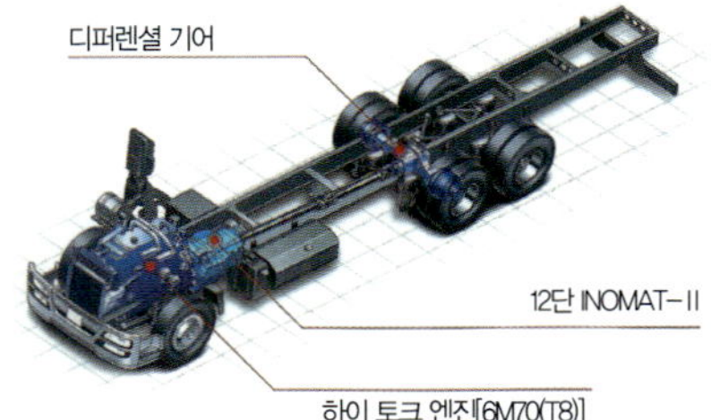

▶ G211-12 트랜스미션

G211-12 트랜스미션 기어비

1단	14.93
2단	11.67
3단	9.93
4단	7.05
5단	5.63
6단	4.40
7단	3.39
8단	2.65
9속	2.05
10속	1.60
11단	1.28
12단	1.00
후진 1단	15.38
후진 2단	12.90
후진 3단	3.39
후진 4단	2.65
변속비 범위	14.93

메르세데스 벤츠의 트럭 「Acros」용으로 개발된 12단 트랜스미션이 G211. 2X3X2의 레인지 & 스플리터식으로 본체는 도그 클러치식, 카운터 샤프트 브레이크를 설치한다. 발진 빈도가 많은 일본에 어울리며 클러치 주위의 부품을 교환하여 INOMAT-II용 ECU로 TCU를 제어한다.

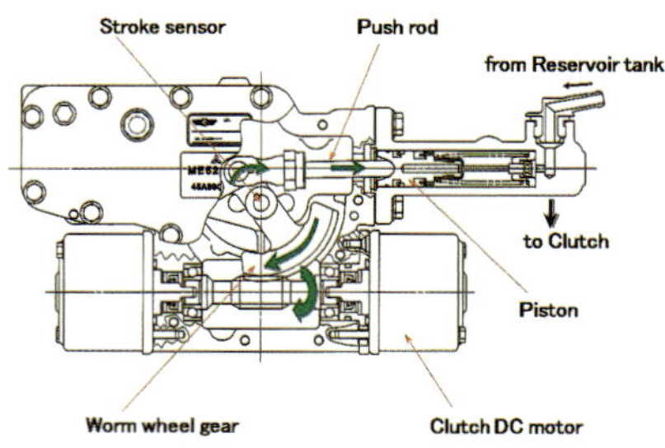

위가 클러치 제어 유닛. 클러치 부스터를 사용함으로써 중소형용과 공통으로 하였다. 2개의 모터를 같은 축에 배치하고 항상 동시에 구동하여 만일의 고장에도 대비하였다.
아래는 기어 시프트 유닛. 시프트/셀렉트 모두 볼 나사를 채택하였으며, 중소형 용의 1모터에 비해, 대형용은 2모터식.

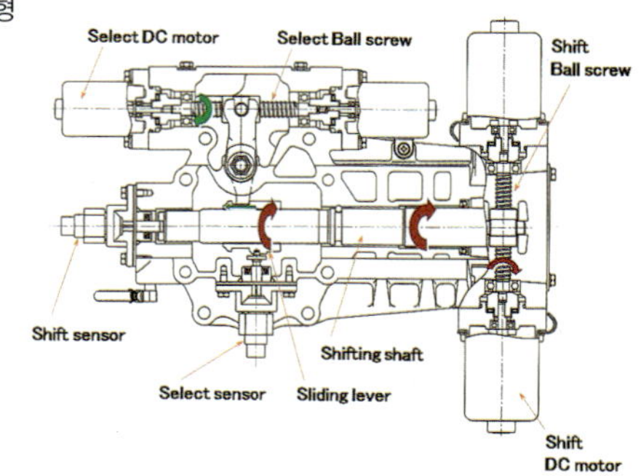

7단 INOMAT-II의 시스템 구성

이전의 공기압 액추에이터에 의한 INOMAT와 달리 유닛이 INOMAT-ECU로부터 기인한 모터가 제어되는 것을 이해할 수 있다고 생각한다. 클러치의 앵글센서 및 기어 시프트 유닛의 시프트 센서/셀렉트 센서는 비접촉식이다.

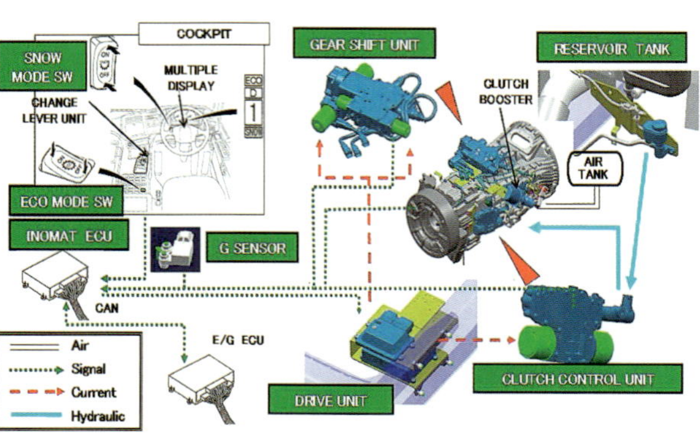

VOLVO I-SHIFT
볼보 트럭 제3세대의 전자제어 자동변속기

I-SHIFT의 라인업은, 44t-GCW(연결차 총중량)클래스의 「V2412AT」/ 60t-GCW 클래스의 「V2S12AT」/ V2S12AT에 오버 드라이브를 갖춘 「VO2S12AT」의 3종

12단 변속기는 레인지 & 스플리터식. 스플리트(split) 기어는 변속기 내부 앞 쪽에 설치되는 한편, 우성기어 방식의 레인지(range) 기어는 변속기 유닛 후방에 설치된다.

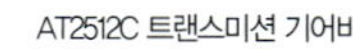

기어박스의 상부에 배치된 컨트롤 박스. 변속을 포함한 모든 제어가 여기에서 이루어진다. 시프트 포크 및 클러치는 압축 공기에 의해서 조작된다.

볼보 최신 트럭용 변속 시스템인 「I-SHIFT」이다. 레인지 & 스플리트식의 12단 변속+2페달의 전자제어 자동변속기로, FH/FM시리즈에 탑재되며, 볼보의 자동변속 시스템으로서는 제3세대에 해당된다. 2002년에 등장하여 일본 시장에는 2003년 봄부터 투입되고 있다. 전자제어이기 때문에 기어의 동기작용을 생략하는 것이 가능해졌다. 그 결과 MT유닛에 비해 약 70kg의 경량 및 소형화를 이룩하였다. 연비를 추구하는 「Economy」와 출력을 중시하는 「Performance」 모드로 된 A레인지 및 운전자의 수동 변속에 의한 M레인지를 갖추어 주행 상황에 따라 선택할 수 있다. 또 톱 기어에서 타력주행을 적극적으로 활용하는 「에코 롤」과, 톱 기어 주행 시에 입출력 축을 체결하는 「다이렉트 드라이브」 등 많은 연비 향상 프로그램이 갖추어져 있다.

AT2512C 트랜스미션 기어비

단	기어비
1단	14.94
2단	11.73
3단	9.04
4단	7.09
5단	5.54
6단	4.35
7단	3.44
8단	2.70
9속	2.08
10속	1.63
11단	1.27
12단	1.00
후진 1단	17.48
후진 2단	13.37
후진 3단	4.02
후진 4단	3.16
변속비 범위	14.94

NSK 하프 트로이덜 CVT

닛산 자동차에 탑재되어 처음으로 실용화된 트로이덜식 CVT의 베리에이터부. 양 끝이 입력 디스크, 안쪽 2장이 출력 디스크. 굵은 4개의 기둥은 트러니언으로, 파워 롤러를 지지하는 부품이다. 하프 트로이덜 방식이 독특하다.

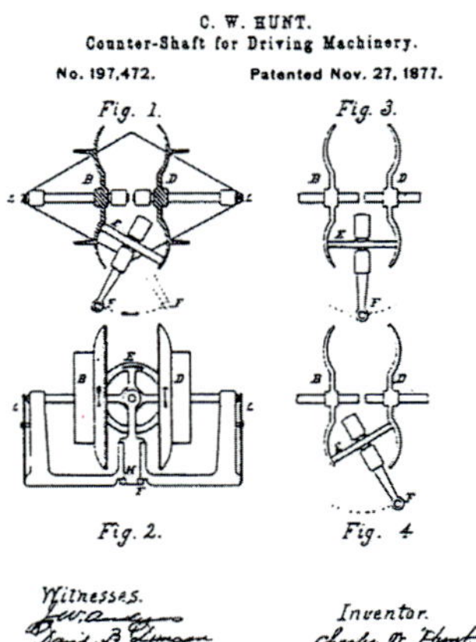

트로이덜 CVT의 최고(最古)의 기록

1887년 11월 27일에 미국에서 취득된 트로이덜 방식에 의한 변속기의 특허 출원 기록을 보면, 취득자의 이름은 Charls Hunt로 되어 있다. 그 후에도 심도있게 서서히 개발되었지만 실용화에는 기술적인 돌파가 필요했다.

05

Continuously Variable Transmission

트로이덜 CVT는 과거의 것이 아니다

Half Toroidal

CVT는 벨트식만 있는 것이 아니다. 다음 페이지에서도 소개하고 있지만 자동차는 트로이덜 방식의 실적이 있다.
20세기 말로부터 한 시기만을 과거라고 생각한다면 큰 실수다. 새롭게 시작하는 것을 목표로 하여 개발은 순조롭게 진행되고 있다.

글: 츠지 츠카사 · 사진: 스미요시 미치히토/일본정공

트로이덜식 CVT의 역사는 19세기 말의 특허 신청으로부터 시작된다. 하지만 실험적인 것은 차치하고 자동차용으로서의 실용화는 닛산이 세드릭/ 글로리아에 탑재하여 발매한 1999년이 세계 최초였다. 일본정공이 CVT의 베리에이터를 양산하고 자트코가 트랜스미션 전체를 완성시켰다.

왜 실용화에 시간이 걸렸을까. 재질&가공 기술의 문제도 있지만 윤활&동력전달 방식의 문제도 크다. 보통의 오일 윤활에서 강력한 힘으로 밀착되는 롤러와 입출력 디스크의 접촉부가 미끄러지거나 파손된다. 트랙션 드라이브라고 하는 방법이 트로이덜 방식의 베리에이터에서는 필수로 판명된다.

이 방식에서는 트랙션 오일을 사용한다. 이 오일은 1000분의 1mm 이하의 좁은 간격에서 최저 10t/cm² 에서 40t/cm² 가까이 높은 면압을 가하면 오일 분자가 얽혀 껌과 같은 상태가 된다. 그 반고체화된 유막이 높은 마찰력을 발휘하여 회전력을 전달하며, 간극을 빠져나온 오일은 순식간에 보송보송한 상태로 되돌아오며 금속간의 접촉은 없다.

트랙션 드라이브라는 생각은 1960년대부터 있었지만 자동차에 트로이덜 CVT를 사용하고 거기에 채택된다고 하는 발상은 나중에 일어난 일이다. 그래서 사용할 수 있는 오일도 없었다. 일본정공이 고하중에 견딜 수 있는 소재 개발에 분투하고 있을 무렵 이데미츠 흥산이 고성능 오일을 만들어 트로이덜이 실현되는 길을 열었지만 곧바로 사라져 갔다. 높은 토크에 견디는 CVT로 변속의 속도가 빠르다는 이점이 있었지만 비용이 비싸고, 벨트식 CVT가 진화하고, 토크 컨버터 AT가 다단화하여 변속 레인지가 넓어졌다는 등, 그 이유는 수없이 열거되고 있다.

제조회사들은 가능성을 믿고 지금도 개발을 계속하고 있다. 기능이나 가격면에서 벨트 CVT나 일반 AT에 대항할 수 있게 되었고 한층 더 그 앞을 목표로 하고 있다. 감속비를 무한대까지 연속적으로 가변시킬 수 있는 IVT = Infinity Variable Transmission로 하는 것도 선진화의 일례다.

하프 트로이덜 IVT 구조도

일본정공이 하프 트로이덜을 발전시켜 유성기어를 사용해 IVT와 파워 스플리터의 기능을 갖춘 시제품의 해설 CG. 발표한 2005년 당시는 아직 중앙으로부터의 파워 출력에 외부 샤프트를 설치하고 있었다.

▶ 「트랙션 드라이브」기법에 반드시 필요한 기술

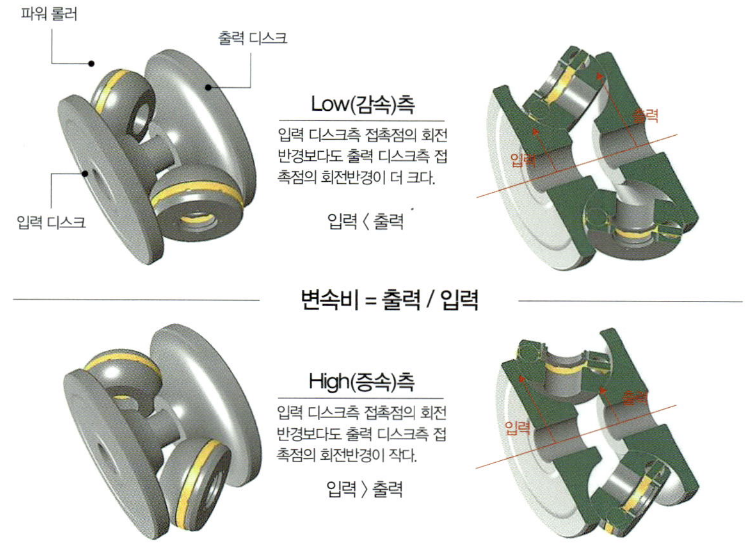

■ 파워 롤러의 회전중심을 오프셋하여 변속력을 얻는다.
■ 변속에 필요한 에너지는 극히 작다.

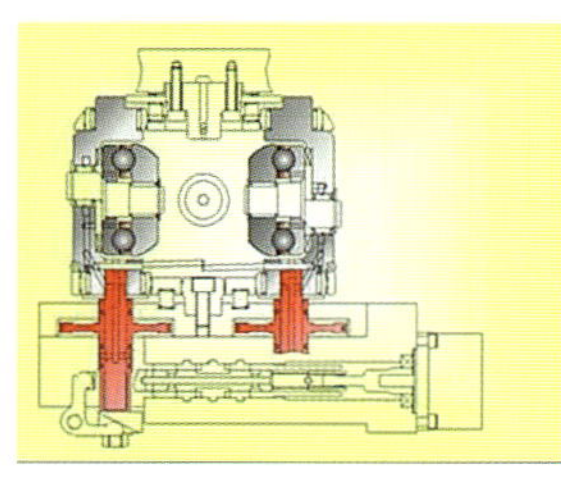

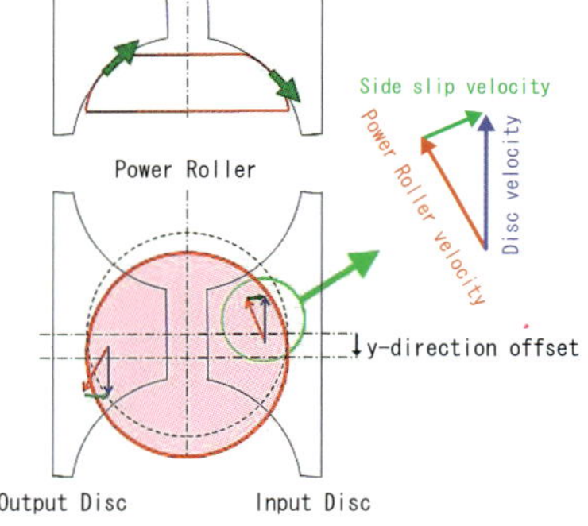

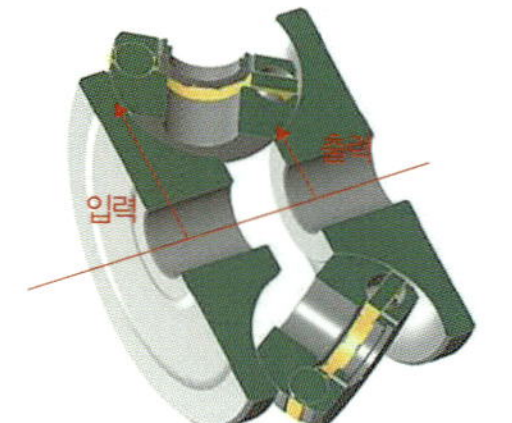

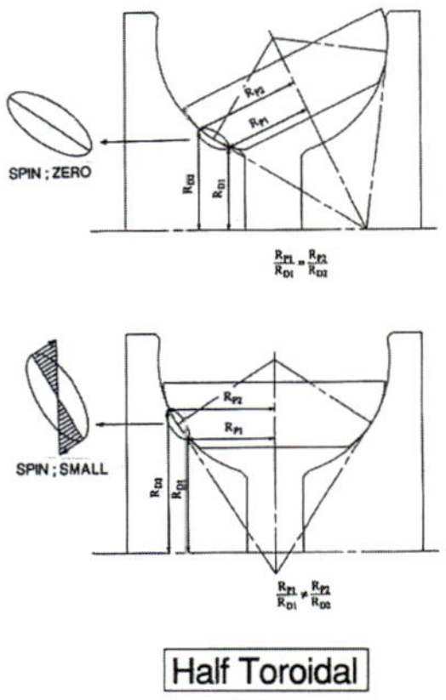

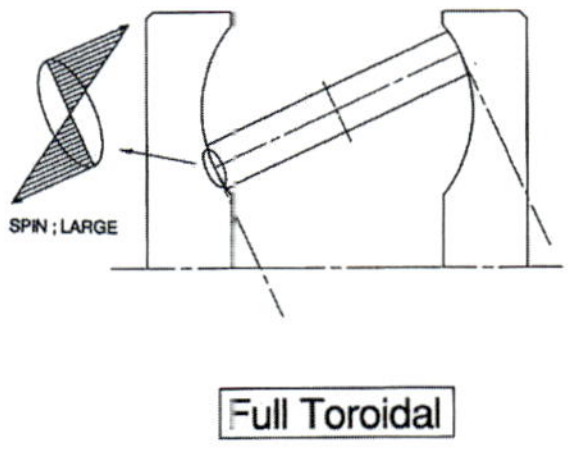

하프 트로이덜이란

원리는 매우 단순하여 원곡면을 갖는 입출력 디스크에 둘러싸인 도너츠 형상 공간의 원형체–트로이덜에 파워 롤러를 끼우고 접촉면을 이동시켜서 변속하며, 파워 롤러의 각도 변경은 그것을 지지하는 트러니언을 직접 회전시켜서 하는 것은 아니다. 트러니언을 조금 상하로 움직여(1mm 미만) 롤러가 회전력을 발생할 수 있는 각도가 되면 원래대로 되돌린다. 그림과 같이 베리에이터는 1개라도 성립될 수 있다. 하지만 용량의 증대에 가세하여 강하게 미는 힘에 의해 베어링부의 마찰을 없애기 위해 대항할 수 있도록 2개를 동일한 축에 배치하는 것이 보통이다. 한쪽 편의 입력 디스크를 로딩 캠에서 안쪽에 밀어넣어 그 반력으로 입력 디스크가 빠져 나오려는 듯한 힘으로 반대쪽의 입력 디스크가 밀리는 구조.

풀 트로이덜과 하프 트로이덜

위는 제이텍트의 풀 트로이덜식 베리에이터. 파워 롤러가 3개씩이지만, 그것은 하프 방식에서도 존재한다. 풀식에서도 변속의 기본 등은 같고 근본적인 차이는 원형체 전체를 사용한다. 장점은 롤러에 측압이 가해지지 않기 때문에 그 유지에 의한 구동 손실이 적고, 변속 범위도 넓게 선정할 수 있다는 점이다. 하지만 롤러 접촉면이 디스크 면을 구르지 않는 스핀의 정도가 많다(아래그림). 한편 하프 방식에서는 축을 미는 힘에 의해 강하게 튀어나오려고 하는 측압이 크고 롤러나 트러니언이 튼튼하여 롤러의 베어링부의 마찰 손실도 크다. 하지만 스핀이 적으며, 부분적으로는 아예 없다. 이 면의 동력전달 효율이 좋은 점 때문에 일본정공이 채택하였다.

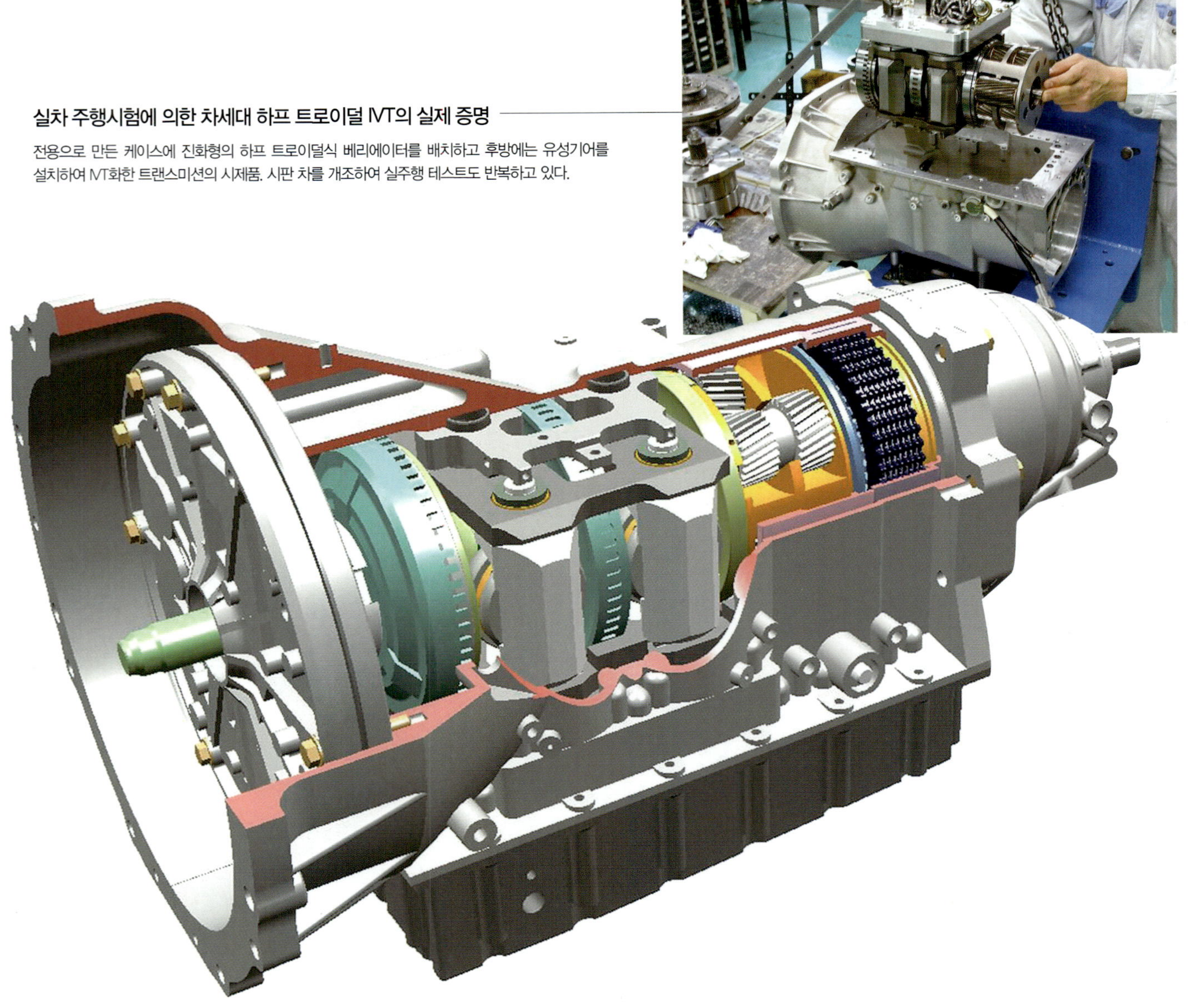

실차 주행시험에 의한 차세대 하프 트로이덜 IVT의 실제 증명
전용으로 만든 케이스에 진화형의 하프 트로이덜식 베리에이터를 배치하고 후방에는 유성기어를 설치하여 IVT화한 트랜스미션의 시제품. 시판 차를 개조하여 실주행 테스트도 반복하고 있다.

위 변속기는 일본정공이 개발 중인 것으로 앞 페이지에 있는 IVT화한 하프 트로이덜의 발전형이다. 구동축은 모두 1개의 축으로 하고 2세트의 유성기어를 소형으로 하여 뒷부분에 설치함으로써 일반적인 토크 컨버터 AT와 같은 형태와 크기로 만들었다. 완성차 메이커로부터 수주하려면 기존의 차량에 탑재가 가능해야 하는 것이 매우 중요하다.

IVT에서는 기계적으로 접속한 상태에서 정지, 즉 기어 중립이 가능하다. 그 기능을 만들려면, 예를 들어 입력회전이 변속기를 통과하는 것과 통과하지 않는 것으로 나누어 유성기어의 선 기어와 유성기어 캐리어의 쌍방으로 입력시켜 감속비를 알맞게 조정하면 링 기어는 출력이 없어진다. 예전부터 알려진 기계 구조이지만 감속비를 알맞게 조절한다고 하는 것은 CVT가 자랑으로 여기는 점이다. 그 기어의 중립으로부터 감속비를 알맞게 바꾸어 가면 후진이나 전진도 부드럽게 개시할 수 있다.

또, 트로이덜 방식의 변속기는 FR 자동차에 적절하다고 여겨져 왔지만, 그 상식을 뒤집어 FF 자동차를 전제로 트로이덜만이 가능한 특징을 살려 다른 기능을 포함시키는 시도도 오른쪽 사진과 같이 이루어지고 있다.

동시에 극히 본질적인 베리에이터 기능 그 자체를 높이는 개발에도 정력적이다. 예를 들어, 트러니언 축의 베어링 부분의 구조도 개량 혹은 축을 미는 힘을 만드는 로딩 기구의 유압화. 이러한 것에 의해 이전에는 94%였던 베리에이터의 동력전달 효율이 96%로 높아지고 있다. 나아가 오일의 트랙션 성능 향상, 획기적인 트러니언이나 마찰면 가공 등으로 전달효율이 97%가 되는 것도 얼마 남지 않았다고 한다.

저연비 = CO_2 저감은 지상 명제. 고효율 디젤 엔진에서 NOx 배출도 적으며, 구매자에게 활용도를 높여주는 등 트로이덜의 우수한 기능은 많으며, HEV나 EV에도 병용하여 활용할 가능성도 있다고 개발자는 말한다. 그런 가능성에 기대하고 싶다.

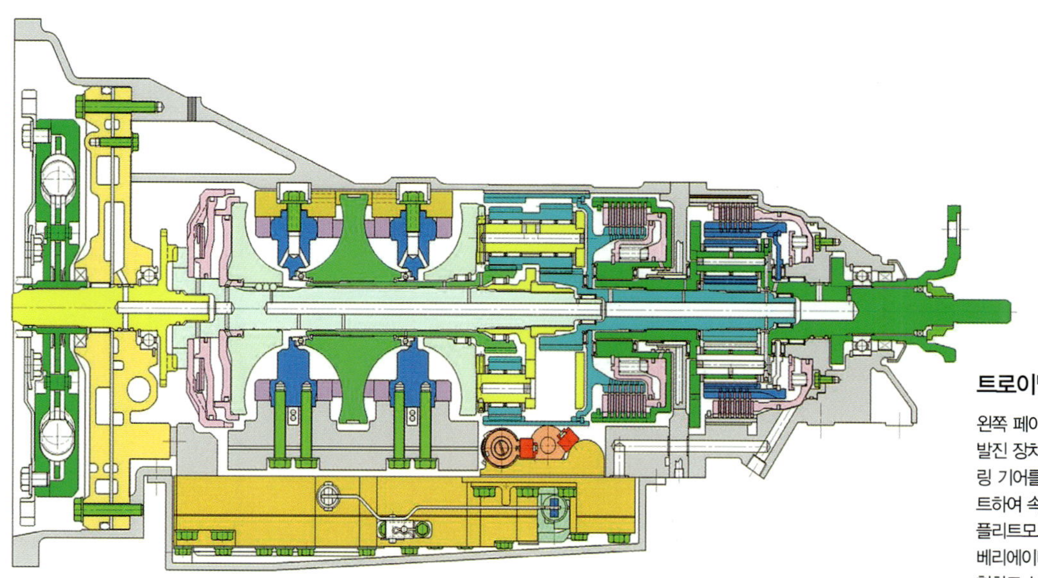

트로이덜 IVT의 구조

왼쪽 페이지의 트랜스미션 단면도·IVT이므로 앞쪽에 토크 컨버터 같은 발진 장치는 없다. 중립시에는 앞쪽의 유성기어를 사용하고 뒤쪽의 것은 링 기어를 통과시키는 기능만 한다.(좌측 아래 그림 참조) 전진에서 스타트하여 속도가 조금 상승하면 곧바로 뒤쪽의 유성기어를 사용한 토크 스플리트모드로 들어간다.(우측 아래 그림) 토크 전달 경로를 나눔으로써 베리에이터의 부담을 줄여 전달 효율을 높이고 베리에이터의 경량 및 소형화도 실현된다.

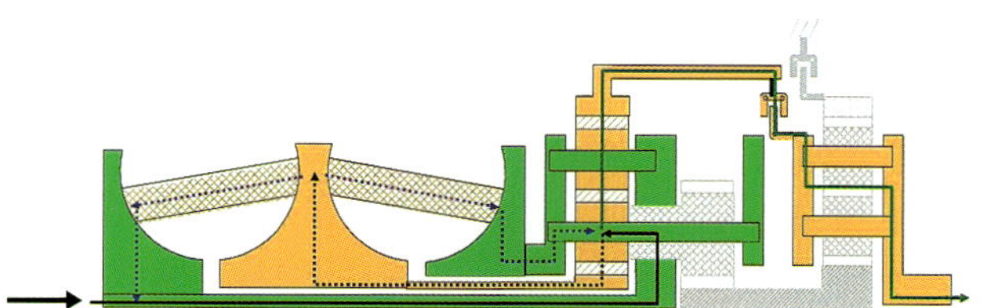

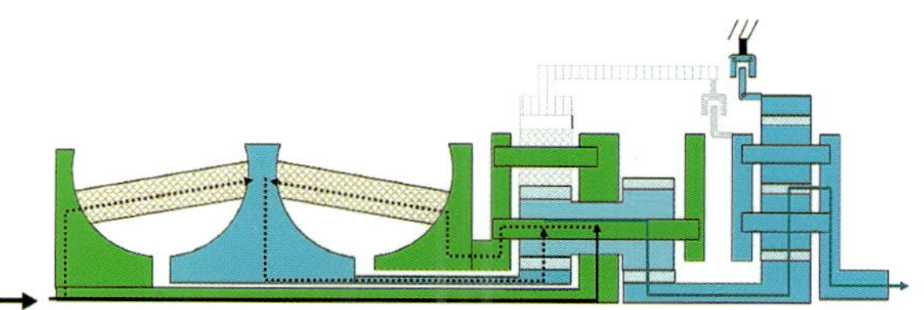

유압식 로딩

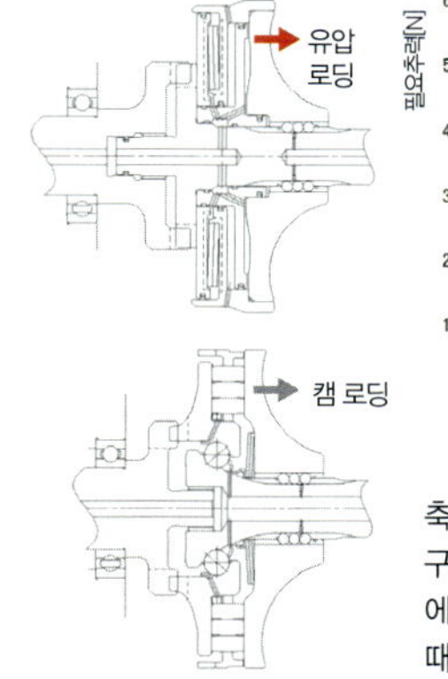

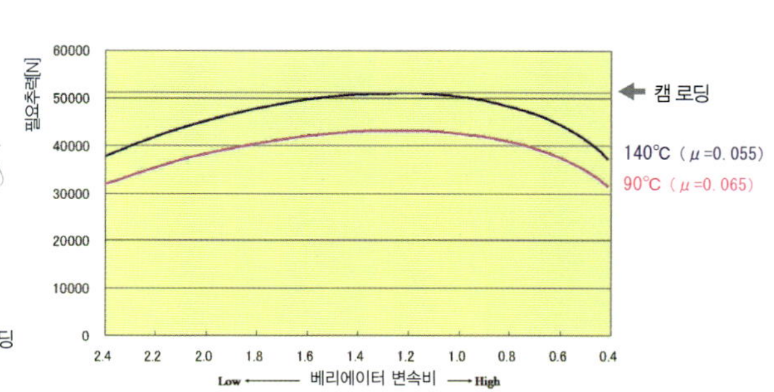

축을 미는 힘을 발생시키는 로터는 하프 트로이덜의 경우를 보면 이전에는 롤러 캠 구조의 기계식이었다. 그러나 필요한 축을 미는 힘은 그래프와 같이 변속비나 유온에 따라 변화한다. 기계식에서는 제일 큰 수치의 요구량에 맞추어 만들 수 밖에 없기 때문에 낭비가 생긴다. 그래서 유압식을 채택하고 상황에 맞추어 필요한 만큼의 힘을 발휘하는 시스템을 개발 중이다. 효율은 확실하게 향상되고 있다고 한다.

글루빙에 의한 트랙션 효율 향상

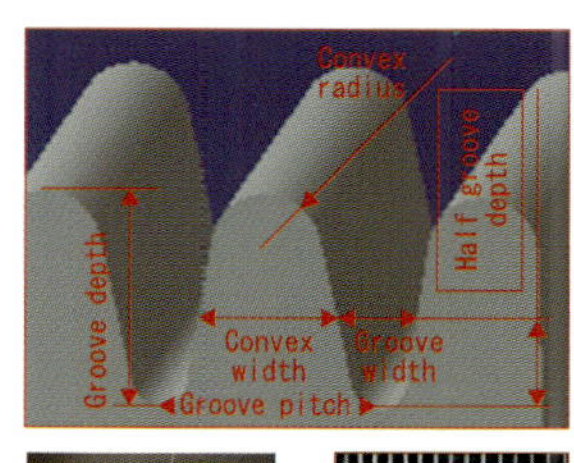

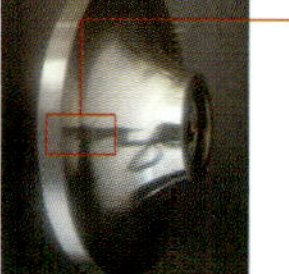

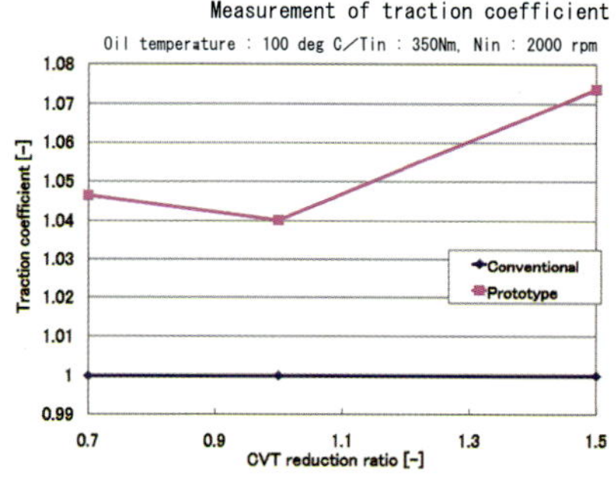

입출력 디스크나 파워 롤러의 표면을 매우 매끄럽게 하는 것이 이전의 상식. 고압으로 금속이 탄성 변형하여 얇은 유막을 형성하기 때문이다. 그런데 일본정공에서는 그 표면에 레코드 판 형상에 미세한 홈을 만드는 실험을 거듭하고 있다. 그렇게 하면 볼록 부분의 면압이 높아져 트랙션 성능이 5% 향상된다고 한다. 볼록 부분이 금속 접촉을 일으키지 않도록 하기 위한 치수와 형상의 설정에는 오랜 세월 닦아온 베어링 제조의 노하우가 숨어 있다.

이전의 트러니언과 파워 롤러

아래가 이전의 베어링부를 개량한 트러니언과 파워 롤러. 트러니언에 꼭 들어맞는 파워 롤러의 회전축을 3가지 부품으로 일체화하여 작동 정밀도를 높이고 있다. 그리고 위의 CG는 이전의 상식을 뛰어넘는 미래형 트러니언이다. 트로이덜은 비용이 많이 든다고 하는 최대 요인은 가공에 시간이 많이 소요되는 점이므로 양산성을 개선하기 위해 개발된 것이다. 파워 롤러의 회전축도 관통하지 않고 둥근 부분에 실려 있을 뿐이다. 실제로 비용은 저감되었지만 테스트해보면 손실 토크가 줄어 아래의 것보다 베리에이터 효율이 높아지고 있다.

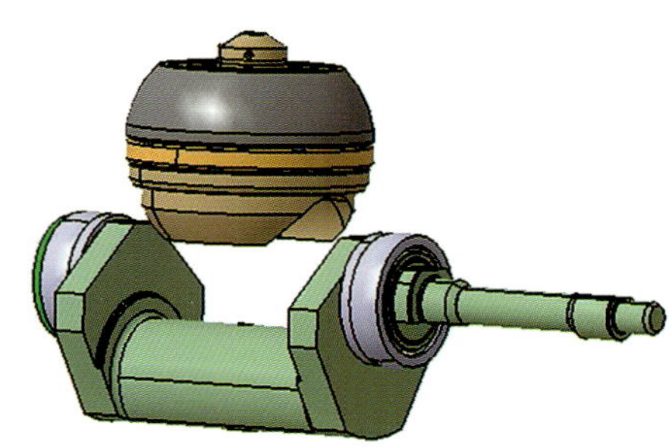

차동 기능 등을 가진 FF용 유닛

트로이덜 방식으로는 베리에이터를 2개 세트로 사용하는 것이 상식이었지만 본래의 이유는 베리에이터 효율의 향상이나 토크 용량의 증대. 그러나 이 FF용에서는 그 구조를 활용하여 좌우의 베리에이터가 독립하여 작동하는 제어도 갖춘다. 이에 의해 변속기의 기능에 더해자 디퍼렌셜 기어, 나아가 토크 배분 기능까지 갖춘 시제품이다.

적용을 모색하는 풀 트로이덜식

풀 트로이덜식 베리에이터는 승용차의 변속기라는 틀에서 벗어나
프리미엄 세그먼트(segment)형 기계식 하이브리드의 가변 기어비 기구나
승용의 잔디 깎는 기계 같은 다양한 분야의 차량용으로 적용 범위를 넓히려 하고 있다.

글 : 세라 코타이 · 사진 : 세야 마사히로/ Torotrak/ Flybird Systems

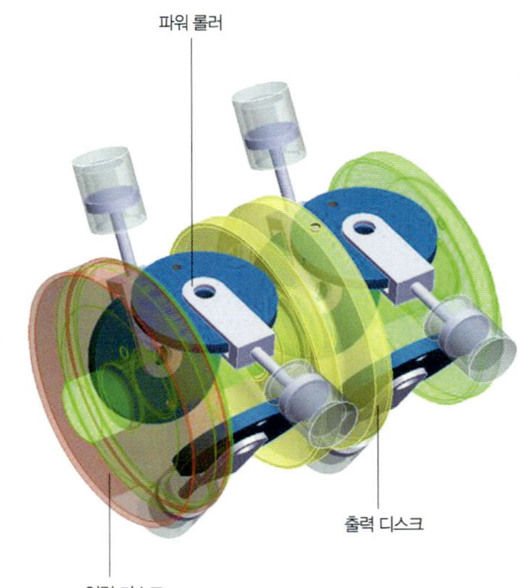

토로트랙의 베리에이터부. 캐비티는 싱글 또는 트윈, 캐비티 부근의 롤러는 2개 또는 3개로 어플리케이션에 맞춰서 대응.

JTEKT

사람과 자동차의 테크놀로지전시회에 전시된 베리에이터 부분. 전신인 코요정공 시대부터 풀 트로이덜식의 개발은 오래 걸렸다. 유성기어를 조합한 세로배치용의 무한 무단변속의 IVT는 완성되어 벌써 수년이 지나 숙성이 진행되고 있다. 실용화할 수 있을 단계에 와 있는 상태이다.

Torotrak

「승용차용 뿐만이 아니라 농업기계, 산업기계, 보조기계류 등, 가능성이 있는 곳은 이잡듯이 모두 찾아보았다」라고 토로트랙의 관계자가 말한다. 승용의 잔디 깎는 기계 이외에는 하드웨어의 평가 중에서 FR용 IVT도 그 중 하나. 2009년부터는 F1용 기계식 KERS의 구성요소로서 적용을 전망하고 있으며 그에 따른 많은 분야로의 파급 효과를 바라고 있다.

토로트랙제
풀 트로이덜식
트랙션 드라이브의 대표적 제원

FF용 트로이덜 CVT

토크 용량	150Nm
파워 용량	75kW
중량	40~50kg
전장	345mm
베리에이터 사이즈	70mm

FF용 IVT

토크 용량	400+Nm
파워 용량	<185kW
중량	95kg
전장	398mm
베리에이터 사이즈	90mm(롤러 지름)

FR 4WD용 IVT

토크 용량	450Nm
파워 용량	<230kW
중량	88kg
전장	662mm
베리에이터 사이즈	90mm(롤러 지름)

파워 롤러와 입출력 디스크 사이에서 발생하는 스핀의 크기, 파워 롤러 베어링의 필요여부 등, 하프 트로이덜과 풀 트로이덜을 유닛 단위로 비교하면 일장일단이 있어 어느 한쪽이 압도적으로 우수하다고는 할 수는 없다. 풀 트로이덜식, 특히 영국 토로트랙은 벨트식 CVT가 일반적으로 2축인 것에 비해 트로이덜식은 1축이다. 또 변속비 변화의 응답을 특징으로 하고 하이브리드용 변속기구로의 적용을 위해 활로를 모색하고 있다. 트로이덜 베리에이터에 플라이휠을 조합한 기계식 하이브리드는 시스템으로서 보았을 경우에 효율이나 크기, 비용 면에서 전기식 하이브리드에 대한 경쟁력이 있다, 라고 하는 논법이다.

토로트랙은 영국 운수성 등의 지원을 받는 컨소시엄, Low Carbon Vehicles Innovation Platform(LCYJP)에 참가한다. 재규어 자동차가 지휘하는 LCVIP에는 토로트랙 외에 포드, 프로 드라이브, 리카르도, 플라이 브리드 시스템즈, X트럭이 참가한다. 프리미엄 세그먼트(segment) 승용차에 적용하는 기계식 하이브리드의 개발을 진행하고 있다.

트윈 트로이덜 IVT의 적용 예

토로트랙사에 의한 최신의 적용 예가 미국의 잔디 깍기 브랜드, Cub Cadet의 iSeries Zero Turn Tractors. 좌우 후륜의 옆에 있는 금속제 케이스가 트랜스미션. 즉 좌우 독립형이다. 트로트랙에서는 이것을 트윈 트로이덜 트랜스미션(TTT)이라고 이름 붙이고 있다. 엔진의 출력은 풀리를 매개로 케브라제의 벨트에 전달되어 좌우 각 베리에이터의 입력축에 전달되며, 각 베리에이터에는 유성기어가 장착된다. 즉 IVT. 엔진의 입력 속도와 베리에이터 출력 속도를 가감산하여 전진~정지(중립)~후진을 자유자재로 제어한다. 특수한 스티어링 기구와 서로 작용하여 한쪽 바퀴를 정지시킨 상태로 선회하는 "제로 턴"을 가능하게 하였다.

2009년부터 F1에 탑재
기계식 하이브리드에 트로이덜 CVT를 사용

왼쪽이 풀 트로이덜 베리에이터부. 오른쪽이 플라이 휠부. 시스템 전체의 폭은 약 30cm. 컨트롤 유닛을 포함한 시스템 전체의 중량은 약 25kg. 플라이 휠의 케이스는 금속제로 보이지만, 실제는 CFRP제이다.

F1용 KERS의 베리에이터부. 캐비티 부근의 롤러는 3개. 베리에이터의 변속비를 변화시킴으로써 에너지의 저장과 방출의 제어를 행한다. 기어이가 가공된 중앙의 디스크가 트랜스미션의 출력축과 서로 맞물린다.

KERS 시스템의 구성

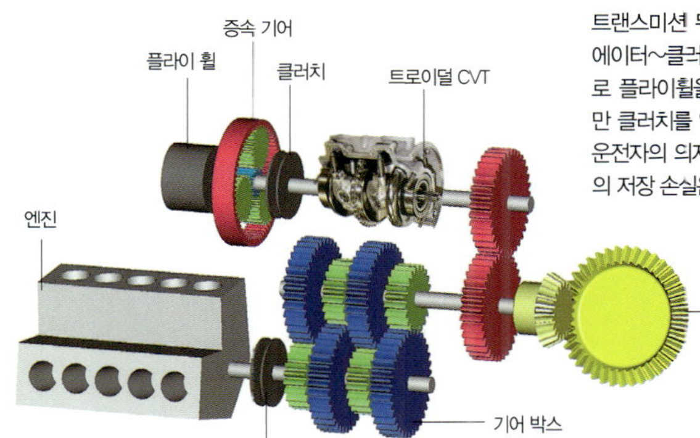

트랜스미션 뒤쪽에서 회전을 전달받는 베리에이터~클러치~유성기어 증속 기어를 매개로 플라이휠을 회전시킨다. 필요한 상황에서만 클러치를 연결하여 회생하며, 힘의 방향은 운전자의 의지에 의해 이루어진다. 플라이 휠의 저장 손실은 매분 2%.

F1용 KERS 주요 제원

파워용량	60kW(규정에 의함)
저장 에너지	800KJ 이하
중량	규정인 400KJ 시스템에서 25kg
효율	입력-출력 총합효율 70% 이상
다이나믹 리스폰스	제로에서 풀 파워까지 50ms
수명	2000km(리빌드하여 재 사용)
플라이휠 회전속도	64500rpm
플라이 휠 중량	400KJ용에서 5kg 이하
진공 펌프	차에 탑재할 필요없음

응답 속도가 풀 트로이덜식 베리에이터의 강점. 운전자가 스위치를 누르면 거의 동시에 엑스트라 파워가 노면에 전달된다.
플라이휠의 케이스 내를 진공으로 유지하려면 승용차에의 적용에서는 진공 펌프의 탑재가 불가결하지만 F1은 주행거리가 짧기 때문에 필요 없다. 주행 전에 피트에서 작업한다.

2009년의 F1에 새롭게 도입되는 것이 KERS이다. Kinetic Energy Recovery Systems의 약어로 직역하면 운동 에너지 회생장치. 날이 갈수록 높아지는 환경 문제에 대한 FIA 나름대로의 회답으로, 열로서 공기 중에 방출되는 제동시의 운동 에너지를 일부 회수하여 재이용한다고 하는 것. 장착은 의무적이 아니고 「장착해도 괜찮다」라고 하는 해석이지만 엔진 제조 회사들이 채택을 위한 검토에 들어갔다고 전해진다.
장치의 제원에 관한 규칙은 있지만 방식은 상관없다. 사실상 모터/제너레이터로 발전시킨 전기 에너지를 캐패시터 등의 축전 장치에 저장하는 「전기식 KERS」와 고속 회전하는 플라이 휠에 에너지를 모아두는 「기계식 KERS」의 2가지 방식이 존재하며, 기계식 KERS의 드라이브 트레인과 플라이 휠을 연결하는 가변 변속비 기구로서 풀 트로이덜 베리에이터가 적용된다.
풀 트로이덜 베리에이터의 적용 확대에 어울리는 개발을 추진하는 토로트랙은 주로 플라이 휠식 에너지 회생 저장 기구의 개발 및 제조를 하는 플라이 브릿드 시스템즈와 주요 부품의 제조를 행하는 레이스계에서는 이름이 알려진 트랜스미션 메이커인 X트럭과 손잡고 플라이 휠식 KERS의 개발에 임하고 있다. 독립계 팀의 윌리엄스가 참전 10개 팀 중에서 제일

빨리 4월 하순에 플라이 휠 식 KERS를 개발하는 다른 벤처기업에 출자를 표명했다. 이렇듯 플라이 휠식 도입의 의지를 명확히 하였으나 토로트랙/플라이 브릿드 시스템즈/X트럭 진영에 속하는 팀은 밝히지 않았다. 소문으로는 여러 팀과 거래가 있으며, 그 중 1개는 자동차 메이커라고 한다. 왜 플라이 휠 식인가? 하지만 그것은 「전기식에 비해 비용, 효율면에서 우수하기 때문」이라고 토로트랙은 주장한다. 이것은 F1에 적용했을 경우에 한정하지 않고 양산 차에 적용한 경우에도 통용된다. 전기식의 경우에 에너지의 변화에 의한 손실이 많아 토로트랙의 계산에 의하면 입력에서 출력까지의 종합 효율은 34%. 이에 비해 플라이 휠식은 70%가 된다. 전기식(비교 대상은 프리우스)에 비해 중량, 체적의 면에서도 유리하고 현행 차량에 애드 온(add-on) 감각으로 장착되는 점도 장점으로 들 수 있다.
플라이 휠식 KERS의 현시점에서 중량은 약 25kg으로 가벼움이 장점이지만 450kg 전후로 머신 전체를 완성하는 F1에 장착한다고 하면 중량 면에서의 비율은 높아진다. 소형화한 것도 장점이지만 트랜스미션의 위에 폭 30cm, 직경 20cm가 넘는 물체가 올려지면 운동 역학상도 공력상도 악영향이 미칠 것이며, 또한 저장한 60kW의 에너지를 사용할 수 있는 것은 1바퀴 당 6.67초. 물론 효과를 인정하고 있기 때문에 개발에 착수하고 있기는 하다.

모터사이클의 오토매틱 트랜스미션
HFT - Honda-Friendly Transmission -

HFT라는 오토매틱 트랜스미션은 매우 개성적인 구조를 가지고 있다.
사실 이 기구는 혼다가 1950년대부터 도입하고 있다.
일본의 모토크로스에서 웍스 머신에 사용해 우승을 차지한 적도 있다.
시판 차량에서의 채택은 적은 편이지만 혼다의 고집과 독자성이 느껴지는 기구다.

글: 츠지 츠카사 · 사진 : 세야 마사히로/ 혼다기연공장

혼다 DN-01(2008)

「성인을 위한 오토매틱 스포츠 크루저」를 주제로 개발된. 기존의 유형에 속하지 않는 모델. 엔진부의 기본구조는 MT 자동차 비틀이 기반인 수랭식 680cc V트윈이지만 변속기 부에는 HFT가 들어간다.

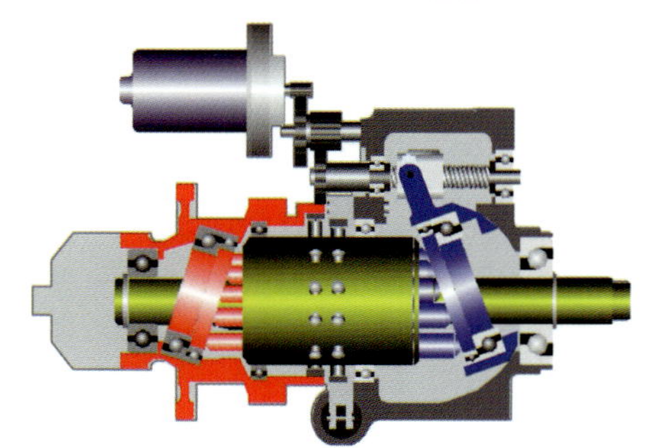

Honda-Friendly Transmission(HFT)

좌측의 붉은 부분이 유압펌프, 오른쪽의 파란 부분이 유압 모터부. 일체형으로 되어 있지만 펌프와 모터는 독립적이라고 생각해야 한다. 빨간 단색으로 칠해진. 케이스 안쪽의 빨간색 유압모터는 엔진에 의해 구동된다. 녹색 금빛의 샤프트=출력축과 큰 지름의 실린더 부는 일체. 회색 부분은 본체 케이스로 엔진에 고정된다.

혼다가 2008년 봄에 발매한 모터사이클인 DN-01에는 HFT라고 하는 AT가 탑재되어 있다. 현재 상태로서는 이 외에 수출용 ATV(바기형 소형 사륜차) 밖에 사용되지 않았지만 실재 자동차에 탑재하기 위한 연구도 오래도록 진행되고 있는 것으로 보인다. HFT는 일종의 CVT=무단변속기이지만 유압을 이용한다. 토크 컨버터도 유압을 사용하는 트랜스미션이지만 그것은 오일의 동압을 이용하는 HDT=Hydraulic Dynamic Transmission으로 분류된다. 오일의 정압을 사용하는 HST(S=Static)에서는, 오일펌프로 만들어낸 작동유의 압력을 오일 모터로 받아 회전력으로 재변환시킨다. 펌프와 모터 사이를 2개의 호스로 연결하면 되고 쌍방의 배치는 자유이며, 건설기계나 트랙터, 잔디 깎는 기계 등에서 사용 하는 경우가 많지만 동력전달 효율은 낮다.

HST에 기계전달 요소가 더해지는 것이 HMT. M은 Mechanical이며, 일본에서는 유압기계식 변속기가 된다. 펌프와 모터를 기계적으로 접속시키므로 쌍방의 배치에는 규제를 받지만 HST보다 동력전달 효율이 뛰어나다. HFT는 기구분류상이 HMT인 것이다.

벨트식 CVT보다 MT에 가까운 직접적인 가감속도를 얻을 수 있다. 스쿠터 등의 고무 벨트식 CVT보다 큰 토크의 전달이 가능하며, MT와 동등한 소형으로 중량은 MT보다 무겁지만 보통 발진 클러치가 불필요하고 극히 소형의 발진 장치가 되어 전체적으로는 MT와 같은 중량과 회전 관성에 속한다. 이것들이 HFT의 특징이다.

동력전달 효율은 전부하 시에는 75~88%이지만 톱 기어비에서 로크 업 때는 95%로 상승한다. CVT이면서 로크 업할 수 있으며, 발진 장치를 소형화할 수 있다는 점은 유압으로 토크를 전달할 수 있는 트랜스미션의 이점이다.

또 유압 액추에이터를 사용하는 자동차의 AT는 이물질의 혼입에 민감하지만 HFT의 정비성이나 내구성은 MT의 모터사이클과 동등하며, 작동유는 엔진 윤활용을 공용하고 있지만 특별한 배려는 불필요하며 보통의 오일 교환 작업으로도 문제없다. 펌프나 모터의 피스톤 간극은 0.02mm로 작으면서도 큰 하중으로 크게 움직이므로 약간의 이물질이 흩날린다. 피스톤에 링이나 오일 실을 없애는 것도 쓰레기에 대한 강점의 요소다. 결점은 피스톤과 실린더의 가공 정밀도를 높게 유지하는데 어려움이 있다는 점이다. = 비용이 많이 드는 일이다.

각종 기구가 일체화되어 있기 때문에 HFT의 컷 모델을 보기만 해서는 작동 원리를 이해하기 어렵지만 내용을 정리하고 생각하면 그다지 복잡하지 않다.

HFT의 내부 구조

중앙을 가로지르고 있으며 단차가 있는 샤프트는 클러치 밸브로 주로 유닛 좌측 끝부분의 원심 거버너의 발생력으로 작동하는 발진 장치. 그 클러치 밸브가 들어가는 샤프트가 출력축이다. 실린더에 피스톤이 끼워져 있는 것이 보인다. 피스톤 지름은 토크 증폭력을 높이기 위해 펌프 측이 ø11mm, 모터 측이 ø14mm로 각각 다르다.

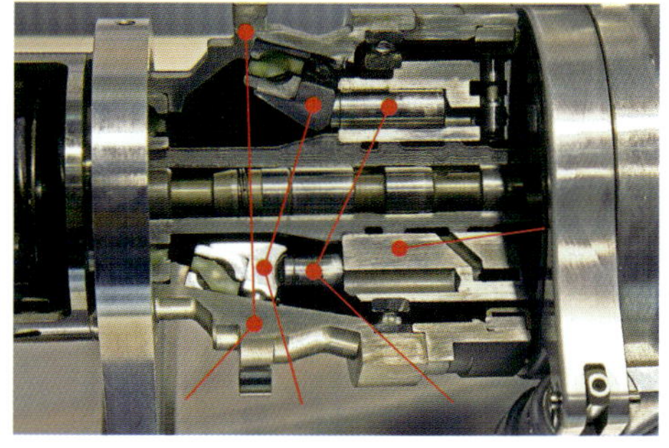

오일펌프 부

펌프 피스톤 좌측이 접촉되는 것이 펌프 사판으로 엔진으로부터 회전력을 받는 펌프 케이스에 베어링으로 지지된다.

디스트리뷰터 밸브

케이스 편심량으로 밸브를 작동시켜 각 실린더의 오일을 흡입 · 배출한다. 펌프용과 모터용이 있으며, 모터에는 로크 업 기능이 있다.

유압 모터부

피스톤 우측 끝이 접촉되는 것이 모터 사판으로 베어링을 지지한다. 베어링 홀더 위쪽을 좌우로 움직여 사판의 각도를 변화시켜 변속한다.

●일체 형태로 회전하는 부분의 분류. 좌측 펌프의 케이스는 크랭크축 기어로 회전되는 입력 부분이다. 케이스에는 프라이머리 드리븐 기어가 설치된다.

중앙을 관통하는 출력축 큰 지름의 실린더부에 들어가는 펌프측과 모터측의 피스톤은 일체로 회전한다. 피스톤은 양끝 사판의 오목한 부분에 들어 있기 때문에 사판도 일체로 회전한다.

●역할 분담: 하나의 실린더에 펌프측과 모터측 각 9개씩의 피스톤이 대향하는 형태로 끼워져 있지만 펌프부와 모터는 독립적으로 작용한다. 펌프에서 발생하는 고압의 오일은 고압실에 유입되어 모터측의 피스톤을 밀어내는 역할을 하며, 작동이 완료된 오일은 저압실로 유입된다. HST의 독립된 펌프 및 모터와 내용적으로 같다. 작동유의 저압 회로에는 전용 펌프로 유압이 가해지고 있어 그 압력으로 각 피스톤은 항상 사판에 밀착되고 있다.

●사판의 움직임: 펌프측과 모터측의 사판은 함께 베어링으로 지지되고 있으며, 펌프측 사판의 베어링 홀더는 펌프 케이스에 고정되어 있고, 케이스에 대한 경사각은 일정하다. 다만 실린더부보다 모터 케이스가 빠르게 회전하는 상태에서는 사판보다 먼저 사판 홀더가 회전하기 때문에 여기에서는 회전운동과는 다른 경사각 변화가 일어난다. 책상 위에서 10원짜리를 돌릴 때 정지 직전에 나타나는 넘어지듯 각도가 변하는 운동이다. 그 넘어짐이 펌프 피스톤의 행정이 된다.

모터 사판의 베어링 홀더는 엔진에 고정되는 본체 케이스에 피벗되는 각도가 변화되어 피스톤 행정을 바꾸어 변속한다.

변속 원리에 대해서는 다음 페이지에서 서술하겠지만 이 HFT의 감속비는 최대가 3, 톱 기어비에서는 1이다. 자동차용으로서는 폭이 너무 좁지만 유성기어 등을 조합시키는 방법이 있다. 허용 토크는 현재 상태에서 70Nm 정도이며, 이 이상의 토크에 대응하는 것은 실린더 지름이 커져 고속회전시키는 2륜차에서는 회전 관성이 너무 커 중량도 증가되기 때문이지만 150Nm 정도의 콤팩트 카 같으면 허용할 수 있는 것을 만들 수 있을 것 같다. 양산성이 떨어진다는 문제도 있어 자동차에 채택하는 데에는 문제가 많지만 직접적인 가감속도 등이 매력인 변속기이다.

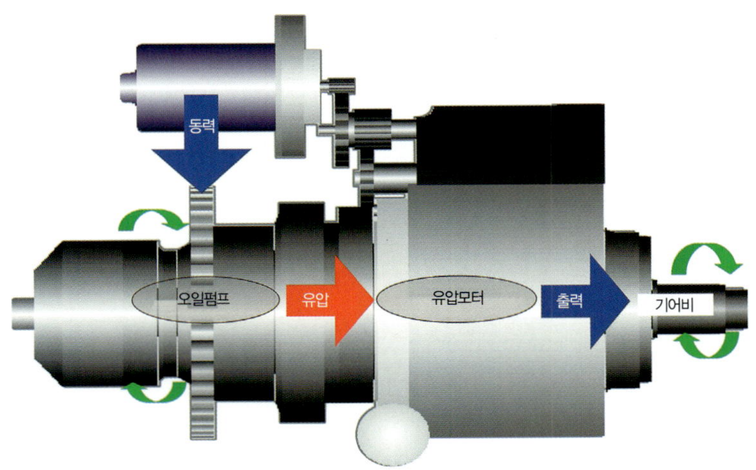

좌측의 짙은 회색 부분이 엔진의 크랭크샤프트에 의해 회전한다. 그 안쪽(좌단의 원심 거버너부는 제외)은 출력축 및 실린더와 일체로 회전하고 있어 톱 기어비 때 말고는 케이스 부와 안쪽의 회전속도 차이 때문에 유압에 의한 변속과 토크의 증폭 기능을 발휘한다. 펌프측과 모터측이 동시에 기계적으로 접속되고 있으므로 동력전달 효율이 좋다. 단순한 HST라면 전달효율은 약 60%에서 많아도 75% 정도이지만 HFT는 전부 하 시에 75~88%, 로크 업 시는 95%가 된다.

▶ HFT의 동력전달

톱(Top) 기어비

펌프 케이스의 회전력에 의해 펌프 피스톤을 밀어넣는 힘이 발생된다. 그러나 모터 사판이 출력축에 직각이므로, 펌프측도 모터측도 피스톤은 행정을 할 수 없다. 2장 의 벽에 끼워져서 정면의 벽을 누르고 있는 형태인 것이다. 움직이지 않는 피스톤 은 단순한 롯드 뿐이다. 사판도 펌프 케이스와 일체의 고정 상태이다. 따라서 펌프 의 사판이 피스톤을 통해 실린더를 비틀어 회전시키는 형태로, 펌프 케이스와 출력 축이 일체로 회전한다. 변속하지 않는 감속비는 1이며, 토크의 증폭도 없다. 이것이 기계전달 성분으로 그 요소는 톱 기어비 때 말고도 계속된다. 단순한 유압식은 아 니고 HMT=유압기계식 변속기 특유의 부분이다.

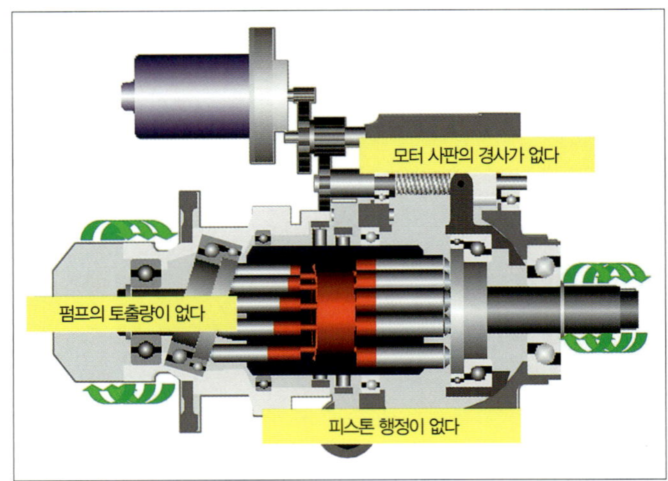

미들(middle) 기어비

모터 사판이 기울면 유압이 가해져 있는 모터 피스톤은 비탈길을 내려가는 방향에 위치하게 되며, 그 힘은 사판을 회전시키는 힘이기도 하지만 피스톤이 끼워져 있으 므로 자유로운 회전을 할 수 없다. 결국 사판을 누르는 힘의 반력이 피스톤 자신과 실린더를 회전시키는 힘이 된다. 모터 사판의 기울기가 큰 만큼 피스톤이 경사면을 내려오려고 하는 힘 = 회전력은 증대된다. 이것이 토크 증폭의 구조이다. 기어비가 낮을 때에는 입력 토크의 2배가 만들어져 기계 전달성분과 합해 출력 토크는 입력 의 배가 된다. 감속의 원리는 다르지만 그것은 낮은 기어비로 기록한다.

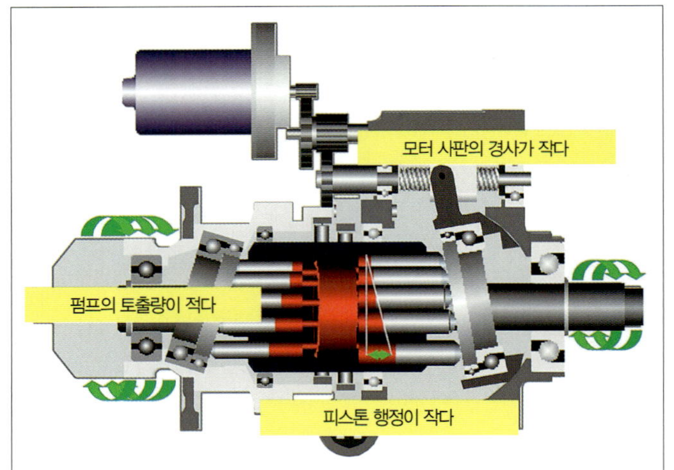

로(low) 기어비

모터 사판이 기울면 모터 피스톤의 행정이 이루어지며, 그만큼 펌프 피스톤도 행정 을 하게 되므로 펌프 케이스는 베어링을 지지하는 펌프 사판을 조금이라도 후방에 남기는 공회전 상태가 된다. 펌프 사판에는 케이스와 일체로 된 회전과는 다른 각 도로 변화되어 펌프의 기능을 하게 된다. 그리고 펌프 케이스의 공회전이란 그 회 전수에 대한 출력축의 회전수 저하 = 감속이다. 모터 사판의 기울기가 큰 만큼 펌 프부의 오일 토출량이 증가되어 케이스의 공전 성분도 증가되기 때문에 감속비가 증가한다. 로(low) 기어비 시의 감속비는 3. 이것이 감속의 원리이다.

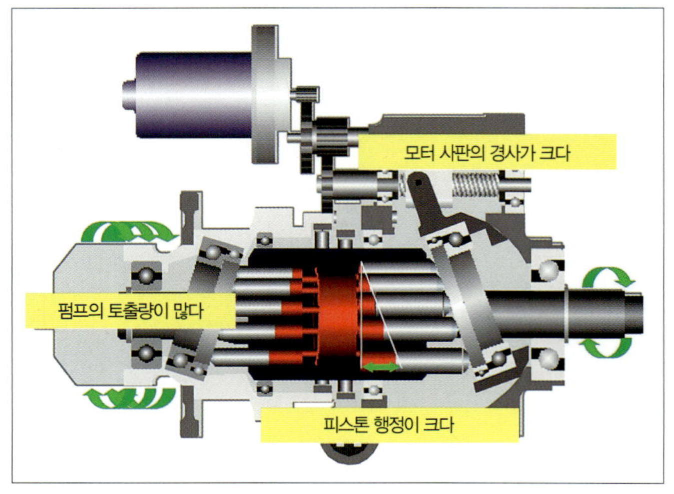

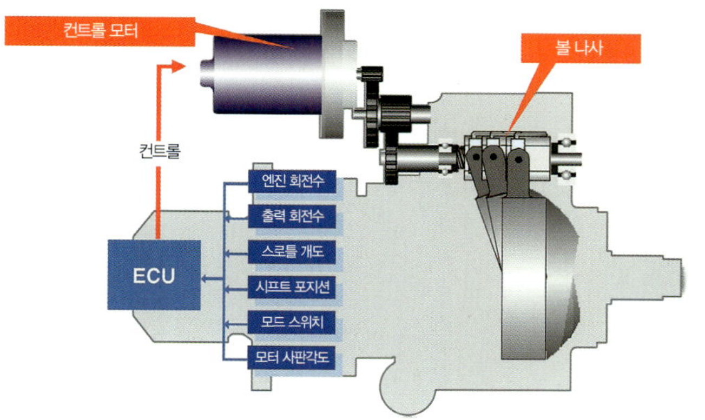

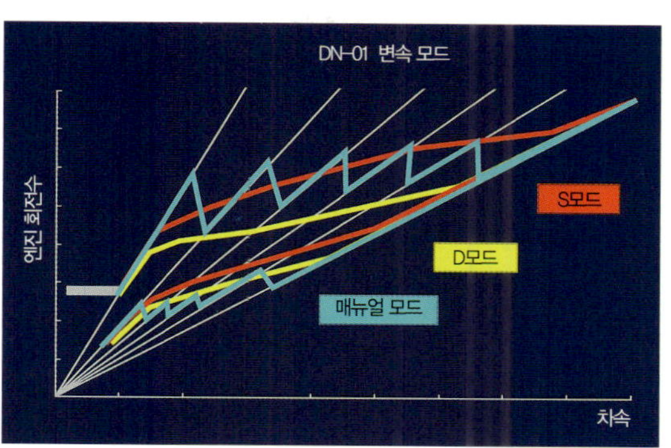

HFT 전용 ECU가 설치되어 있으며, 상황에 따른 변속 특성의 제어에 엔진 제어 빼고는 모두 HFT 측에서 한다. D나 S의 모드에서는 발진 클러치가 연결되면 얼마동안 로 기어비로 고정하여 가속하고, 이후에는 감속비를 낮추어 우측 끝부분에서 톱 기어비에 고정하고 있다. 그래프는 각 주행 모드에서의 스로틀 전개 상태를 나타낸 것이다. DN-01의 캐릭터에 맞추어 가감속이나 변속은 전체적인 매끄러움이 중요하지만, 스포츠 지향의 사양도 프로그램 나름이다. 킥다운 등 민첩한 변속 성능은 벨트 CVT 보다 우수하다.

▶ 로크 업 기구

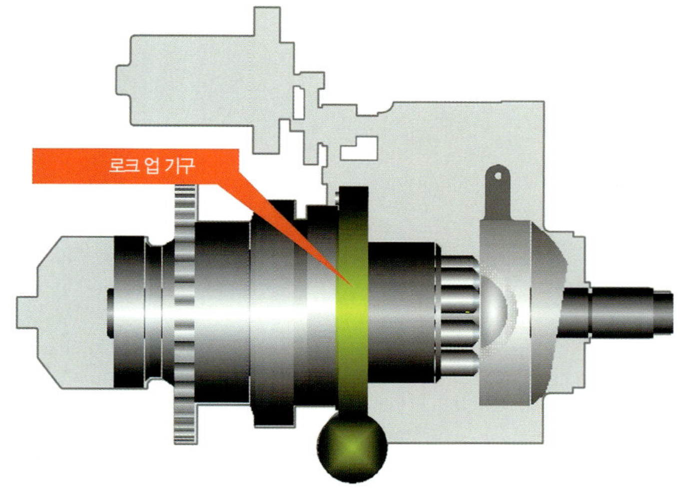

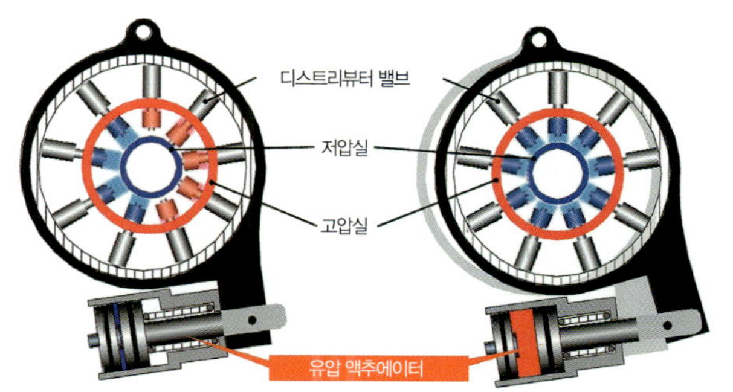

디스트리뷰터 밸브가 행정을 하여 피스톤실의 유압을 바꾼다.

디스트리뷰터 밸브와 고압실 및 피스톤실의 유로를 닫아 행정을 하지 않는다.

톱 기어비일 때 각 피스톤은 행정을 하지 않지만 피스톤과 실린더의 간격으로부터 다소 오일이 샌다. 또 오일은 비압축성 유체라고 하지만 실제로는 고압이 가해지면 다소 압축되어 HFT의 그압실은 350기압이나 되며, 각 베어링은 고압에 의해 마찰이 커진다. 이에 대한 손실의 경감 때문에, 톱 기어비 때에 작용하는 로크 업 기구이다. 오일 모터측 디스트리뷰터 밸브의 케이스 편심량을 없애고 고압회로를 차단한다. 디스트리뷰터의 밸브 섭동저항 제어도의 효과가 크다.

▶ 발진 클러치

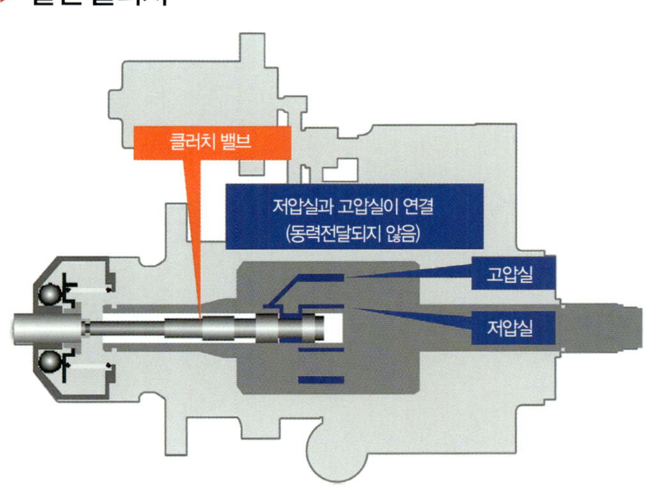

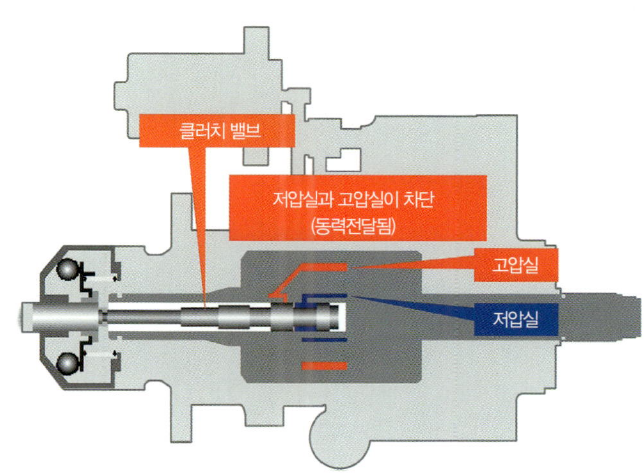

클러치 밸브는 스프링에 의해 왼쪽으로 밀려져 있다. 스풀이 이루고 있는 작은 간극 부분이 고압실과 저압실을 연결하여 통하면 유압이 높아지지 않아 동력이 전달되지 않는다 = 왼쪽 그림. 엔진 회전속도가 상승하면 거버너 부분의 볼이 원심력에 의해 밖으로 이동하여 밸브를 오른쪽으로 밀어 동력을 전달한다. 또 그림에는 없지만 토크 감응 기구도 있다. 고압실의 유압에 의해 클러치 밸브가 특정의 방으로 이끌려 밸브를 왼쪽으로 누르고 있다. 유압 = 엔진의 토크로, 이 힘과 기본 제어부의 힘이 견제되어 아날로그적 반클러치 상태를 만들고, 또 스로틀 밸브의 개도가 큰 만큼 높은 엔진 회전속도를 유지한다.

Motor Fan illustrated

Vol 1

친환경자동차

Vol 2

F1 머신
하이테크의 비밀

Vol 3

엔진 테크놀로지

Vol 4

하이브리드의 진화

Vol 5

트랜스미션
오늘과 내일

Vol 6

가솔린 · 디젤
엔진의 기술과 전략

Vol 7

튜닝 F1 머신
공력의 기술

Vol 8

드라이브 라인
4WD & 종감속기어

Vol 9

자동차 디자인

Vol 10

조향 · 제동 쇽업소버

Vol 11

전기 자동차 기초 &
하이브리드 재정의

Vol 12

신소재 자동차 보디

Vol 13

타이어 테크놀로지

Vol 14

자동변속기 · CVT

Vol 15

디젤 엔진의 테크놀로지